21 世纪高等院校计算机辅助设计规划教材

AutoCAD
基础与应用教程

主　编：黄水生　黄　莉　谢　坚　陶建华
副主编：李　锐　杨新盛　萧时诚

华南理工大学出版社
SOUTH CHINA UNIVERSITY OF TECHNOLOGY PRESS
·广州·

内容简介

本书以 AutoCAD 中文版为基础,从初学者的角度出发,系统地介绍了 AutoCAD 的基本功能和应用技巧。全书共 12 章,分别介绍了 AutoCAD 基础知识,绘图环境设置与数据的输入方法,二维图形的基本绘图命令,辅助绘图命令,二维图形的基本编辑命令,图形显示控制,图案填充、面域与表格,图层与对象特性,图块与设计中心,文字与尺寸标注,打印出图与图形的 PDF 文件导出,三维图形的绘制与编辑等,涵盖了用 AutoCAD 进行工程设计时将会涉及的主要内容,每章编排了适量的综合实例,以巩固知识要点、提高专业视野和拓宽读者对 AutoCAD 的应用范围。

本书内容丰富,结构严谨,语言通俗易懂,图例丰富,实用性较强,既可作为大中专院校相关专业和 CAD 培训机构的教材,也可作为机械设计、建筑设计、艺术设计等行业技术人员和相关专业人员的参考用书。

图书在版编目(CIP)数据

AutoCAD 基础与应用教程/黄水生等主编 . —广州:华南理工大学出版社,2015.3
(2022.2 重印)

(21 世纪高等院校计算机辅助设计规划教材)

ISBN 978 - 7 - 5623 - 4595 - 4

Ⅰ.①A… Ⅱ.①黄… Ⅲ.①AutoCAD 软件 - 教材 Ⅳ.①TP391.72

中国版本图书馆 CIP 数据核字(2015)第 059495 号

AutoCAD 基础与应用教程

黄水生 黄莉 谢坚 陶建华 主编

出 版 人:卢家明

出版发行:华南理工大学出版社

(广州五山华南理工大学 17 号楼,邮编 510640)

http://hg.cb.scut.edu.cn E-mail:scutc13@ scut. edu. cn

营销部电话:020 - 87113487 87111048 (传真)

责任编辑:王魁葵

印 刷 者:广东虎彩云印刷有限公司

开 本:787mm × 1092mm 1/16 印张:17.5 字数:448 千

版 次:2015 年 3 月第 1 版 2022 年 2 月第 4 次印刷

印 数:4 001 ~ 4 500 册

定 价:30.00 元

前　　言

计算机辅助设计（Computer Aided Design，CAD）是一门多学科综合性应用技术，是现代设计方法与手段的综合体现。随着计算机技术的迅猛发展，CAD 技术已广泛地应用于各工程设计领域，并成为提高产品与工程设计水平、缩短产品开发周期、增强产品竞争力、提高劳动生产率的重要手段。

AutoCAD 是美国 Autodesk 公司开发的通用 CAD 软件包，具有使用方便、易于掌握、应用范围广、体系结构开放等特点，被广泛地应用于土建、机械、电子、航空航天、造船、石化、冶金、地质、气象、纺织、轻工业、艺术设计等领域。AutoCAD 在计算机绘图和设计领域位于行业老大的地位，是当前世界上获得众多用户首肯的优秀计算机辅助设计软件，深受各行各业技术人员、理工科学生的欢迎。

AutoCAD 2010 是适应当今科学技术的快速发展和用户需求而开发的面向 21 世纪的 CAD 软件包。与以前的各版本相比较，AutoCAD 2010 具有更加完善的绘图界面和设计环境，性能和功能方面都有较大的提升。同时，与以往低版本完全兼容，传承了 Autodesk 公司一贯为广大用户考虑的方便性、高效性的设计宗旨，为用户提供了便捷的工具与规范标准。

一、本书主要内容

本书以土建、机械、电子行业中最常见的基础图形为例介绍 AutoCAD 2010 的用法，全书共 12 章，涵盖了用 AutoCAD 进行工程设计时将会涉及的功能与应用，其主要内容如下：

第 1 章：AutoCAD 基础知识。介绍 AutoCAD 的主要功能、AutoCAD 2010 的工作界面、AutoCAD 的图形文件管理、使用帮助系统、AutoCAD 的命令调用、AutoCAD 的坐标系统等。

第 2 章：绘图环境设置与数据输入方式。主要介绍设置绘图界限、设置绘图单位、应用【选项】对话框进行环境设置、绘图比例、出图比例与输出图样的最终比例、数据的输入方法等。

第 3 章：二维图形的基本绘图命令。主要介绍二维图形绘制的基本步骤、基本绘图命令等。

第 4 章：辅助绘图命令。主要介绍栅格捕捉和正交、对象捕捉、自动追踪功能、动态输入等。

第 5 章：二维图形的基本编辑命令。主要介绍选择编辑对象的方法、基本编辑命令等。

第 6 章：图形显示控制。主要介绍实时平移、实时缩放、窗口缩放、重画和重生成等。

第 7 章：图案填充、面域与表格。主要介绍图案填充、创建面域、插入表格等。

第 8 章：图层与对象特性。主要介绍图层及其特性的设置、创建与设置图层、对象特性等。

第 9 章：图块与设计中心。主要介绍图块的概念、块的创建、块的插入、图块的分解、带属性的块的创建与插入、设计中心等。

第 10 章：文本与尺寸标注。主要介绍文本样式的设定、输入与编辑；标注样式的设定、尺寸标注与编辑等。

第 11 章：打印出图与图形的 PDF 文件导出。主要介绍模型空间下的单比例打印出图、当前图形的 PDF 文件导出等。

第 12 章：三维图形的绘制与编辑。主要介绍三维建模界面、用户坐标系、三维观察、创建基本实体、利用拉伸和旋转创建实体、三维实体的布尔运算与编辑、三维对象的尺寸标注等。

二、本书的创作初衷

AutoCAD 有着强大的应用功能和潜在的市场需求，而我国信息技术人才匮乏，这已构成制约我国信息产业发展和国民经济建设的一个技术瓶颈。近年来各种类型的 AutoCAD 考级、认证、竞赛活动应运而生、层出不穷，其课程在大举进入高校理工科各专业课堂的同时，也渗透到社会的各个角落，各职业院校的学生对此反响热烈。如教育部教育管理中心"全国'IT&AT'教育工程（Information Technology Application Training）"面向全国高校学生举行每年一度包括 AutoCAD 在内的考证活动、中国工程图学学会每年一次的全国大学生图形技能及创新大赛、各省市自治区为配合上述大赛组织的选拔竞赛、国家与省市劳动部门组织的计算机等级考试、国家人事部门对专业技术人才举办的晋升考试等。显然，这些有效地缓解了由于高校扩招带来的就业压力，给在校生和社会上的工程技术人员带来了机遇和实惠。

本书作者基于对学生渴望知识、渴望通过考证获得社会认同的出发点的深刻理解，同时也针对社会上鲜有指导工科学生备战考证的简明教科书的实际情况，在研究了各种考级认证与竞赛大纲的基础上，拟定出写作计划，并潜心撰稿完成。

三、本书的写作特点

本书从初学者的角度精心地编排写作内容，以丰富的案例为基础，应用针对性极强的例图来介绍各种实用工具的使用方法，详细地讲解了 AutoCAD 的基本绘图方法和技巧。以期在提高读者学习兴趣的同时，使读者轻松地掌握 AutoCAD 的使用方法和操作技巧，达到参加各种竞赛、考级认证的基本条件。

本书基于加强工程实践性的目的，致力于理论与实践相结合，其内容翔实、结构严谨、叙述清晰、图文并茂、通俗易懂，且针对性、实用性很强。本书在每章末都配有相应的实操练习题，以期读者及时巩固所学知识。

四、本书作者群和适用对象

本书由黄水生、黄莉、谢坚、陶建华主编，李锐、杨新盛、萧时诚副主编，参加编写的还有张建辉、高旭聪、黎建华、阮铭业等。

本书以 AutoCAD 2010 为基础，其他版本大同小异，书中所涉及的全部内容均可兼容。本书既可作为大中专院校各有关专业和社会 CAD 培训机构的教材，也可作为从事机械设计、建筑设计、艺术设计等行业技术人员的自学指南。

本书约定：书中凡衬以浅灰底纹的字段为人机交互内容，紧随符号"∥"之后的内容为作者注释，以方便用户阅读；考虑到各校各专业教学时数不尽相同，书中凡冠以"＊"的章节可以酌情删减，其对应的上机练习亦作同样的处理。

本书作者在构思和写作过程中阅读了大量的学术专著，博采精华、集思广益，在此向这些参考文献的作者表示深深的谢意。此外，青岛建筑大学宋琦教授和刘平教授、广州大学高级工程师张小华、澳大利亚设计师黄青蓝等也为本书的编写付出了辛勤的劳动，在此一并表示诚挚的谢意。

由于编者水平有限，书中难免有不足之处，敬请广大读者批评指正。

编　者
2014 年 10 月于广州大学城

目　　录

第1章　AutoCAD 基础知识

AutoCAD(英文全称为 Auto Computer Aided Design)是 20 世纪 80 年代初期由美国 Autodesk 公司开发的通用计算机辅助绘图与设计软件。经过近三十年的不断发展及版本升级,AutoCAD 的软件性能有了大幅度的提升,其设计功能也得到了进一步的完善与扩展。时至今日,该软件已成为一款功能强大、性能全面、兼容性与扩展性俱佳的主流设计软件,在土建、机械、电子、航空航天、船舶、地质、服装、气象、测绘、工业设计等领域得到了广泛的应用,成为工程设计领域应用最为广泛的计算机辅助设计软件之一,且成为我国许多领域二次开发专业软件的首选内核。

本章简要地介绍 AutoCAD 2010 的入门基础知识,为用户尽快地进入学习状态、运用 AutoCAD 2010 绘制工程图样打下必要的基础。

1.1　AutoCAD 的主要功能

AutoCAD 是集二维绘图、三维设计、二次开发、渲染及通用数据库管理和互联网通讯功能为一体的计算机辅助设计软件包,具有简便易学、精确高效、功能强大、体系结构开放等优点,用户可用来创建、浏览、管理、输出、共享设计图形。

AutoCAD 2010 软件具有以下主要功能:
- 完善的图形绘制功能;
- 强大的图形编辑功能;
- 强大的三维建模功能;
- 专业的尺寸标注和文字输入功能;
- 高品质的图形的打印输出功能;
- 便于网络传输、多用户资源共享的功能;
- 易于二次开发、用户定制的功能。

1.2　AutoCAD 2010 的工作界面介绍

AutoCAD 2010 简体中文版安装完成后,计算机桌面上会生成 AutoCAD 2010 快捷图标,如图 1-1 所示。

启动 AutoCAD 2010 的常用方法:
- 双击桌面上的 AutoCAD 2010 快捷图标;
- 双击计算机中已有的任意一个 AutoCAD 图形文件。

图 1-1　AutoCAD 2010
快捷图标

AutoCAD 2010 提供了 3 种工作空间模式,分别是【二维草图与注释】、【三维建模】和【AutoCAD 经典】,这 3 种工作空间可以方便地进行转换。

1.2.1　选择工作空间

要在各工作空间模式中进行切换,只需单击状态栏中的【切换工作空间】按钮 ⚙,在弹出的菜单中勾选相应的命令即可,如图 1 - 2 所示。

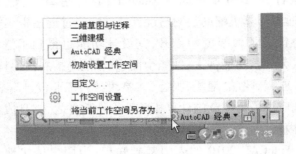

图 1 - 2　切换工作空间的弹出菜单

1.2.2　【二维草图与注释】空间

启动 AutoCAD 2010 后,系统默认的工作空间为【二维草图与注释】,如图 1 - 3 所示。在该

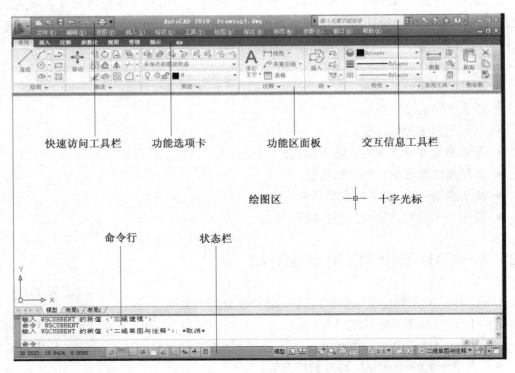

图 1 - 3　AutoCAD 2010 默认的【二维草图与注释】空间

空间中,用户可以使用【绘图】、【修改】、【图层】、【标注】、【文字】、【表格】等面板方便地绘制和编辑二维图形。

1.2.3 【三维建模】空间

使用【三维建模】空间,用户可以方便地绘制和编辑三维图形。该空间在功能区中集成了【三维建模】、【视觉样式】、【光源】、【材质】、【渲染】和【导航】等面板,从而为绘制三维图形、观察图形、创建动画、设置光源、为三维对象附加材质等操作提供了非常便利的操作工具,其界面如图 1－4 所示。

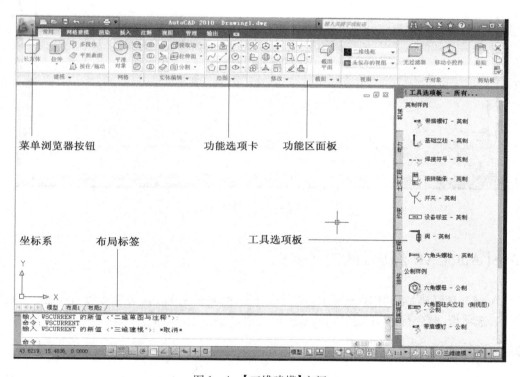

图 1－4　【三维建模】空间

1.2.4 【AutoCAD 经典】空间

对于习惯 AutoCAD 传统界面的用户来说,可以使用【AutoCAD 经典】空间,如图 1－5 所示。本书基于兼顾老用户快速地适应 AutoCAD 2010 的目的,重点采用【AutoCAD 经典】工作界面进行讲解。

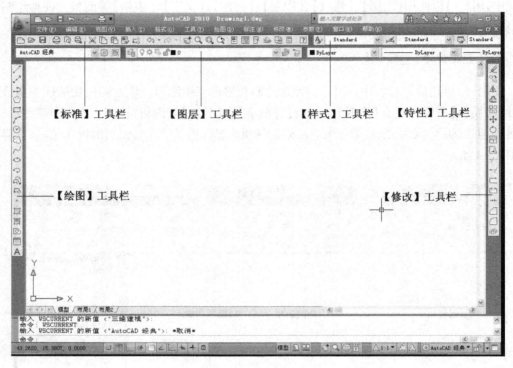

图 1-5　【AutoCAD 经典】空间

1.3　【AutoCAD 经典】的工作界面

【AutoCAD 经典】空间包含标题栏、菜单栏、【菜单浏览器】按钮、快速访问工具栏、工具栏、绘图区、选项板、命令行、文本窗口和状态栏等元素。

1.3.1　标题栏

标题栏位于工作界面的最上方,如图 1-6 所示。它显示当前正在运行的程序名及文件名等信息,如果是系统默认的图形文件,其名称则为"Drawing×.dwg"(×为数字)。

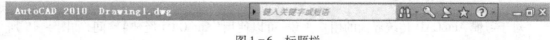

图 1-6　标题栏

标题栏的信息中心可提供多种信息来源。在文本框中输入需要帮助的问题,再单击【搜索】按钮 ,即可获得相关的帮助;单击【通讯中心】按钮 ,可以获得软件更新、产品支持通告和其他服务的直接链接;单击【收藏夹】按钮 ,可以保存一些重要的信息。

1.3.2　下拉菜单栏

下拉菜单栏包括【文件】、【编辑】、【视图】、【插入】、【格式】、【工具】、【绘图】、【标注】、【修

4

改】、【参数】、【窗口】、【帮助】共 12 个选项。单击其中任意一个选项,都会出现对应的下拉菜单。

在菜单栏任一个位置处单击鼠标右键可弹出快捷面板,用于选择是否显示菜单栏内容。

菜单栏右端的 ▬ ▢ ✕ 按钮,可以实现 .dwg 文件的最小化、最大化和关闭等操作。

与 Windows 所有应用程序一样,在 AutoCAD 下拉主菜单中,如果其中的命令选项呈灰色显示,则表示该命令选项暂时不可用;如果某个命令选项后面带有"…"符号,则表示选择该命令选项后将会打开一个对话框,用户需在对话框中进行相关设置。

1.3.3　菜单浏览器

单击界面左上角的菜单浏览器按钮 可以打开菜单浏览器,如图1-7所示,其中包含了 AutoCAD 的功能和文件管理类命令,选择命令后即可执行相应操作。

单击菜单浏览器按钮 ,在弹出菜单的搜索文本框输入相关字段,然后单击搜索按钮,就可以显示与关键字相关的命令。

在菜单浏览器中可以查看最近使用过的文档和最近执行的动作,还可以查看打开文件的列表。

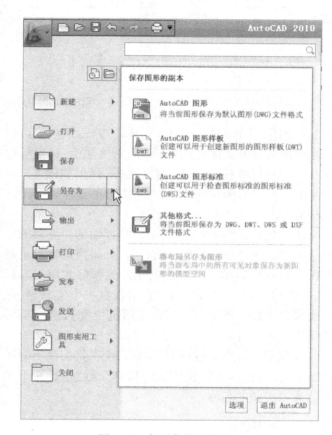

图1-7　打开菜单浏览器

1.3.4　快速访问工具栏

AutoCAD 2010 的快速访问工具栏中包含了最常用的快捷按钮,如图1-8所示。

默认状态中的快速访问工具栏包含了 6 个快捷按钮,分别为【新建】按钮 、【打开】按钮 、【保存】按钮 、【放弃】按钮 、【重做】按钮 和【打印】按钮 。

图1-8　快速访问工具栏

如果想在快速访问工具栏中添加或删除按钮,可用鼠标右键单击快速访问工具栏,在弹出的快捷菜单中选择【自定义快速访问工具栏】命令,随后在打开的【自定义用户界面】对话框中进行设置即可。

1.3.5　工具栏

每一个工具栏都是由一组图标型工具按钮组成的,这是执行 AutoCAD 命令最为快捷的一种方法。

AutoCAD 2010 提供了多达 44 个工具栏,部分常用的工具栏如图 1-5 所示。在工具栏中单击某个按钮,便会执行相应的功能操作。

为了不占用更多的绘图空间,通常系统默认下只打开【标准】、【样式】、【图层】、【特

【标准】工具栏 【样式】工具栏

【工作空间】工具栏 【图层】工具栏 【特性】工具栏

图 1-9 系统默认的几个工具栏

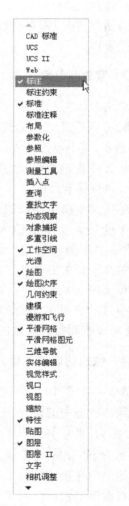

图 1-10 工具栏右键快捷菜单

性】、【绘图】、【修改】等工具栏(图 1-9)。用户也可根据需要随时打开其他的工具栏。打开方法为:将鼠标移至任一工具栏的任意位置,右击鼠标,弹出如图 1-10 所示的工具栏右键快捷菜单,选中需要的选项即可。左边标有"√"的选项表示已被选中。

工具栏可以是固定的,也可以是浮动的。浮动的工具栏可以位于绘图区域的任何位置,如果拖动浮动工具栏的一边可以调整工具栏的大小。放置好常用工具栏后,可以将它们锁定,方法是:右击任意一个工具栏,在快捷菜单中的底部点击下拉出【锁定位置】,选择所要锁定的选项即可。

在使用工具按钮过程中,当对某个工具按钮不熟悉或忘记时,将鼠标在按钮位置停留 0.5 秒,指针右下角会出现该按钮的名称。

1.3.6　绘图区域

绘图区域位于屏幕的中间,是用户绘图的工作区域,相当于桌面上的图纸,用户所有的操作都反映在这个区域内。

选项卡控制栏位于绘图区的左下边缘,单击【模型】、【布局】选项,可以在模型空间和图纸空间之间进行切换,如图 1-11 所示。

1.3.7　命令行与文本窗口

执行一个 AutoCAD 命令有多种方法,除了下拉菜单、点击工具栏菜单或面板选项板的按钮之外,在命令行中直接输入命令也是常用的方法之一。命令行位于绘图区的底部,是 AutoCAD 与用户进行人机对话的重要区域,用于显示系统提示的信息以及接收用户输入的命令。在实际操作

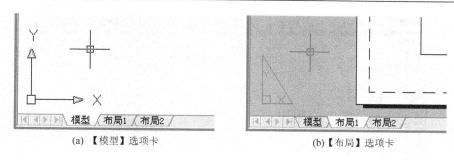

| (a)【模型】选项卡 | (b)【布局】选项卡 |

图 1-11　【模型】与【布局】选项卡

中,用户应随时仔细观察命令行所给出的提示。AutoCAD 2010 的命令行可拖动为浮动的窗口,如图 1-12 所示。

图 1-12　浮动的命令窗口

在命令行输入命令后,通常需要按空格键或 Enter 键来执行或结束命令。用户输入的命令可以是命令的全称,也可以是系统指定的快捷命令。如【直线】命令,可以输入"Line",也可以输入【直线】命令的快捷命令"L",输入的字母不分大小。当用户熟悉了 AutoCAD 的绘图与编辑命令后,使用快捷命令比单击工具栏按钮要快得多,从而可以大大地提高工作效率。

命令行有隐藏状态和可见状态之分,用户可按 Ctrl +9 组合键实现状态的互换,也可从键盘直接输入命令"commandline"将命令行从隐藏状态转变为可见状态。

通常命令行只有三行左右,用户可以将光标移动到命令行提示窗口的上边缘,当光标变成÷时,按住鼠标左键上下拖动来改变命令行的大小。当用户想看到更多的前期操作,可以查看 AutoCAD 文本窗口。AutoCAD 文本窗口是记录 AutoCAD 命令的窗口,是放大的命令行窗口,记录了已执行的命令,也可以用来输入新命令。

打开【AutoCAD 文本窗口】的方法有:

- 下拉菜单:【视图】→【显示】→【文本窗口】。
- 命令行:textscr。
- 快捷键: F2 。

打开文本窗口后可查看以往所有的操作(图 1-13),也可以直接将操作命令复制、粘贴到有关文档中。

1.3.8　状态栏

状态栏包括应用程序状态栏和图形状态栏,它们提供了有关打开和关闭图形工具的有

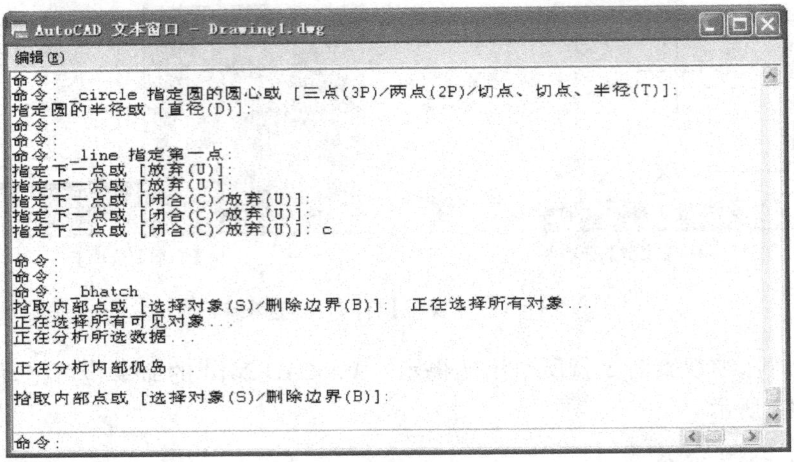

图 1 – 13　AutoCAD 文本窗口

用信息和按钮。应用程序状态栏位于工作界面的最底部，如图 1 – 14。

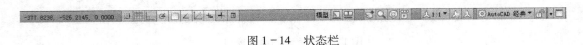

图 1 – 14　状态栏

当光标在绘图区域移动时，状态栏的最左区域可以实时地显示当前光标的 x、y、z 三维坐标值。其他各常用按钮的含义依次如下：

- 捕捉模式 ：该按钮用于开启或关闭捕捉。捕捉模式下光标很容易抓取到栅格上的点。
- 栅格显示 ：该按钮用于开启或关闭栅格的显示。栅格是指在图幅的显示范围内均匀分布的小点。
- 正交模式 ：该按钮用于开启或关闭正交模式。正交模式下用户只能绘制与当前坐标轴（如 X 轴和 Y 轴）平行的直线，不能画斜线。
- 极轴追踪 ：该按钮用于开启或关闭极轴追踪模式。极轴追踪模式下用户易于捕捉和绘制与起点水平线成一定角度的线段。
- 对象捕捉 ：该按钮用于开启或关闭对象捕捉。对象捕捉模式下当光标接近某些特殊点时，能够自动捕捉到那些特殊的点。
- 对象捕捉追踪 ：该按钮用于开启或关闭对象捕捉追踪。该功能与【对象捕捉】功能一起使用，易于追踪捕捉点在线性方向上与其他对象的特殊点的交点。
- 允许/禁止动态 UCS ：该按钮用于切换允许和禁止 UCS（用户坐标系）。
- 动态输入 ：该按钮用于动态输入的开始和关闭。
- 显示/隐藏线宽 ：该按钮用于是否在屏幕上显示线宽，以标识不同线宽对象间的区别。
- 快捷特性 ：该按钮用于控制"快捷特性面板"的禁用或开启。
- 模型或图纸空间 模型 ：该按钮用于模型和图纸空间的转换。
- 快速查看布局 ：该按钮用于快速查看当前图形的图幅布局。
- 快速查看图形 ：该按钮用于快速查看当前绘制的图形。

- 平移 ：该按钮用于平移绘图区的图纸。
- 缩放 ：该按钮用于放大或缩小观看绘图区的图形。

1.4　AutoCAD 的图形文件管理

AutoCAD 的图形文件管理主要包括文件的新建、打开、保存、关闭。

1.4.1　创建新图形文件

AutoCAD 2010 可以用以下任意一种方法建立一个新的图形文件：

- 下拉菜单：【文件】→【新建】。
- 【标准】工具栏按钮： 。
- 命令行：new。
- 快捷键： Ctrl ＋ N。

执行新建图形文件命令后,屏幕会出现如图 1－15 所示的【选择样板】对话框。用户可以选择其中一个样本文件,单击 打开(O) 按钮即可。

图 1－15　【选择样板】对话框

除了系统给定的这些可供选择的样板文件(样板文件扩展名为.dwt),用户还可以自己创建所需的样板文件,方便以后多次使用。

如果用户不想选择现成的样板,还可以点击 打开(O) 中的黑三角,则出现如图 1－16 所示的下拉选项,可根据需要选择"打开"、"无样板打开-英制"或"无样板打开-公制"。

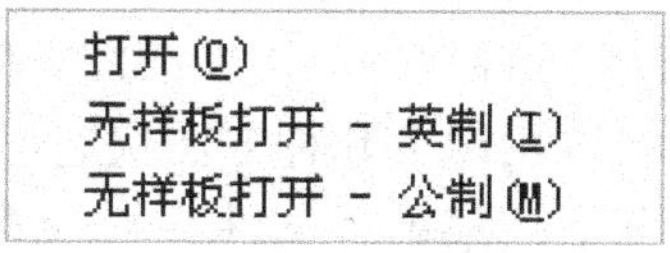

打开(O)
无样板打开 - 英制(I)
无样板打开 - 公制(M)

图 1－16　【选择样板】对话框中的
【打开】按钮的下拉选项

9

1.4.2 打开原有文件

打开最近使用过的文件,可以单击【文件】下拉菜单选择所需的文件。当然,用户可以随意改变【文件】下拉菜单列出最近使用过的文件数。方法为:单击下拉菜单【工具】→【选项】,弹出【选项】对话框,选择【打开和保存】选项卡,在【文件打开】选区更改【最近使用的文件数】即可。

通常打开一个已存在的 AutoCAD 文件可以有以下几种方法:

- 下拉菜单:【文件】→【打开】。
- 【标准】工具栏按钮: 。
- 命令行:open。
- 快捷键: Ctrl + O。

打开文件后,出现图 1-17 所示对话框,用户可以找到已有的某个 AutoCAD 文件单击,然后点击对话框中右下角的 打开(O) 按钮。

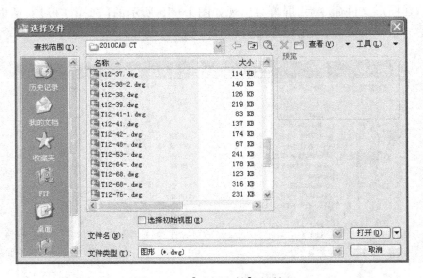

图 1-17 【选择文件】对话框

1.4.3 保存图形文件

为了防止因突然断电、死机等情况的发生对已绘制图样的负面影响,用户应养成每隔 10~15 分钟保存一次所绘图样的良好习惯。

可以用以下几种方法快速保存绘制好的 AutoCAD 图形文件:

- 下拉菜单:【文件】→【保存】。
- 【标准】工具栏按钮: 。
- 命令行:qsave。
- 快捷键: Ctrl + S。

当执行快速保存命令后,对于还未命名的文件,系统会提示输入要保存文件的名称,对于已命名的文件,系统将以已存在的名称保存,不再提示输入文件名。

用户还可以用下面的"另存为"方法改变已有文件的保存路径或名称:

- 下拉菜单:【文件】→【另存为】。
- 命令行:saveas 或 save。
- 快捷键:Ctrl + Shift + S。

执行【另存为】命令后,系统会出现如图 1-18 所示【图形另存为】对话框。在【保存于】下拉列表中选择重新保存的路径;在【文件名】编辑框中输入另存的文件名,系统将自动地以".dwg"的扩展名进行保存。如果要保存为样板文件,将文件的扩展名改为".dwt"即可;如果要将当前高版本绘制的 AutoCAD 图样,拿到装有低版本的电脑使用,可以在【文件类型】下拉列表中选择相应低版本的保存类型,否则文件在低版本电脑上打不开。

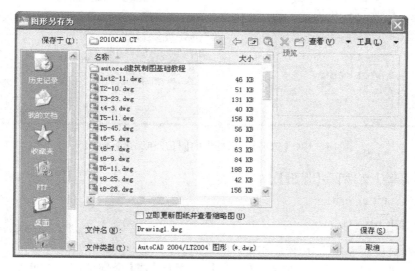

图 1-18　【图形另存为】对话框

除了上述由用户自己保存文件的方法外,AutoCAD 2010 还提供了自动保存的功能,通常系统会每隔 10 分钟自动保存一次,用户也可随意调整保存间隔时间。方法为:单击下拉菜单【工具】→【选项】,弹出【选项】对话框,如图 1-19 所示,选择【打开和保存】选项卡,在【文件安全措施】选区,选中【自动保存】复选框,调整【保存间隔分钟数】即可。

1.4.4　关闭图形文件

要关闭当前打开的 AutoCAD 图形文件而不退出 AutoCAD 程序,可以使用以下几种方法:

- 下拉菜单:【文件】→【关闭】。
- 命令行:close。
- 快捷键:Ctrl + F4。
- 图形文件窗口右上角按钮:☒(下拉菜单栏的正右方)。

如果要退出 AutoCAD 程序,则程序窗口和所有打开的图形文件均将关闭。可以使用以下几种方法:

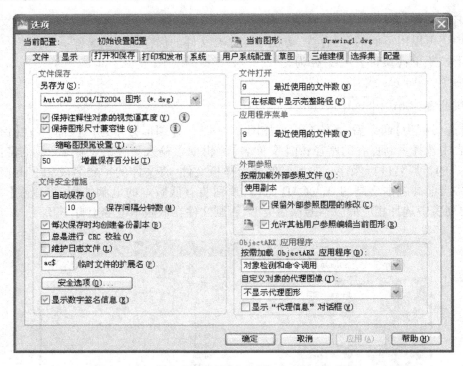

图 1-19 【选项】对话框中的【打开和保存】选项卡

- 下拉菜单:【文件】→【退出】。
- 命令行:quit 或 exit。
- 快捷键: Ctrl + Q。
- 标题栏窗口右上角按钮: ⊠ (标题栏的正右方)。

执行 closeall 命令或单击下拉菜单【窗口】→【关闭】或【全部关闭】,也可以快速关闭一个或全部打开的图形文件。

1.5 AutoCAD 帮助系统

AutoCAD 的绘图与编辑命令多达数百条,有一些是常用的,有些则很少用到。对于从事专业工程设计的用户来说,不可能,也没有必要将所用的命令都记住。遇到问题时,AutoCAD 自带的帮助文档将成为新、老用户最得力的助手。特别对于初学者来说,正确地使用【帮助】可以减少查阅大量书籍的辛劳。

联机帮助文件中包含有软件介绍、用户操作指南、全部命令的使用方法等资料。

激活帮助命令的方法有:

- 下拉菜单:【帮助】→【帮助】。
- 命令行:help 或直接输入"?"。
- 单击左上角 ▓,打开菜单浏览器,进入【帮助】。
- 快捷键: F1 。

执行【帮助】命令后,系统会出现如图 1-20 所示的【AutoCAD 2010 帮助】对话框。【帮助】窗口左边的选项卡提供查看主题的方法,右边显示选择主题的帮助信息。

图 1-20　【AutoCAD 2010 帮助】对话框

在【帮助】下拉菜单中,用户可以通过自行操作来熟悉相关的内容。

1.6　AutoCAD 命令的调用

1.6.1　使用鼠标操作执行命令

在绘图窗口中光标通常呈"十"字状态;而当光标移至菜单选项、工具栏或对话框内时,光标则呈现"↖"形状。此时,单击或按住鼠标键,系统会执行相应的命令或动作。在 AutoCAD 2010 中,鼠标各键的功能如表 1-1 所示。

表 1-1　鼠标各键的功能一览表

鼠标键	操作方法	作　用
左键	单击	拾取键
	双击	进入对象特性修改对话框
右键	在绘图区右键单击	快捷菜单或者 Enter 键功能
	Shift + 右键	对象捕捉快捷菜单
	在工具栏中右键单击	快捷菜单
中间滚轮	向前或向后滚动轮子	实时缩放
	按住轮子不放和拖曳	实时平移
	Shift + 按住轮子不放和拖曳	垂直或水平的实时平移
	Shift + 按住轮子不放和拖曳	随意式实时平移
	双击	缩放成实际范围

1.6.2 使用键盘输入命令

AutoCAD 2010 中的大部分绘图、编辑功能都需要通过键盘输入来完成。用户通过键盘可以输入命令、系统变量。此外,键盘还是输入文本对象、数值参数、点的坐标或进行参数选择的唯一方法。

AutoCAD 常用的键盘功能键及其作用如表 1-2 所示。

表 1-2　AutoCAD 常用键盘功能键定义一览表

功能键	作　用	功能键	作　用
Esc	取消命令执行	Ctrl + 2	AutoCAD 设计中心(开/关)
F1	帮助	Ctrl + 3	工具选项板窗口(开/关)
F2	图形/文本窗口切换	Ctrl + 4	图样集管理器(开/关)
F3	对象捕捉(开/关)	Ctrl + 5	信息选项板(开/关)
F4	数字化仪作用开关	Ctrl + 6	数据库连接(开/关)
F5	等轴测平面切换(上/左/右)	Ctrl + 7	标记集管理器(开/关)
F6	坐标显示(开/关)	Ctrl + 8	Quickcale 快速计算器(开/关)
F7	栅格模式(开/关)	Ctrl + 9	命令行(开/关)
F8	正交模式(开/关)	Ctrl + C	复制
F9	捕捉模式(开/关)	Ctrl + V	粘贴
F10	极轴追踪(开/关)	Ctrl + N	新建文件
F11	对象捕捉追踪(开/关)	Ctrl + O	打开文件
F12	动态输入(开/关)	Ctrl + P	打印输出
Ctrl + 0	全屏显示(开/关)	Ctrl + Q	退出 AutoCAD
Ctrl + 1	特性 Propertices(开/关)	Ctrl + S	保存

1.6.3 使用命令行

在 AutoCAD 2010 中,默认状态下的命令行固定在绘图窗口的下方,用户可在当前命令行的提示下执行输入命令、选择对象参数等操作。在命令行中,右键单击鼠标,系统将显示如图 1-21 所示的快捷菜单。然后可以选择最近使用过的 6 个命令、复制选定的文字或全部命令历史、粘贴文字,以及打开【选项】对话框。

图 1-21　命令行右键快捷菜单

1.6.4 命令的重复、中止与撤销

在 AutoCAD 中,可以方便地重复执行同一条命令,或撤销前面执行过的一条或多条命令。此外,撤销前面执行的命令后,还可以通过重做来恢复前面执行的命令。

1. 重复命令

可以使用多种方法来重复执行 AutoCAD 命令。例如,要重复执行上一个命令,可以按 Enter 键或空格键,或在绘图区域右键点击,在弹出的快捷菜单选择【重复】命令。

要重复执行最近使用过的 6 个命令中的某个命令,可以在命令窗口或文本窗口中右键点击,在弹出的快捷菜单中选择【近期使用的命令】中的 6 个命令之一。要多次重复执行同一个命令,可以在命令提示下输入“Multiple”命令,然后在命令行显示的“输入要重复的命令名:”提示下输入需要重复执行的命令,这样,AutoCAD 将重复执行该命令,直到按 Esc 键退出为止。

2. 终止命令

在命令执行过程中,可以随时按 Esc 键终止执行任何命令。Esc 键是 Windows 应用程序用于取消操作的标准键。

3. 撤销命令

放弃最近一个或多个操作,使用“Undo”命令来放弃单个操作,也可以一次撤销前面进行的多步操作。在命令提示行中输入“Undo”命令,然后在命令行中输入要放弃的操作数目,按下 Enter 键,即执行了对应步骤撤销命令。

1.7　AutoCAD 坐标系

在绘图过程中常常需要使用某个坐标系作为参照,来拾取点的位置,以精确定位某个对象。AutoCAD 提供的坐标系可以用来准确地设计并绘制图形。

1.7.1　AutoCAD 的坐标系统

1. 世界坐标系(WCS)

世界坐标系是 AutoCAD 默认的坐标系,该坐标系沿用笛卡儿坐标系的习惯,沿 X 轴正方向向右为水平距离增加的方向,沿 Y 轴正方向向上为竖直距离增加的方向,Z 轴垂直于 XY 平面,沿 Z 轴指向读者方向为向前距离增加的方向,如图 1-22 所示。

图 1-22　世界坐标系　　　　　　　　图 1-23　用户坐标系

世界坐标系遵循右手法则。它存在于每一个设计图形中,且不可更改。

2. 用户坐标系(UCS)

用户坐标系是相对世界坐标系而言的,这种坐标系可以被创建为无限多,并且可以沿着指定位置移动或旋转,这些坐标系通常称为用户坐标系(UCS),如图 1-23 所示。

1.7.2　坐标的表示方法

通常在调用某个 AutoCAD 命令时,还需要提供相应附加信息与参数,以便指定该命令所要完成的工作或动作执行的方式、位置等。在系统提示用户输入信息时就要输入相关数据来响应提示。鼠标虽然使作图方便了许多,但当要精确地定位一个点时,仍然需要采用坐标输入方式。

在 AutoCAD 2010 二维绘图中,坐标输入方式有:绝对直角坐标、绝对极坐标、相对直角坐标和相对极坐标。

绝对直角坐标:绝对直角坐标是指相对于坐标系原点的坐标,可以使用分数、小数或科学计数等形式表示点的 x、y、z 坐标值,每个坐标值用逗号隔开。如"20,80,100"。

绝对极坐标:绝对极坐标是指相对于坐标系原点的极坐标。例如,坐标"5 < 45"是指从 X 轴正方向逆时针旋转 45°,距离原点 5 个图形单位的点。

相对直角坐标:相对直角坐标是基于上一个输入点而言的,是以该点相对于上一个点的相对坐标来定义该点的位置。当该点相对上一个坐标点(x,y,z)的增量为(Δx,Δy,Δz)时,该点的相对坐标输入格式为"@Δx,Δy,Δz"。符号@为相对坐标输入的前缀。

相对极坐标:相对极坐标是以某一特定的点为参考极点,输入相对于参考极点的距离和角度来定义一个点的位置。相对极坐标的格式输入为"@A < 角度",其中 A 表示指定点与特定点的距离。

1.8　实操练习题

1.8.1　问答题

1. AutoCAD 2010 为用户提供了哪几种工作空间模式?
2. 图形文件可以以哪 4 种方式打开?
3. AutoCAD 文本窗口可以用哪几种方式打开?
4. 在命令执行过程中,可以随时按什么键终止执行命令?
5. 简述【AutoCAD 经典】工作界面中标题栏、下拉菜单栏、命令行、状态栏、工具栏的位置和作用。
6. AutoCAD 的命令输入方法有哪些?
7. 什么是绝对坐标,什么是相对坐标,使用上有何区别?
8. AutoCAD 的命令提示有何实际意义?

1.8.2　操作题

1. AutoCAD 2010 提供了一些实例图形文件(位于 AutoCAD 2010 安装目录下的 Sample 子目录中),打开并浏览这些图形,试着将某些图形文件以低版本的形式(例如另存为 AutoCAD 2007 版本)换名保存在相应的目录中。
2. 练习调用工具栏的方法。

第2章 绘图环境设置与数据的输入方式

初次接触 AutoCAD 的用户,大多会在系统默认状态下绘图。但为了绘图更规范,工作效率更高,必须重新考虑绘图的基本单位、图纸的大小和绘图比例等因素,即进行绘图环境的初始化设置。为此,用户可以通过 AutoCAD 提供的各种绘图环境设置的功能选项方便地进行设置,并且可以随时进行修改。

本章在介绍如何进行绘图环境设置的同时,还介绍绘图过程中最常用的数据输入方法,以方便初学者实操练习。

2.1 设置绘图界限

设置绘图界限就像手工绘图时选择绘图图纸的大小。但 AutoCAD 提供的设置图形界限功能具有更大的灵活性。用户在绘图过程中可以根据需要改变图形界限,也可以不受已设置图形界限的限制,使所绘图形超出设置的界限。

激活【图形界限】命令的方法有:

- 下拉菜单:【格式】→【图形界限】。
- 命令行:limits。

在执行命令后,命令行提示如下(图 2 - 1)[1]
。

命令:limits   //执行【图形界限】设置命令
重新设置模型空间界限:
指定左下角点或[开(ON)/关(OFF)]〈0.0000,0.0000〉:   //输入左下角点坐标或直接回车取系
统默认值(0.0000,0.0000)
指定右上角点〈420.0000,297.0000〉:   //输入右上角点坐标或直接回车取系
统默认值(420.0000,297.0000)

这个由左下角点(0.0000,0.0000)和右上角点(420.0000,297.0000)确定的矩形区域即为 AutoCAD 图形界限的默认值。当使用默认值绘图时,直接按 Enter 键即可;否则,输入新的坐标值重新设定。

开(ON)/关(OFF)用来设置边界检查是否打开。当边界检查关闭(OFF)时,可以在界限范围以外绘图,否则,绘图范围限制在绘图界限以内。

实际绘图时,也可以先不设定绘图边界,用户尽管按 1:1 的比例绘图,等到出图打印时再进行设定。

当图形界限改变之后,绘图区的对象显示大小也会发生改变。为了观察整个图形,一般

注:①本书约定,凡人机对话内容均加以浅灰色底纹,符号"//"后的字符为作者加的注释,以便阅读。

17

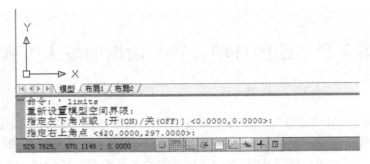

图 2-1　启动【图形界限】设置命令后的命令窗口

将"limits"命令与"zoom"命令配合使用,操作如下:

命令:zoom
指定窗口的角点,输入比例因子(nX 或 nXP),或者
[全部(A)/中心(C)/动态(D)/范围(E)/上一个(P)/比例(S)/窗口(W)/对象(O)]〈实时〉:all
//通常输入 all 或者选 E

当图形界限设置完毕后,也可以通过执行下拉菜单【视图】→【缩放】→【全部】来观察整个绘图区域。还可以打开状态栏栅格显示开关▦,看到布满栅格网点的图形界限区,该界限区和打印图纸时的"Limits"(界限)范围是相同的。

2.2　设置绘图单位

绘图单位是令初学者犯难的问题之一。手工制图是先拟定绘图比例,然后按既定的比例在图纸上绘出图形。AutoCAD 则完全不同,其绘图单位本身无量纲,绘图时一般先不考虑比例换算,也就是所谓的"按 1:1 比例绘图",出图时根据需要按比例输出即可。

AutoCAD 屏幕绘图使用的单位是"绘图单位"(Drawing Units),使用者可根据需要将其视为某种长度单位。比如,同样是 1 绘图单位,既可将其理解为 1 mm、1 cm、1 m,也可理解为 1 in、1 ft、1 mile 等。在我国用 AutoCAD 绘制工程图样一般可将绘图单位看作"毫米"。

与绘图单位相关联的主要问题是针对硬拷贝的单位换算。例如,将某图样打印到纸介质上时,根据建筑制图标准,定位轴线圆的直径应为 8 mm、文字字高应为 5 mm。这时若采用的绘图单位为"毫米",而又拟用 1:100 的比例输出图样时,则 AutoCAD 绘图时定位轴线圆的直径应为 8×100=800、文字字高应为 5×100=500。再如,使用 A1 规格图纸出图(标准的图纸幅面是 841 mm×594 mm),用 1:100 的比例出图时该图纸幅面应设定为 84 100×59 400,用 1:50 比例出图时该图纸幅面则应设定为 42 050×29 700,其余依此类推。

按 1:1 比例绘图是工程技术界 AutoCAD 绘图约定俗成的通用规则。因为网上和资料库中许多现成的图形、图块等多按 1:1 绘制,当把这些图形图块插入到当前图中时,图形图块的大小是合适的,无须放大或缩小。按 1:1 比例绘图还便于在不同的群体、单位和专业间交流。

图形单位设置的内容包括:长度单位的显示格式和精度,角度单位的显示格式、精度及

18

测量方向,拖放比例等。

激活【单位】命令的方法有:

- 下拉菜单:【格式】→【单位】。
- 命令行:units。

执行上述命令后,屏幕会出现如图 2-2 所示的【图形单位】对话框。用户可在【长度】选区,单击【类型】下拉列表,在 "建筑""小数""工程""分数""科学" 5 个选项中选择需要的单位格式,通常选择"小数";单击【精度】下拉列表选择精度选项,在【类型】列表中选择不同的选项时,【精度】列表的选项随之不同,当选择"小数"时,最高精度可以显示到小数点后 8 位。一般说来,建筑工程类的图样尺寸只要求精确到 mm,可选择精度为"0";机械工程类的图样尺寸要求精确到 0.000 mm,可选择精度为"0.000"。

图 2-2 【图形单位】对话框

应注意,这里单位精度的设置,并不影响屏幕上图形的显示精度,而只对出图而言,影响的是 AutoCAD 系统本身的计算精度。

在【角度】选区,单击【类型】下拉列表,在 5 个选项中选择需要的单位格式;单击【精度】下拉列表选择精度选项。对于一般的工程技术领域,【角度】测量精度可以选择"十进制度数"或"度/分/秒"的单位格式,对应的精度分别选择"0"与"0 d",此时角度单位精确到"度"。【顺时针】复选框用来表示角度测量的旋转方向,选中该项表示角度测量以顺时针旋转为正,否则以逆时针旋转为正;系统默认的正角度方向是逆时针的。

【插入时的缩放单位】选区用来设定当前图形插入其他图形时,对于被插入图形的单位长度换算关系,可选择无单位,或毫米、厘米、米、千米及英寸、英尺、英里等。当不能确定时,选择无单位,也可以使用默认的绘图单位。

【光源】选区用于指定光源强度的单位。AutoCAD 2010 提供了三种光源强度单位,即 "常规""国际"和"美国"。

【图形单位】对话框下方的 方向(D)... 按钮用来确定角度测量的起始方向,即"基准角度"。单击该按钮,弹出如图 2-3 所示的【方向控制】对话框。对话框中有 4 种标准方位的复选框可供用户选择。也可选择【其他】复选框,输入任意角度作为基准角度。通常选择系统默认方向【东】为基准角度,即以屏幕上 X 轴的正向作为角度测量的起始方向。

图 2-3 【方向控制】对话框

*2.3 应用【选项】对话框进行环境设置

对于大部分绘图环境的设置,最直接的方法就是使用【选项】对话框。

【选项】对话框是对各种参数进行初始化设置非常有用的工具,可以完成诸如改变新建文件的启动界面、给文件添加密码、修改自动保存间隔时间、另存图形文件为指定版本、在图形显示窗口中显示滚动条、改变图形窗口颜色等设置。其实,【选项】对话框包含了绝大部分 AutoCAD 的可配置参数,用户可以依据自己的需要和爱好在此对 AutoCAD 的绘图环境进行个性化设置。

激活【选项】对话框的方法有:

- 下拉菜单:【工具】→【选项】。
- 命令行:options。
- 快捷菜单:在绘图区域单击鼠标右键弹出快捷菜单,选择【选项】。

执行上述操作后,系统会打开如图 2-4 所示的【选项】对话框。该对话框中包含了【文件】、【显示】、【打开和保存】、【打印和发布】、【系统】、【用户系统配置】、【草图】、【三维建模】、【选择集】、【配置】等 10 个选项卡,可以在其中查看、调整 AutoCAD 的设置。下面分别对【选项】对话框中各选项卡的功能作简单介绍。

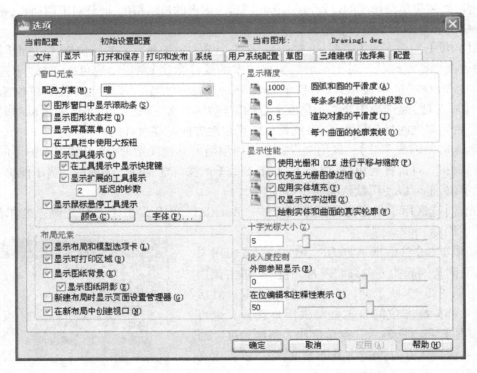

图 2-4 【选项】对话框

1.【文件】选项卡

主要用来确定 AutoCAD 搜索支持文件、驱动程序文件、菜单文件和其他文件的存放位置路径或文件名。

2.【显示】选项卡

【窗口元素】、【布局元素】、【十字光标大小】和【淡入度控制】选区的选项主要用来控制程序窗口各部分的外观特征;【显示精度】和【显示性能】选区的选项主要用来控制对象的显示质量。如绘制的圆弧弧线不光滑,则说明显示精度不够,可以增加【圆弧和圆的平滑度】的设置。当然,显示精度越高,AutoCAD 生成图形的速度也就越慢。

3.【打开和保存】选项卡

【文件保存】、【文件安全措施】和【文件打开】选区的选项主要对文件的保存形式和打开显示进行设置,如文件保存的类型、自动保存的间隔时间、打开 AutoCAD 后显示最近使用的文件的数量等;【外部参照】和【objectARX 应用程序】选区的选项用来设置外部参照图形文件的加载和编辑、应用程序的加载和自定义对象的显示。

4.【打印和发布】选项卡

此选项卡主要用于设置 AutoCAD 的输出设备。默认情况下,输出设备为 Windows 打印机,但也可以设置为专门的绘图仪,还可以对图形打印的相关参数进行设置。

5.【系统】选项卡

此选项卡主要对 AutoCAD 系统进行相关设置,包括三维图形显示系统设置、是否显示【OLE 特性】对话框、布局切换时显示列表更新方式设置和【启动】对话框的显示设置等内容。

6.【用户系统配置】选项卡

此选项卡是用来优化用户工作方式的选项,包括控制单击右键操作、控制插入图形的拖放比例、坐标数据输入优先级设置和线宽设置等内容。

7.【草图】选项卡

此选项卡主要用于设置自动捕捉、自动追踪、对象捕捉等的方式和参数。

8.【三维建模】选项卡

此选项卡用于对三维绘图模式下的三维十字光标、UCS 图标、动态输入、三维对象、三维导航等选项进行设置。

9.【选择集】选项卡

此选项卡主要用来设置拾取框的大小、对象的选择模式、夹点的大小颜色等相关特性。

10.【配置】选项卡

此选项卡主要用于实现新建系统配置文件、重命名系统配置文件以及删除系统配置文件等操作。配置是由用户自己定义的。

2.4　绘图比例、出图比例与输出图样的最终比例

传统的手工绘图基于图纸幅面所限、制图国家标准的约束,同时考虑尺寸换算的简便,绘图比例受到了较大的限制。而 AutoCAD 绘图软件则可以通过各种参数的设置,让用户更加灵活地使用各种比例方便地进行绘制和出图。

2.4.1　绘图比例

绘图比例是 AutoCAD 绘图单位数与所表示的实际长度(mm)之比。即:

绘图比例 = 绘图单位数:表示的实际长度(mm)。

如 1800 mm 的窗宽,如果画成 18 个绘图单位,所采用的比例就是 1:100;如果按照 1:1 的比例画,就可以直接画成 1800 个绘图单位。

在 AutoCAD 中因为图形界限可以设置成任意大,不受图纸大小的限制,所以通常可以按照 1:1 的比例来绘制图样,这样就省去了尺寸换算的麻烦。

2.4.2 出图比例

出图比例是指在打印出图时,所打印出的某直线段的长度(mm)与 AutoCAD 中的对应该线段的长度绘图单位数之比。即:

出图比例 = 打印出图样中的某直线段的长度(mm):表示该长度图形的 AutoCAD 绘图单位数。

例如,画出 1800 个绘图单位宽的窗,打印出来为 18 mm,那么出图比例就是 1:100。

绘制好的 AutoCAD 图形图样,原则上可以以各种比例打印输出,图形图样根据打印比例可大可小。但是在打印出图时,一定要注意调整尺寸标注参数和图中文字的大小。例如,要使打印在图纸上的尺寸数字和文字的高度为 3 mm,若拟用 1:100 的比例打印,则字体的输入高度应为 300 个绘图单位。AutoCAD 2010 在状态栏右边,新增加了图形状态栏,可以灵活地改变注释比例。

2.4.3 图样的最终比例

图样的最终比例,是指在打印输出的图样中,某线性图形的长度与所表示的真实物体的对应长度比。这里的比例都是指线性(长度)尺寸之比,如长、宽、高等。即:

输出图样的最终比例 = 图样中某线性图形的长度(mm):实际物体的对应长度(mm)。

显然,图样的最终比例 = 绘图比例 × 出图比例。

例如,1800 mm 宽的窗,采用 1:1 的比例绘图,画成 1800 个绘图单位;当采用 1:100 的比例出图时,打印出来的长度为 18 mm,那么图样的最终比例就是 18:1800,即 1:100,也就等于 $(1:1) \times (1:100)$。

但是,如果在出图时采用的是 1:50 的出图比例,打印出的窗宽就应该是 1800/50 = 36 mm,这时图样的最终比例就是 36:1800,即 1:50,也就等于 $(1:1) \times (1:50)$。

2.5 数据的输入方法

AutoCAD 中的数据输入方法有三种:鼠标拾取法、命令窗口输入法和动态输入法。

● 鼠标拾取法:当系统提示需要输入点的坐标值、距离或长度值时,可直接在绘图区中用鼠标左键单击拾取相应点;必要时需借助对象捕捉工具,以输入准确的数值。

● 命令窗口输入法:在命令行中输入命令选项或精确数值,以满足准确的绘图要求。

● 动态输入法:在【状态栏】中按下 ⌴ 按钮,表示打开动态输入设置。动态输入功能可使用户直接在当前光标处快速地启动命令、读取提示和输入数值和文本。

2.5.1 AutoCAD 2010 坐标系简介

在默认状态下,AutoCAD 处于世界坐标系 WCS(World Coordinate System)的 XY 平面视

图中,在绘图区域的左下角出现一个如图 2-5 所示的 WCS 图标。WCS 坐标为笛卡儿坐标,即 X 轴为水平方向,向右为正;Y 轴为竖直方向,向上为正;Z 轴垂直于 XY 平面,指向读者方向为正。

图 2-5　世界坐标系图标

WCS 总存在于每一个设计图形中,是唯一且不可改动的,其他任何坐标系可以相对它来建立。AutoCAD 将 WCS 以外的任何坐标系通称为用户坐标系 UCS(User Coordinate System),可以通过执行 UCS 命令对 WCS 进行平移或者旋转等操作来创建。

2.5.2　点的坐标输入

AutoCAD 的坐标输入方式有绝对直角坐标、相对直角坐标、绝对极坐标、相对极坐标、数据的动态输入等 5 种。现就这 5 种输入法介绍如下。

1. 绝对直角坐标

在绝对直角坐标系中,坐标轴的交点称为原点,绝对坐标是指相对于当前坐标原点的坐标。在 AutoCAD 中,默认原点的位置在图形窗口的左下角。

当输入点的绝对直角坐标(x,y,z)时,其中的 x、y、z 值就是输入点相对于原点的坐标距离。通常,在二维平面的绘图中,z 坐标值默认为 0,所以用户可以只输入 x、y 坐标值。当确切知道了某点的绝对直角坐标时,在命令行窗口用键盘直接输入其 x、y 坐标值来确定该点的位置非常快捷。

注意:点的两坐标值之间必须使用西文逗号",",隔开,不能用中文逗号的输入格式,否则命令行会出现"点无效"的系统提示。

例 2-1　已知 A(100,100)、B(300,200)、C(400,50)三点的坐标,试绘制如图 2-6 所示的△ABC。

绘图步骤:首先,点击下拉菜单【绘图】→【直线】,执行【直线】命令。

接下来,用户应与命令行的实时提示互动,完成如下操作程序:

```
命令:_ line 指定第一点:100,100        //输入点 A 的绝对坐标值
指定下一点或[放弃(U)]:300,200        //输入点 B 的绝对坐标值
指定下一点或[放弃(U)]:400,50         //输入点 C 的绝对坐标值
指定下一点或[闭合(C)/放弃(U)]:C      //输入"C",图形闭合为三角形,回车结束命令
```

绘图结果如图 2-6 所示。

2. 相对直角坐标

在绘图过程中,如果用绝对直角坐标输入会很麻烦,而用相对直角坐标输入法会方便很多。

相对直角坐标就是用相对于上一个点的坐标增量来确定当前点。相对直角坐标输入法与绝对直角坐标输入法不同点在于,其表示增量的 x、y 坐标值是相对于前一点的坐

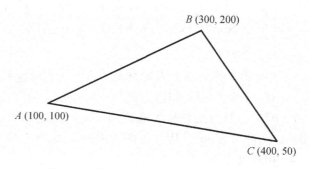

图 2-6　利用绝对坐标输入法绘制三角形

标差,并且要在输入的相对坐标值的前面加上"@"符号。

在屏幕底部状态栏中能够显示当前光标所处位置的坐标值,该坐标值有 3 种显示状态:相对、绝对、关闭。用户可以根据需要在这 3 种状态之间进行切换。其方法为:右键单击状态栏最左方的坐标显示区域,在弹出的菜单中选择相应的命令,如图 2-7 所示,此时默认状态为相对坐标。

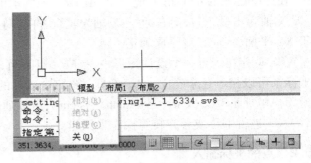

图 2-7 坐标显示右键切换快捷菜单

例 2-2 用直线命令绘制如图 2-8 所示的矩形。

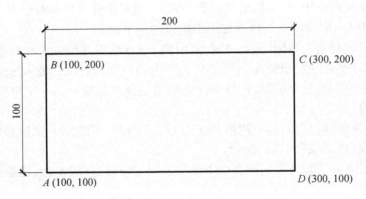

图 2-8 利用相对直角坐标输入法绘制矩形

绘图步骤:

命令:_line 指定第一点:100,100	//输入点 A 的绝对坐标值
指定下一点或[放弃(U)]:@0,100	//输入点 B 的相对坐标值(或者按下状态行中的动态输入按钮 ⊢ ,直接输入 0,100)
指定下一点或[放弃(U)]:@200,0	//输入点 C 的相对坐标值
指定下一点或[闭合(C)/放弃(U)]:@0,-100	//输入点 D 的相对坐标值
指定下一点或[闭合(C)/放弃(U)]:C	//输入"C",闭合矩形,或输入点 A 的相对坐标值

3. 绝对极坐标

极坐标是一种以极径 R 和极角 θ 来表示点的坐标系。绝对极坐标是从坐标原点$(0,0)$或$(0,0,0)$出发的位移,但给定的参数值是距离和角度。其中距离和角度用符号"$<$"分开,如"$R<\theta$"。计算方法是从 X 轴正向转向两点连线的角度,以逆时针方向为正,如 X 轴正向为 $0°$,Y 轴正向为 $90°$。因为绘图习惯的缘故,绝对极坐标在 AutoCAD 中很少采用。

4. 相对极坐标

相对极坐标中 R 为输入点相对前一点的距离,θ 为这两点的连线与 X 轴正向之间的夹角,如图 2-9 所示。在 AutoCAD 中,系统默认角度测量值以逆时针为正值,反之为负值。

相对极坐标的输入格式为"$@R<\theta$"。

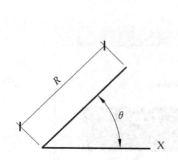

图 2-9　相对极坐标的参数

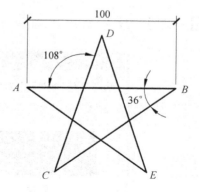

图 2-10　绘制五角星

例 2-3　试利用相对极坐标输入方式,绘制如图2-10所示的五角星图形。

绘图步骤:

命令:_line 指定第一点:200,100	//输入点 A 的绝对直角坐标值
指定下一点或[放弃(U)]:@100<0	//输入点 B 的相对极坐标值
指定下一点或[放弃(U)]:@-100<36	//输入点 C 的相对极坐标值
指定下一点或[闭合(C)/放弃(U)]:@100<72	//输入点 D 的相对极坐标值
指定下一点或[闭合(C)/放弃(U)]:@-100<108	//输入点 E 的相对极坐标值
指定下一点或[闭合(C)/放弃(U)]:C	//闭合到点 A,回车结束命令

5. 数据的动态输入

使用动态输入功能可以在工具栏提示中输入坐标值,而不必在命令行中进行输入,以帮助用户专注于绘图区域。

光标旁边显示的工具栏提示信息将随着光标的移动而动态更新。

动态输入不会取代命令窗口。

图 2-11 所示为动态输入开启后,利用矩形命令绘制矩形的屏幕提示过程。

（a）输入矩形的左下角点　　　　　　　　　　　　（b）输入矩形的右上角点

图 2-11　矩形绘制命令在动态输入下的操作

当某命令处于激活状态时,随光标而动的输入界面将为用户提供输入字段的位置。当在输入字段区域中输入第一个数值并按 Tab 键后,该字段将显示一个锁定图标,随后光标会受限于用户已输入的第一个数值的约束。同理,用户可以在第二个输入字段中输入数值,直至按回车键结束命令。

单击状态栏上的动态输入按钮⊷以打开和关闭动态输入。动态输入有 3 个组件:指针输入、标注输入和动态提示,用户可在状态栏单击鼠标右键,在快捷菜单中选择"设置"项,可调出【动态输入设置】对话框,如图 2 - 12 所示。

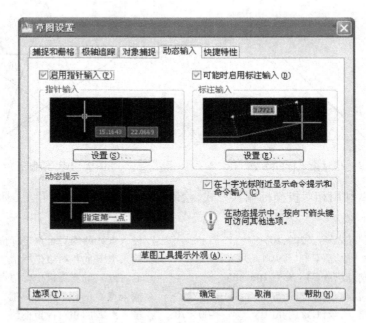

图 2 - 12　【草图设置】对话框中的【动态输入】选项卡

当启用指针输入且有命令在执行时,十字光标的位置将在光标附近的工具提示中显示为坐标。用户可以在工具提示中输入坐标值,而不用在命令行中输入。

启用标注输入时,当命令提示输入第二点时,工具提示将显示距离和角度值。在工具提示中的值将随着光标移动而改变。

启用动态提示时,提示会显示在光标附近的工具提示中。用户可以在工具提示(而不是在命令行)中输入响应。

2.6　实操练习题

2.6.1　问答题

1. 什么是绘图环境的设置?
2. 什么是图形界限?
3. 简述【选项】对话框各选项卡的功能。
4. 点的坐标输入有哪几种方式?

2.6.2　操作题

1. 试利用 Limits 命令将绘图界限设置为一张标准的 A3 图幅(420mm × 297mm),并打开状态栏栅格显示开关▦,查看布满栅格网点的图形界限区。

2. 在 AutoCAD 中试采用相对坐标输入法、动态输入法绘制图 2-13 所示图形并保存为低版本的 . dwg 文件格式(提示:a 图自 A 点起顺时针完成作图;b 图宜先画完外框,再画线至内框相邻的顶点,完成作图)。

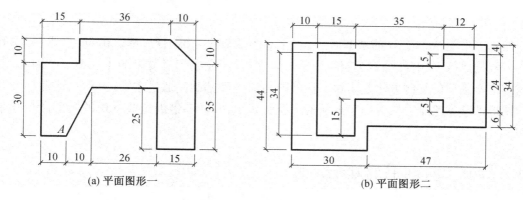

(a) 平面图形一　　　　　　　　　　(b) 平面图形二

图 2-13　绘制基本图形

第3章 二维图形的基本绘图命令

绘制图形是 AutoCAD 的基本功能,不管多么复杂的二维图形,都是由点、直线、曲线等基本元素构成的,只有熟练地绘制这些基本元素,才能完成相对复杂的工程图样。因此,掌握这些基本图形的绘制方法是实践工程制图的前提和基础。通过本章的学习,读者将会对二维图形的基本绘制方法有一个全面的了解和认识,并能够借助这些常用的绘图命令开始绘图。

3.1 绘制二维图形的基本步骤

3.1.1 新建图形文件

由前面的知识可知,以下几种方法均可以创建一个新的图形文件:

- 下拉菜单:【文件】→【新建】。
- 【标准】工具栏按钮:□。
- 命令行:new。
- 快捷键:Ctrl + N。

选择并打开其中一个样本文件后,即可进入二维图形绘制状态。

3.1.2 执行基本的绘图命令

二维图形的基本绘制命令位于下拉菜单【绘图】中,AutoCAD 2010 也将其集成为【绘图】工具栏,这些工具按钮也可以从相关的面板中找到。

二维图形的基本绘制命令见表 3-1。

表 3-1 二维图形的基本绘制命令

按钮	名称	相应的菜单命令	命令拼写	说 明
▪	点	【绘图】→【点】→【多点】	point	创建多个点对象
✎	直线	【绘图】→【直线】	line	可以创建一系列连续的线段,每条线段都是可以单独进行编辑的直线对象
↗	射线	【绘图】→【射线】	ray	创建向一侧无限延伸的线
✎	构造线	【绘图】→【构造线】	xline	创建向两侧无限延伸的线
＼	多线	【绘图】→【多线】	mline	创建多条平行线

续表 3 - 1

按钮	名称	相应的菜单命令	命令拼写	说　　明
⤴	多段线	【绘图】→【多段线】	pline	创建二维多段线
⬠	正多边形	【绘图】→【正多边形】	polygon	创建等边闭合多段线
▭	矩形	【绘图】→【矩形】	rectang	创建矩形多段线
◞	圆弧	【绘图】→【圆弧】→三点	arc	用三点创建圆弧
⊙	圆	【绘图】→【圆】→圆心、半径	circle	用指定半径创建圆
⬭	椭圆	【绘图】→【椭圆】→轴、端点	ellipse	创建椭圆
◎	圆环	【绘图】→【圆环】	donut	创建实心的圆和环

结束命令的方式有：

- 用户可以随时按 Esc 键终止命令。

- 在绘图区域单击右键,弹出如图 3 - 1 所示的右键快捷菜单,单击"取消"即可。

3.1.3　保存、关闭文件,结束绘图

绘图过程中,需要实时地保存文件;绘图完成后,需要保存文件,关闭图形文件,结束绘图(详细操作参见第 1 章有关内容)。

图 3 - 1　绘图区右键
快捷菜单

3.2　基本绘图命令

基本的图形元素包括点、各种直线、矩形、正多边形、圆、圆弧、多段线、点、椭圆、椭圆弧、多线、样条曲线等。一切复杂的图形都可以细分成这些基本图形及它们的组合。只有熟练地掌握这些基本的绘制命令,才能为日后绘制复杂的工程图样打下坚实的基础。

3.2.1　点

在绘图过程中,经常要通过输入点的坐标来确定某个点的位置。点属于 AutoCAD 中的实体,用户可以像创建直线、圆一样创建点,同样可以对其进行编辑。

执行【点】绘制命令的方法有：

- 下拉菜单：【绘图】→【点】。

- 【绘图】工具栏或功能区面板按钮：▪。

- 命令行：point 或 p。

执行【点】的命令可生成单个或多个点。点的样式和形状可以进行选择。执行下拉菜单【格式】→ 点样式(P) (也可使用 ddptype 命令),系统会弹出如图 3 - 2 所示的【点样式】对话框。AutoCAD 提供了 20 种点样式供选择。

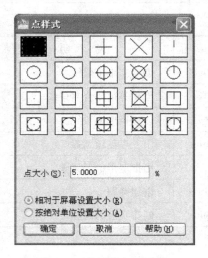

图 3-2 【点样式】对话框

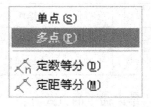

图 3-3 【点】的下拉菜单

选择下拉菜单【绘图】→【点】,系统会出现如图3-3所示的下拉菜单。【单点】和【多点】的绘制方法相似,执行一次【单点】命令,只绘制一个点,而执行【多点】命令可一次绘制多个点,直到按 Esc 键结束。【定数等分】命令可以将选择对象等分为若干份(2~32767),并在等分点处绘制点。【定距等分】可以将选择对象按给定的间距绘制等分点。下面以【定数等分】为例介绍点的绘制。

例3-1 试将如图3-4所示的圆周六等分。

绘图步骤:执行下拉菜单【绘图】→【点】→【定数等分】,命令行提示如下:

命令:_ divide	//执行【定数等分】命令
选择要定数等分的对象:	//选择圆
输入线段数目或[块(B)]:6	//输入等分数6,回车

即得如图 3-4 所示的图形。

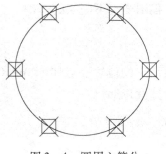

图 3-4 圆周六等分

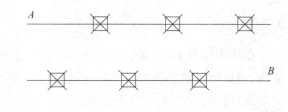

图 3-5 定距等分两直线

【定距等分】是将指定对象按确定的长度进行等分。与【定数等分】不同的是,等分后的既定数值的子线段数目是线段总长除以等分距,由于等分距的不确定性,定距等分后一般会出现剩余线段。

在使用【定距等分】命令绘制点时,等分的起点与鼠标选取对象时点击的位置有关。如

图 3-5 所示,对上面的一条直线定距等分,鼠标靠近其左端点单击选取直线,其结果是以直线的左端点 A 为等分起点;而对下面的一条直线,在其靠近右端点处拾取对象,结果是以直线的右端点 B 为等分起点。

3.2.2　直线

直线是构成图形的基本元素。直线的绘制是通过确定直线的起点和终点完成的。对于连续的折线而言,可以在一次【直线】命令中完成,即上一段直线的终点就是下一段直线的起点。

执行【直线】绘制命令的方法有:

- 下拉菜单:【绘图】→【直线】。
- 【绘图】工具栏或功能区面板按钮: ◢。
- 命令行:line 或 l。

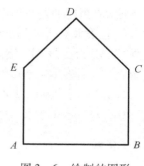

图 3-6　绘制的图形

在命令行提示输入点的坐标时,可以在命令行直接输入点的坐标值,也可以移动鼠标用光标在绘图区指定一点。其中命令行中的"放弃(U)"表示撤销上一步的操作,"闭合(C)"表示将绘制的一系列直线的最后一点与第一点连接,形成封闭的多边形。

例 3-2　试绘制如图 3-6 所示的平面图形。

绘图步骤:

执行下拉菜单【绘图】→【直线】,命令行提示如下:

命令:_ line 指定第一点:0,0	//选择点 A
指定下一点或[放弃(U)]:@40,0	//指定点 B
指定下一点或[放弃(U)]:@0,30	//指定点 C
指定下一点或[闭合(C)/放弃(U)]:@-20,40	//指定点 D
指定下一点或[闭合(C)/放弃(U)]:@-20,-40	//指定点 E
指定下一点或[闭合(C)/放弃(U)]:C	//选择闭合,回到点 A

如果要绘制水平线或垂直线,也可使用后面将要介绍的 AutoCAD 提供的【正交】模式,非常方便。

3.2.3　构造线

构造线为两端无限延伸的直线,没有起点和终点。通过屏幕上的同一个点作多条构造线,可以快速准确地生成形体的三视图,并使其满足"长对正、高平齐、宽相等"的投影规律。因此,构造线是快速、精确绘图的有力工具,通常用作绘图的辅助线。

激活【构造线】绘制命令的方法有:

- 下拉菜单:【绘图】→【构造线】。
- 【绘图】工具栏或功能区面板按钮: ◢。
- 命令行:xline。
- 快捷命令:xl。

执行【构造线】命令后,命令行提示如下:

命令:_xline 指定点或[水平(H)/垂直(V)/角度(A)/二等分(B)/偏移(O)]:

现就上述提示中的各选项分别介绍如下。

指定点:该选项为系统默认选项,即过指定的两点绘制一条构造线。在指定第一点后,命令行提示"指定通过点",这时要指定第二点,然后过第一点和第二点绘制一条构造线;命令行会继续提示"指定通过点",再指定一点,则过该点和上一条构造线的第一点绘制一条构造线。一次可以绘制多条构造线,直到回车结束命令。

水平(H):在命令提示下,输入"H"并回车,则可绘制多条相互平行的水平构造线。在命令行提示"指定通过点"时,可输入通过点的坐标,也可以用鼠标在屏幕上指定,还可以直接输入与上条水平线之间的间距,通过移动鼠标的位置来确定平行线的上、下相对位置。

垂直(V):在提示下,输入"V"回车,则绘制多条相互平行的垂直线。

角度(A):按照给定的角度绘制一系列平行的构造线。

二等分(B):绘制已知角的角平分线,该线为两端无限延伸的构造线。

偏移(O):绘制与已知直线有一定距离的平行构造线。

3.2.4 多线

多线是指多重平行线组成的线型。【多线】命令可以一次绘制多条相互平行的直线或折线(1～16 条),其中每一条平行线都称为一个元素,这些平行线之间的间距和数目是可以调整的。在建筑制图中,AutoCAD 中的【多线】命令主要用来绘制房屋的墙线及窗线。

激活【多线】绘制命令的方法有:

● 下拉菜单:【绘图】→【多线(M)】。

● 功能区面板按钮:。

● 命令行:mline 或 ml。

1. 多线样式的设置

系统默认的多线样式为 Standard,用户可以根据需要设置不同的多线样式。执行下拉菜单中【格式】→【多线样式】,则打开【多线样式】对话框,如图 3-7 所示。在该对话框中,有这样几个选项:

(1)【样式】列表框:显示已经加载的多线样式。

(2) 置为当前(U) 按钮:在样式列表框中选择要使用的多线样式后,单击该按钮,则将其设置为当前样式。

图 3-7 【多线样式】对话框

（3）按钮：单击该按钮，可以打开【创建新的多线样式】对话框（图 3－8），来创建新的多线样式。

（4）修改(M)按钮：可以打开修改多线样式对话框，修改已经创建的多线样式。

（5）重命名(R)按钮：对已创建的多线样式重新命名，但不能重命名为标准（STANDARD）样式。

（6）删除(D)按钮：删除样式列表中选中的多线样式。

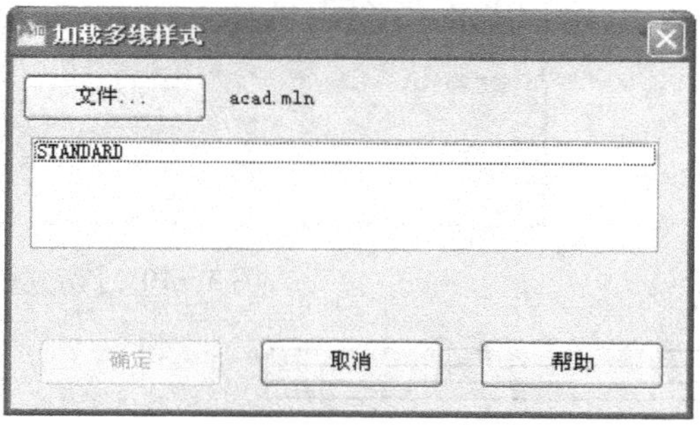

（7）加载(L)...按钮：单击该按钮，打开【加载多线样式】对话框，如图 3－9 所示，可以从中选取多线样式加载；也可以单击文件(F)...按钮，选择多线样式加载。在默认的情况下 AutoCAD 2010 提供的多线样式文件为 acad. mln。

图 3－8　【创建新的多线样式】对话框

图 3－9　【加载多线样式】对话框

（8）保存(A)...按钮：打开保存多线样式对话框，将当前的多线样式保存到文件（默认文件为 acad. mln）。可以将多个多线样式保存到同一个文件中。如果要创建多个多线样式，请在创建新样式之前保存当前样式，否则，将丢失对当前样式所做的修改。

多线的绘制分三步。第一步，在绘制多线之前要设置多线的样式；第二步，启动【多线】命令绘制多线；第三步，利用多线编辑命令（mledit）或下拉菜单【修改】→【对象】→【多线】对多线进行编辑。

2. 新建多线样式对话框

在图 3－7 所示的【多线样式】对话框中，单击新建(N)...按钮，则出现【创建新的多线样式】对话框，如图 3－8 所示，在新样式名文本框中输入新样式的名称，单击继续按钮，出现【新建多线样式】对话框，如图 3－10 所示。

下面对图 3－10 对话框中的各项进行说明：

（1）【说明】文本框：可以输入多线样式的文字说明。

（2）【封口】选项区域：用于控制多线起点和端点处的样式，如图 3－11 所示，其中角度选项均为 90°。

（3）【填充】选项区：用于设置是否填充多线的背景。可以选择一种填充色作为多线的背景。如果不使用填充色，则选"无"。

（4）【显示连接】复选框：用于设置在多线的拐角处是否显示连接线，如图 3－12 所示。

（5）【图元】选项区：可以用来设置多线样式的元素特性，如线条的数目、线条的颜色、线型、间隔等。可通过图元选项区的添加(A)与删除(D)按钮来调整多线线条数目，通过"偏移"选项来改变线条的偏移距离，通过"颜色"选项来改变线条颜色。线条默认的线型为连续实线，要想改变线型，可以单击线型(Y)按钮，选择或加载线型。

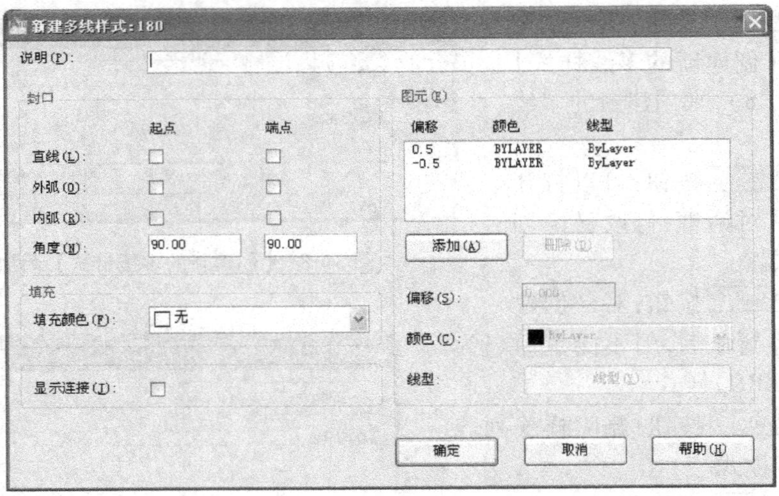

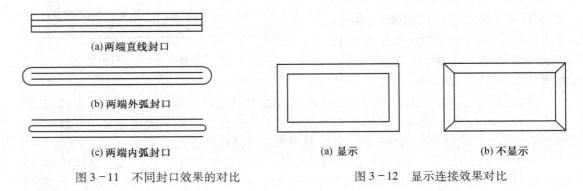

图 3-10 【新建多线样式】对话框

(a)两端直线封口

(b)两端外弧封口

(c)两端内弧封口

图 3-11 不同封口效果的对比

(a) 显示

(b) 不显示

图 3-12 显示连接效果对比

3. 绘制多线

当启动【多线】命令后,命令行提示如下:

```
命令:_ mline                                    //启动【多线】命令
当前设置:对正 = 上,比例 = 20.00,样式 = STANDARD     //系统当前多线设置信息
指定起点或[对正(J)/比例(S)/样式(ST)]:
```

此时输入"J"并回车,可以根据命令行的提示设置多线对正方式(即选择绘制多线的起始点时是以多线的上线为对齐线、下线为对齐线还是中间为对齐线);输入"S"并回车,可以根据命令行的提示设置多线的绘制比例(即所绘制多线的宽度);输入"ST"并回车,可以根据命令行的提示输入要使用的多线的样式(系统缺省样式为双线)。

图 3-13 利用【多线】命令绘制的桌面图例

例 3-3 试使用【多线】命令绘制如图3-13所示的一个茶几桌面。

绘图步骤:首先,单击下拉菜单【格式】→【多线样式】。

打开【创建新的多线样式】对话
框→输入新样式名"桌面"→
继续,如图 3 - 14 所示。

进入【新建多线样式:桌面】对
话框,如图 3 - 15 所示。在【新建多
线样式:桌面】对话框中单击
添加(A)按钮,输入 4 条线条的相对
尺寸,相对尺寸均是以基础样式为
基准;显示连接处打"√"(参考图 3 - 12)。

图 3 - 14　【创建新的多线样式】对话框

图 3 - 15　【新建多线样式:桌面】对话框

填写好【新建多线样式:桌面】对话框后,单击 确定 按钮,完成多线设置,并点击【置
为当前】样式进入绘制桌面的"多线"状态,如图 3 - 16 所示。

绘制过程命令行内容如下:

```
命令:_ mline                                        //启动【多线】命令
当前设置:对正 = 上,比例 = 20.00,样式 = 桌面          //显示系统的当前设置
指定起点或[对正(J)/比例(S)/样式(ST)]:              //指定桌面的左下角点
指定下一点:@400,0                                   //指定桌面的右下角点
指定下一点或[放弃(U)]:@0,200                        //指定桌面的右上角点
指定下一点或[闭合(C)/放弃(U)]:@ - 400,0             //指定桌面的左上角点
指定下一点或[闭合(C)/放弃(U)]:C                     //选择闭合,回车退出
```

绘制桌面完成,结果如图 3 - 13 所示。

例 3 - 4　已知某房间的开间尺寸为 3 600 mm,进深尺寸为 4 500 mm,墙体厚度为 240
mm,试使用【多线】命令绘制如图 3 - 17b 所示房间的墙体平面图。

绘图步骤:首先,采用点画线线型绘制如图 3 - 17a 所示的墙体定位轴线。可采用相对
坐标输入法绘制墙体的轴线,也可借助下拉菜单【修改】中的【偏移】命令(参见第 4 章)确定

图 3-16 【多线样式】对话框

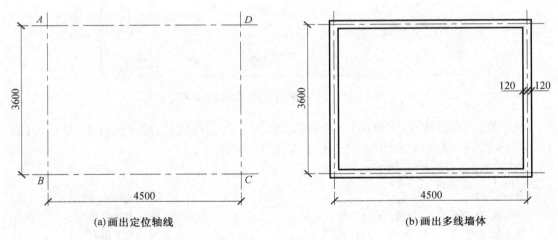

(a)画出定位轴线　　　　　　　　　(b)画出多线墙体

图 3-17　应用【多线】命令绘制墙体

3600 和 4500 这两个距离。

设置 240 的墙体多线样式：

从下拉菜单【格式】→【多线样式】，启动【多线样式】对话框，单击 新建(N)... 按钮，则出现【创建新的多线样式】对话框（图 3-18）。在"新样式名"处输入"墙"，单击 继续 按钮，打开图 3-19 所示

图 3-18　【创建新的多线样式】对话框

的【新建多线样式:墙】对话框,在【图元】区域选中第一条线,将下方的偏移距离改为 120;再选中第二条线,将偏移距离改为 - 120。再依次单击 <u>置为当前(U)</u> 、 <u>确定</u> 按钮(图 3 - 16),完成多线设置。

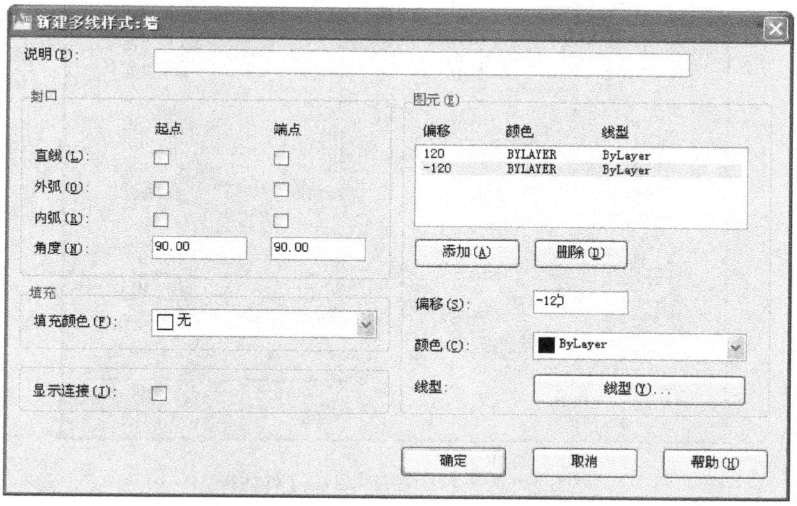

图 3 - 19　【新建多线样式:墙】对话框的设置

绘制墙体多线:点击下拉菜单【绘图】→【多线】命令,命令行提示:

命令:_ mline	//启动【多线】命令
当前设置:对正 = 上,比例 = 20.00,样式 = wall	//显示系统当前多线设置信息
指定起点或[对正(J)/比例(S)/样式(ST)]:J	//输入 J,选择对正方式,回车
输入对正类型[上(T)/无(Z)/下(B)]〈上〉:Z	//输入 Z,使光标位于多线的正中,在
绘制建筑墙体时,通常选择该项,回车	
指定起点或[对正(J)/比例(S)/样式(ST)]:S	//输入 S,选择比例,回车
输入多线比例〈20.00〉:1	//输入新的比例1:1,回车
指定起点或[对正(J)/比例(S)/样式(ST)]:〈对象捕捉 关〉	//打开【对象捕捉】功能,并捕捉点 A
指定下一点:	//捕捉点 B
指定下一点或[放弃(U)]:	//捕捉点 C
指定下一点或[闭合(C)/放弃(U)]:	//捕捉点 D
指定下一点或[闭合(C)/放弃(U)]:C	//输入 C,选择闭合,回车

4. 编辑多线

多线编辑命令是专用于多线对象的编辑命令,执行方法有:

● 下拉菜单:【修改】→【对象】→【多线】。

● 命令行:mledit。

打开【多线编辑工具】对话框,如图 3 - 20 所示。

为了说明【多线编辑工具】的使用,首先建立一个四条平行线的多线样式,得到如图 3 - 21所示的"多线对象"。然后对这个"多线对象"进行编辑。

当对多线进行编辑时,点击图 3 - 20 中的某个工具选项,命令行会提示"选择第一条多

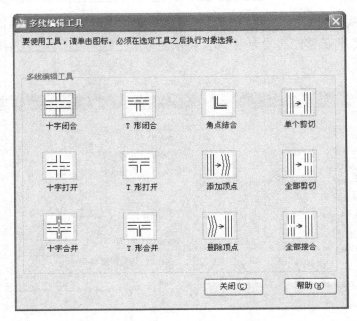

图 3-20 【多线编辑工具】对话框

线:",选择后,又提示"选择第二条多线:",当多线选择的先后顺序
不同时,编辑的效果是不尽相同的。

图 3-22a～f 是先选择竖向多线,再选择横向多线的效果;图
3-22g 是角点结合选择多线时,单击横向多线的左半部和竖向多线
的下半部的结果;图 3-22h 是单击横向多线的右半部和竖向多线
的上半部得到的;图 3-22i 是单击横向多线左半部和竖向多线的

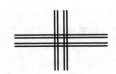

图 3-21 多线对象

上半部的效果。由此可见,位于角点结合处的多线选择,总是保留用户单击到的那一侧部
分。其余的选择方式和效果请读者自行验证。

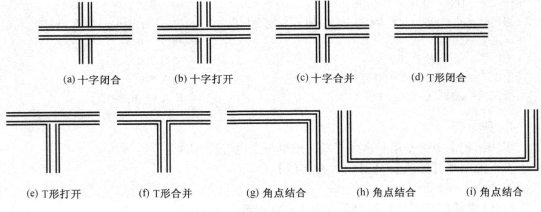

图 3-22 多线编辑不同选项的效果

利用【多线编辑工具】对话框,还可以对多线进行添加顶点、删除顶点、单个剪切、全部
剪切、全部接合等编辑。

例 3-5　试利用多线命令绘制如图 3-23 所示的墙体平面图形。

绘图步骤:首先,根据给定的尺寸绘制墙体的定位轴线:采用点画线线型,画出如图 3-24a 所示的墙体的定位轴线。

然后画多线:将样式"wall"置为当前,对正方式选择"无",比例 1,画出如图 3-24b 所示的多线。

最后对多线进行编辑:点击下拉菜单【修改】→【对象】→【多线】,打开【多线编辑工具】对话框,选择【T形合并】,命令行提示:

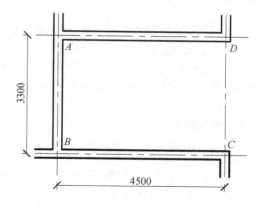

图 3-23　多线编辑后的墙体平面图

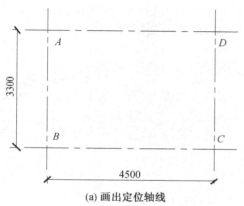

(a) 画出定位轴线

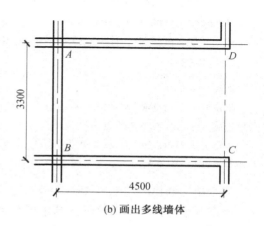

(b) 画出多线墙体

图 3-24　墙体多线的作图

```
命令:_ mledit
选择第一条多线:                    //鼠标选择竖线 AB 的中部
选择第二条多线:                    //选择 B 处横线
选择第一条多线或[放弃(U)]:          //鼠标选择横线 AD 中部
选择第二条多线:                    //鼠标选择竖线 AB 中部
选择第一条多线或[放弃(U)]:          //回车结束命令
```

完成如图 3-23 所示的墙体平面图形。

3.2.5　绘制射线

射线为一端固定,另一端无限延伸的直线。在 AutoCAD 中,射线主要用来绘制辅助线。激活【射线】命令的方法有:

- 下拉菜单:【绘图】→【射线】。
- 功能区面板按钮: ╱。
- 命令行:ray。

执行该命令后,命令行提示如下:

ray 指定起点:	//指定第一点作为射线的起点
指定通过点:	//指定第二点作为射线的经过点,画出射线
指定通过点:	//指定第三点,再画一条以第一点为起点,经过该点的射线
指定通过点:	//回车,结束命令

3.2.6 绘制矩形

启动矩形命令,根据命令行中不同参数的设置,可以绘制带有不同属性的矩形。利用矩形命令绘制的矩形是通过确定它的两个对角点来实现的。

启动【矩形】命令的方法有:

- 下拉菜单:【绘图】→【矩形】。
- 【绘图】工具栏或功能区面板按钮:▭。
- 命令行:rectang 或 rec。

例 3-6 试绘制如图3-25所示的长 300 mm、宽 200 mm 的矩形。

绘图步骤:

命令:_ rectang	//执行【矩形】命令
指定第一个角点或[倒角(C)/标高(E)/圆角(F)/厚度(T)/宽度(W)]:	//鼠标在绘图区域任意位置单击确定矩形的左下角角点
指定另一个角点或[面积(A)/尺寸(D)/旋转(R)]:@300,200	//输入矩形的右上角角点的相对坐标

完成矩形的作图(图3-25)。

指定两个对角点是系统默认的矩形绘制方法。读者也可以选择"面积(A)"选项,通过指定矩形的面积和一个边长来绘制矩形;或者选择"尺寸(D)"选项,分别输入矩形的长、宽来画矩形;如果选用"旋转(R)"选项,则可绘制一个指定角度的矩形(图3-26)。

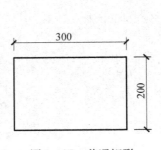

图 3-25 普通矩形

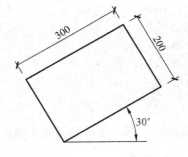

图 3-26 倾斜30°的矩形

【矩形】命令中有多个备选项,分别为:

倒角(C):选择该选项可绘制一个带倒角的矩形,此时需要指定矩形的两个倒角距离。

标高(E):选择该选项可指定矩形所在的平面高度。该选项一般用于三维绘图。

圆角(F):选择该选项可绘制一个带圆角的矩形,此时需要指定矩形的圆角半径。

厚度(T):选择该选项可以以设定的厚度绘制矩形,该选项一般用于三维绘图。

宽度(W):选择该选项可以以设定的线宽绘制矩形,此时需要指定矩形的线宽。

例3-7　试绘制一个如图3-26所示长300 mm、宽200 mm,且倾斜30°的矩形。

绘图步骤:

命令:_ rectang　　　　　　　　　　　　　　　　　　　//执行【矩形】命令
　　指定第一个角点或[倒角(C)/标高(E)/圆角(F)/厚度(T)/宽度(W)]://在屏幕绘图区域用鼠标
单击确定一点
　　指定另一个角点或[面积(A)/尺寸(D)/旋转(R)]:R　　　　//输入R指定旋转角度
　　指定旋转角度或[拾取点(P)]⟨0⟩:30　　　　　　　　　//指定旋转角30°
　　指定另一个角点或[面积(A)/尺寸(D)/旋转(R)]:D　　　　//指定按尺寸绘制矩形
　　指定矩形的长度:300　　　　　　　　　　　　　　　　//输入矩形的长度
　　指定矩形的宽度:200　　　　　　　　　　　　　　　　//输入矩形的宽度
　　指定另一个角点或[面积(A)/尺寸(D)/旋转(R)]:　　　　//用鼠标单击矩形的右边
确定矩形的方位,完成作图,如图3-26所示

3.2.7　绘制正多边形

执行【正多边形】命令可以绘制闭合的等边多边形。在 AutoCAD 2010 中,通过指定正多边形的边数(取值在 3～1024 之间),以及内接圆或外切圆的半径大小,来绘制满足要求的正多边形图形。

启动【正多边形】绘制命令的方法有:

- 下拉菜单:【绘图】→【正多边形】。
- 【绘图】工具栏或功能区面板按钮:⬠。
- 命令行:polygon 或 pol。

执行上述命令后,命令行提示如下:

命令:_ polygon 输入边的数目⟨4⟩:5　　　　//输入正多边形的边数,如5
　　指定正多边形的中心点或[边(E)]:

上述提示中各选项的含义如下:

中心点:通过指定正多边形中心点的方式来绘制正多边形。选择该选项后,系统会提示"输入选项[内接于圆(I)/外切于圆(C)]⟨I⟩:"的信息,内接于圆表示以指定正多边形内接圆半径的方式来绘制正多边形,如图 3-27 所示;外切于圆表示以指定正多边形外切圆半径的方式来绘制正多边形,如图 3-28 所示。

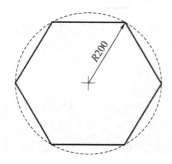

图 3-27　内接于圆画正多边形

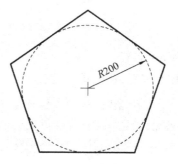

图 3-28　外切于圆画正多边形

边:通过指定多边形边的方式来绘制正多边形。该方式将通过边的数量和长度确定正多边形。

3.2.8 绘制圆

AutoCAD 2010 提供了多达 6 种画圆的方法,选用哪种方法取决于已知条件,现就这 6 种画圆的方法说明如下。

激活【画圆】命令的方法有:

- 下拉菜单:【绘图】→【圆】。
- 【绘图】工具栏或功能区面板按钮:⊙。
- 命令行:circle。
- 快捷命令:c。

选择下拉菜单【绘图】→【圆】,系统会出现如图 3−29 所示的下拉菜单选项。可以分别选择这 6 个菜单选项,用不同的方法来绘制圆。也可以根据命令行的提示,选择不同的参数来绘制圆。现将这 6 种画圆方法分别介绍如下。

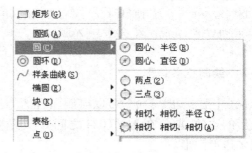

图 3−29 【圆】命令的下拉菜单

1. 圆心、半径

单击 ⊙ 按钮,系统提示为:

命令:_ circle 指定圆的圆心或[三点(3P)/两点(2P)/相切、相切、半径(T)]: //单击鼠标左键,指定圆的圆心

指定圆的半径或[直径(D)]:50 //输入圆的半径

则画出如图 3−30 所示的圆。

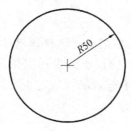

图 3−30 用"圆心、半径"画圆

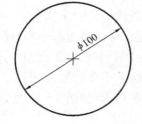

图 3−31 用"圆心、直径"画圆

2. 圆心、直径

单击 ⊙ 按钮,系统提示为:

命令:_ circle 指定圆的圆心或[三点(3P)/两点(2P)/相切、相切、半径(T)]: //单击鼠标左键,指定圆的圆心

指定圆的半径或[直径(D)]〈80.0000〉:_ d 指定圆的直径〈100.0000〉:100 //输入圆的直径,回车结束

则画出如图 3－31 所示的圆。

3. 两点

指定圆周上的任意两个点，以这两个点的连线为直径画圆。

单击 ◎ 按钮，系统提示为：

> 命令：_circle 指定圆的圆心或［三点(3P)/两点(2P)/相切、相切、半径(T)］：_2p 指定圆直径的第一
> 个端点：45,50　　　　　　　　　　　　　　　//输入圆直径第一个端点的绝对直角坐标
> 　指定圆直径的第二个端点：@30,20　　　　　//输入圆直径第二个端点的相对直角坐标

则画出如图 3－32 所示的圆。

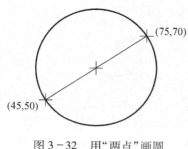

图 3－32　用"两点"画圆

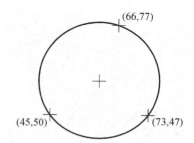

图 3－33　用"三点"画圆

4. 三点

不在同一条直线上的三个点可以唯一确定一个圆。用三点法绘制圆，即通过指定不共线的圆周上的三个点来画圆。

单击 ◎ 按钮，系统提示为：

> 命令：_circle 指定圆的圆心或［三点(3P)/两点(2P)/相切、相切、半径(T)］：_3p 指定圆上的第一个
> 点：45,50　　　　　　　　　　　　　　　　//输入圆周上第一个点的绝对坐标
> 　指定圆上的第二个点：@21,27　　　　　　　//输入圆周上第二个点的相对直角坐标
> 　指定圆上的第三个点：@7,-30　　　　　　　//输入圆周上第三个点的相对直角坐标

则画出如图 3－33 所示的圆。

5. 相切、相切、半径

当已经存在两个图形对象时，选择该项可以绘制与两个对象相切，并以指定值为半径的圆。在命令行提示"指定对象与圆的第一个切点"时，鼠标移动到已知圆的附近会出现"递延切点"的字样，如图 3－34 所示，说明已捕捉到切点，单击左键确定即可。

如图 3－35a 所示，先画出已知圆和已知直线，然后单击 ◎ 按钮，系统提示为：

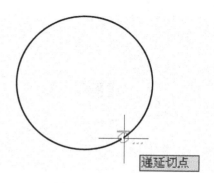

图 3－34　切点捕捉

43

命令:_ circle 指定圆的圆心或[三点(3P)/两点(2P)/相切、相切、半径(T)]:_ ttr
指定对象与圆的第一个切点: //鼠标靠近如图 3-35a 所示已知圆的
右上方,出现黄色的拾取切点符号时单击
指定对象与圆的第二个切点: //鼠标单击已知直线
指定圆的半径〈40.3099〉:10   //输入圆的半径,回车完成作图

则绘制出与左边已知圆和右边已知直线都相切且半径为 10 的圆,如图 3-35b 上方的小圆所示。如果在操作过程中,指定对象与圆的第一个切点拾取的是已知圆的右下方,指定对象与圆的第二个切点拾取的是直线,则绘制出如图 3-35b 右下方所示的小圆。显然,拾取已知对象的落脚点的不同,会直接导致所作出的相切圆方位的不同。

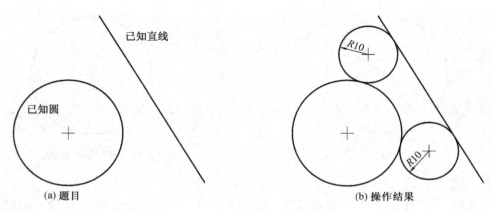

图 3-35   用"相切、相切、半径"画圆

如果输入圆的半径过小,【圆】命令不能执行,命令行会给出"圆不存在"的提示,并退出绘制命令。

6. 相切、相切、相切

这是三点画圆的另外一种绘制方式。当选择"三点(3P)"选项后,再打开对象切点捕捉,在三个对象的公切点附近点击对象,则可以画出与这三个对象相切的圆。

例如,要绘制如图 3-36b 所示的与三角形三边内切的圆,可以使用这个方法。

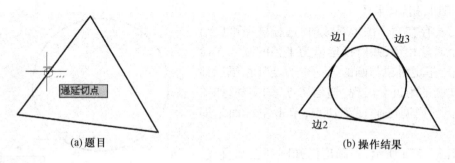

图 3-36   用"相切、相切、相切"画圆

单击下拉菜单【绘图】→【圆】→【相切、相切、相切(A)】,系统提示如下:

命令:_circle 指定圆的圆心或 [三点(3P)/两点(2P)/相切、相切、半径(T)]:_3p 指定圆上的第一个点:_tan 到   // 移动鼠标指定第一条相切边"边 1",出现"递延切点"提示时,单击左键

　　指定圆上的第二个点:_tan 到   //移动鼠标到第二条相切边"边 2",出现"递延切点"提示时,单击左键

　　指定圆上的第三个点:_tan 到   //移动鼠标第三条相切边到"边 3",出现"递延切点"提示时,单击左键

则画出如图 3-36b 所示的内切圆。

3.2.9　绘制圆弧

在 AutoCAD 2010 中,绘制圆弧的方法多达 11 种。

激活【圆弧】绘图命令的方法有:

* 下拉菜单:【绘图】→【圆弧】。

* 【绘图】工具栏或功能区面板按钮: 。

* 命令行:arc 或 a。

启动圆弧命令后,可以按照命令行的提示和已知条件来画圆弧。应用下拉菜单绘制圆弧时,可以直接看到绘制圆弧的 11 个选项(图 3-37)。它们是通过控制圆弧的起点、中间点、圆弧方向、圆弧所对应的圆心角、终点、弦长等参数,来控制圆弧的形状和位置的。下面在列出这 11 种画弧方式的同时,重点介绍其中的几种。

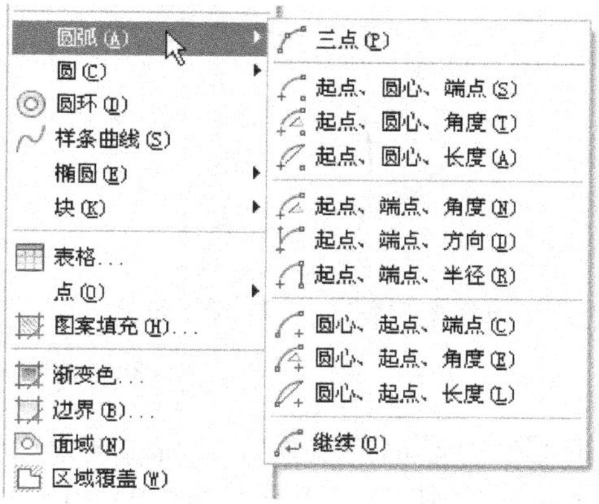

(1)三点

通过不在一条直线上的任意三点画圆弧。单击 按钮,命令行提示:

图 3-37　【圆弧】命令下拉菜单

命令:_arc 指定圆弧的起点或 [圆心(C)]:　　　//单击鼠标(或输入坐标)指定圆弧的起点 A
　　指定圆弧的第二个点或 [圆心(C)/端点(E)]:　　//指定圆弧的第二点 B
　　指定圆弧的端点:　　　　　　　　　　　　　//指定圆弧的终点 C

绘图结果如图 3-38a 所示。

(2)起点、圆心、端点

从下拉菜单启动【绘图】→【圆弧】→【起点、圆心、端点】方法绘制圆弧,命令行提示:

命令:_arc 指定圆弧的起点或 [圆心(C)]:　　　　　　　//单击鼠标(或输入坐标)指定圆弧的起点 A
　　指定圆弧的第二个点或 [圆心(C)/端点(E)]:_c 指定圆弧的圆心://输入圆心坐标 O
　　指定圆弧的端点或 [角度(A)/弦长(L)]:　　　　　//输入圆弧终点坐标 B

绘图结果如图 3-38b 所示。

（3）起点、圆心、角度

从下拉菜单启动【绘图】→【圆弧】→【起点、圆心、角度】方法绘制圆弧,则命令行提示:

命令:_ arc 指定圆弧的起点或[圆心(C)]:   //指定圆弧起点 A
指定圆弧的第二个点或[圆心(C)/端点(E)]:_c 指定圆弧的圆心;   //指定圆弧中心 O
指定圆弧的端点或[角度(A)/弦长(L)]:_a 指定包含角: −130   //指定角度,顺时针为负

绘图结果如图 3−38c 所示。

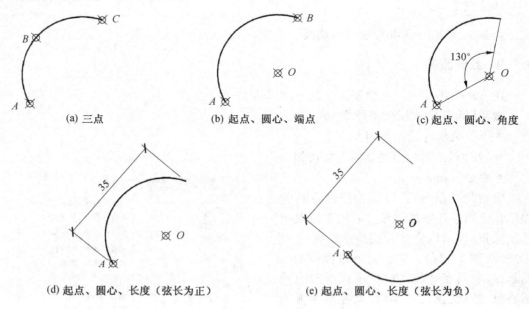

(a) 三点   (b) 起点、圆心、端点   (c) 起点、圆心、角度

(d) 起点、圆心、长度（弦长为正）   (e) 起点、圆心、长度（弦长为负）

图 3−38   几种常用的绘制圆弧的方法

绘制圆弧要特别注意的是,圆弧所对应的角度值可正可负,当输入正值时,由起点按逆时针方向绘制圆弧;反之,按顺时针方向绘制圆弧。

（4）起点、圆心、长度

从下拉菜单启动【绘图】→【圆弧】→【起点、圆心、长度】方法绘制圆弧,则命令行提示:

命令:_ arc 指定圆弧的起点或[圆心(C)]:   //单击鼠标或输入坐标来指定圆弧的起点 A
指定圆弧的第二个点或[圆心(C)/端点(E)]:_c 指定圆弧的圆心;   //指定圆弧的圆心 O
指定圆弧的端点或[角度(A)/弦长(L)]:_l 指定弦长:35   //输入弦长值 35

绘图结果如图 3−38d 所示。

需要注意的是,在绘制圆弧时,弦长值可正可负。本例中,当弦长值取 −35 mm 时,绘制出的圆弧如图 3−38e 所示。

（5）起点、端点、角度:指定圆弧的起点、端点和角度来绘制圆弧。

（6）起点、端点、方向:指定圆弧的起点、端点和起点切向来绘制圆弧。

（7）起点、端点、半径:指定圆弧的起点、端点和半径来绘制圆弧。

（8）圆心、起点、端点:指定圆弧的圆心、起点、端点来绘制圆弧。

（9）圆心、起点、角度:指定圆弧的圆心、起点、角度来绘制圆弧。

（10）圆心、起点、长度:指定圆弧的圆心、起点、弦长来绘制圆弧。

（11）继续:选择"继续"选项,系统将以前面最后一次绘制的线段或圆弧的最后一点作为新圆弧的起点,并以该线段或圆弧的最后一点处的切线方向作为新圆弧的起始切线方向,再指定一个端点来绘制圆弧。

绘图实践中,有些圆弧不太适合用"arc"命令来绘制,此时可以用"circle"命令先画出圆,再进行修剪,这样处理往往比直接画出圆弧要快要好。

例 3 - 8　试绘制如图3 - 39a所示的圆弧连接图形。

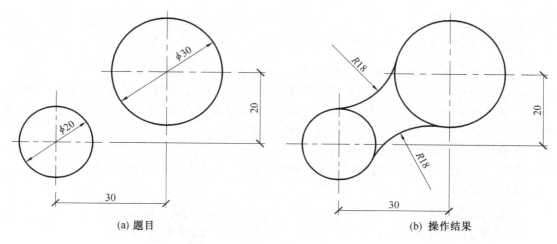

(a) 题目　　　　　　　　　　　　　　　(b) 操作结果

图 3 - 39　用【圆】命令与【修剪】命令来绘制圆弧连接图形

绘图步骤:

首先,用【直线】命令(line)绘制两圆的定位中心线,注意保持中心线的间距。

用【圆】命令(circle)依次绘制 ϕ30 和 ϕ20 的圆。

重复画圆命令,选取"相切、相切、半径"方式画连接圆弧,命令行提示如下:

命令:_ circle	
指定圆的圆心或[三点(3P)/两点(2P)/相切、相切、半径(T)]:_ ttr	//启动"相切、相切、半径"方式画圆
指定对象与圆的第一个切点:	//鼠标移动到右边大圆左上部分,出现递延切点符号时,单击拾取
指定对象与圆的第二个切点:	//鼠标移动到左边小圆上部,出现递延切点符号时,拾取左边小圆
指定圆的半径〈10.0000〉:18	//输入连接圆的半径 18,得到一个与 ϕ30 和 ϕ20 的圆都相切的 R18 的连接圆

利用下拉菜单【修改】→【修剪】命令,选取 ϕ30 和 ϕ20 的圆作为修剪边界,剪切掉 R18 圆弧的多余部分(【修剪】命令详见第 4 章)。

同理,用"相切、相切、半径"方法绘制右下方半径为 18 的连接圆,然后修剪得到如图 3 - 39b所示的最终结果。

3.2.10　绘制椭圆、椭圆弧

1. 椭圆

确定椭圆的参数是其长轴、短轴和椭圆中心。

激活【椭圆】的绘图命令的方法有:

- 下拉菜单:【绘图】→【椭圆】。
- 【绘图】工具栏或功能区面板按钮:⬭。
- 命令行:ellipse。
- 快捷命令:el。

执行上述命令后,命令行提示如下:

命令:_ ellipse
指定椭圆的轴端点或[圆弧(A)/中心点(C)]:

其中"圆弧(A)"选项用来绘制椭圆弧,另外两个选项用来绘制椭圆。

绘制椭圆有两种方法:"指定椭圆的轴端点"选项是通过指定第一条轴的位置和长度以及第二条轴的半长来绘制椭圆的;"中心点(C)"选项是先确定椭圆的中心,然后指定一条轴的端点,再给出另一条轴的半长,由此画出椭圆图形。

下面用两个例题分别加以说明。

例3-9　用"指定椭圆的轴端点"选项绘制如图3-40a所示的椭圆。

绘图步骤:

命令:_ ellipse	//执行【椭圆】命令
指定椭圆的轴端点或[圆弧(A)/中心点(C)]:200,200	//指定椭圆的轴端点 A
指定轴的另一个端点:@200,0	//指定轴的另一个端点 B
指定另一条半轴长度或[旋转(R)]:50	//输入另一条半轴长度

绘图结果如图3-40a所示。

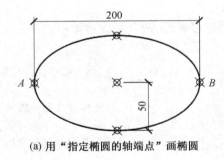

(a) 用"指定椭圆的轴端点"画椭圆

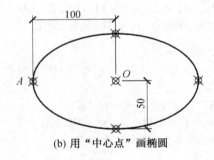

(b) 用"中心点"画椭圆

图3-40　椭圆作图示例

例3-10　用"中心点(C)"选项绘制如图3-40b所示的椭圆。

绘图步骤:

命令:_ ellipse	//执行【椭圆】命令
指定椭圆的轴端点或[圆弧(A)/中心点(C)]:C	//输入C,选择"中心点"选项
指定椭圆的中心点:100,100	//输入椭圆中心点 O 的绝对坐标
指定轴的端点:@-100,0	//指定椭圆轴端点 A 的相对坐标
指定另一条半轴长度或[旋转(R)]:50	//指定椭圆另一条半轴的长度值

绘图结果如图3-40b所示。

2. 椭圆弧

椭圆弧是椭圆的一部分,所以绘制椭圆弧时一般先执行【椭圆】绘制命令,然后在其上面截取一段。截取的方法有"角度法"和"参数法"。下面的例题介绍角度法的使用,读者可以根据命令行的提示自己练习参数法的使用。

例 3 - 11　绘制如图 3 - 41 所示的椭圆弧。

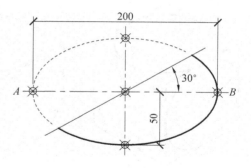

图 3 - 41　绘制椭圆弧

绘图步骤:

命令:_ellipse	//执行【椭圆】命令
指定椭圆的轴端点或[圆弧(A)/中心点(C)]:_a	//选择绘制椭圆弧
指定椭圆弧的轴端点或[中心点(C)]:100,100	//输入椭圆水平轴端点 A 的坐标
指定轴的另一个端点:300,100	//输入椭圆水平轴端点 B 的坐标
指定另一条半轴长度或[旋转(R)]:50	//指定椭圆另一条轴的半长值
指定起始角度或[参数(P)]:30	//输入椭圆弧的起始角度,逆时针旋转为正
指定终止角度或[参数(P)/包含角度(I)]:210	//输入椭圆弧的终止角度

3. 利用【椭圆】命令中的【等轴测圆】选项画曲面立体的正等轴测图

本节所涉及的"捕捉与栅格"等相关知识详见第 4 章内容。

当右键点击状态栏中的【栅格显示】→【设置】选项,打开【草图设置】对话框中的【捕捉和栅格】选项卡,设置"捕捉类型"为"等轴测类型"时,由于绘图环境的改变,系统在【椭圆】命令的选项中,多出了一项【等轴测圆】的绘图选择,即系统提示,"指定椭圆轴的端点或[圆弧(A)/中心点(C)/等轴测圆(I)]:"。

此时,如果曲面立体的表面轮廓仅限于圆、圆弧,且这些圆、圆弧又是坐标面的平行元素时,可以借助【椭圆】命令中的【等轴测圆】选项来画出它们的正等轴测图。

绘图前先设置好绘图环境:右键点击状态栏中的【栅格显示】按钮,选择【设置】选项,打开【草图设置】对话框中的【捕捉和栅格】选项卡,设置"捕捉间距"和"栅格间距"相同,如 10;设置"捕捉类型"为"等轴测类型";勾选"启用捕捉"和"启用栅格";在【栅格行为】选区中,勾选"显示超出界限的栅格",关闭"自适应栅格",按 确定 键退出。

此时屏幕的光标样式和栅格点阵排列如图 3 - 42 所示。如果用户要画的只是平面立体的正等轴测图可以直接捕捉栅格作图;如果用户要画的是曲面立体的正等轴测图,则切记在作图过程中一定要实时地切换光标方位(按 Ctrl + E 切换,俗称"翻筋斗"),以保证不同坐标面平行面上圆(弧)的正等轴测椭圆(弧)的图形的正确性。

图 3 - 42a 所示为单位立方体及其表面单位圆的正等轴测图,当绘制其左前表面的椭圆时,其光标样式应如图 3 - 42a 所示;当绘制其右前表面的椭圆时,其光标样式应如图 3 - 42b 所示;当绘制其顶面的椭圆时,其光标样式应如图 3 - 42c 所示。显然,绘图时,光标始终应与作图面的轴测轴方向保持一致。

例 3 - 12　试绘制如图 3 - 43 所示曲面立体的正等轴测图。

绘图步骤:

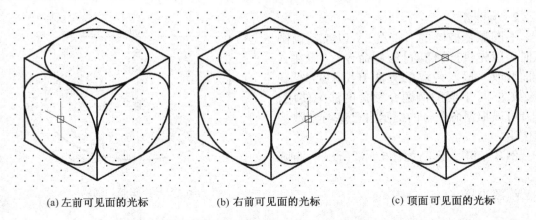

(a) 左前可见面的光标   (b) 右前可见面的光标   (c) 顶面可见面的光标

图 3 - 42　单位立方体及其表面单位圆的正等轴测图和光标的对应表现

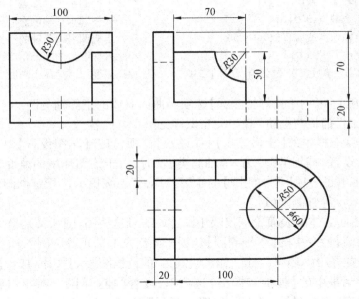

图 3 - 43　曲面立体的三视图

（1）首先，如上所述设置好绘图环境。

（2）忽略立体的曲面部分，根据既定的尺寸画出如图 3 - 44a 所示的三个相互垂直的轴测坐标面，即底板的上表面 100 × 100、左侧竖板的内表面 100 × 70、正面竖板的外表面 70 × 50。

（3）利用【椭圆】命令，画出底板上表面的曲线轮廓。作图时，切记切换光标方位（按 Ctrl + E 切换），使之与作图面的轴测轴方向保持一致（图 3 - 44b）。

执行【椭圆】命令时，系统提示：

命令:_ Ellipse
指定椭圆轴的端点或[圆弧(A)/中心点(C)/等轴测圆(I)]:I　　//输入"I"，选择等轴测圆画图方式
指定等轴测圆的圆心:　　//指定等轴测圆的圆心
指定等轴测圆的半径或[直径(D)]:50　　//输入等轴测圆的半径

同理,画出 $\phi 60$ 圆的正等轴测图(图 3 - 44b)。

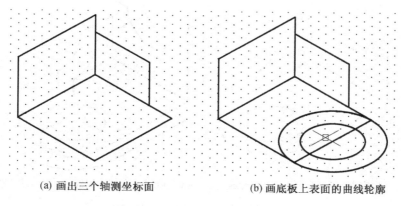

(a) 画出三个轴测坐标面　　　　(b) 画底板上表面的曲线轮廓

图 3 - 44　曲面立体的轴测图(一)

(4)利用【修剪】和【删除】命令编辑底板上表面的图线轮廓;利用【椭圆】命令,画出左侧竖板内表面的曲线轮廓。作图时,切记切换光标方位(按 $\boxed{Ctrl}$ + E 切换),使之与作图面的轴测轴方向保持一致(图 3 - 45a)。

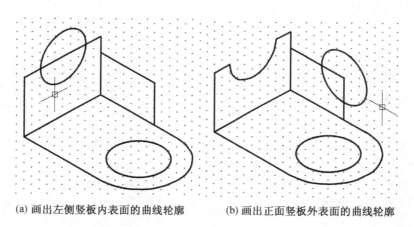

(a) 画出左侧竖板内表面的曲线轮廓　　　(b) 画出正面竖板外表面的曲线轮廓

图 3 - 45　曲面立体的轴测图(二)

(5)利用【修剪】命令编辑左侧竖板内表面的图线轮廓;利用【椭圆】命令,画出正面竖板外表面的曲线轮廓。作图时,切记切换光标方位(按 $\boxed{Ctrl}$ + E 切换),使之与作图面的轴测轴方向保持一致(图 3 - 45b)。

(6)利用【修剪】命令编辑正面竖板外表面的图线轮廓(图 3 - 46a);利用【复制】命令,复制出底板的下表面、左侧竖板的外表面、正面竖板的内表面的图线轮廓(图 3 - 46b)。

(7)利用【直线】、【修剪】、【延长】等命令编辑图形,画出底板右侧圆柱面的转向轮廓线(上下两椭圆弧的右侧象限点的连线),从而得到该曲面立体的正等轴测图(图 3 - 47)。

需要特别说明的是,上述方法只适合立体表面上所有曲线轮廓均为圆弧,且均平行于坐标面的曲面立体(包括所有平面立体)作图。这是一种二维环境下的三维绘图,其图形在本质上有别于第 12 章真正三维实体的创建。

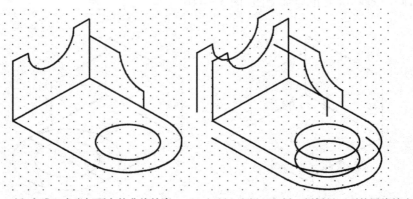

(a) 完成三个坐标面上的曲线轮廓   (b) 复制出底板、竖板、侧板另一面的图线轮廓

图 3-46   曲面立体的轴测图(三)

3.2.11   绘制圆环

该命令是用来绘制圆环或实心圆,需要用户给出圆环的内径、外径及圆心的位置。

激活【圆环】绘图命令的方法有:

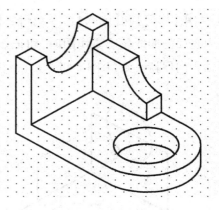

图 3-47   曲面立体的轴测图(四)

- 下拉菜单:【绘图】→【圆环】。
- 命令行:donut 或 do。
- 功能区面板按钮:◎。

执行上述命令后,命令行提示如下:

命令:_donut	//执行【圆环】命令
指定圆环的内径〈20.0000〉:	//输入圆环内径或回车取默认值
指定圆环的外径〈30.0000〉:	//输入圆环外径或回车取默认值
指定圆环的中心点或〈退出〉:	//指定圆环的中心点
指定圆环的中心点或〈退出〉:	//继续绘制圆环或退出

例 3-13   绘制一个如图 3-48a 所示内径为 50 mm、外径为 80 mm 的圆环。

绘图步骤:

命令:_donut	//执行【圆环】命令
指定圆环的内径〈20.0000〉:50	//输入圆环内径
指定圆环的外径〈30.0000〉:80	//输入圆环外径
指定圆环的中心点或〈退出〉:200,300	//输入中心点坐标或鼠标在屏幕上指定圆环的中心点
指定圆环的中心点或〈退出〉:	//右键或回车结束命令

可以使用"Fill"命令,对【填充模式】进行设置,图 3-48a 所绘制的圆环为填充圆环。

当内径取 0 时,圆环变成实心的圆;当关闭填充模式(OFF)时,上述命令绘制结果如图
3 -48b 所示。

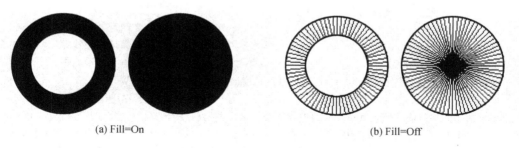

(a) Fill=On　　　　　　　　　　　(b) Fill=Off

图 3 -48　填充圆环和非填充圆环的绘制

3.2.12　多段线

多段线是由若干直线段和弧线段组成的对象。组成多段线的直线段和弧线段的起止线
宽可以任意设定。多段线在三维造型中应用较多,在二维图形的绘制中应用较少。在
AutoCAD 中,一般图线的线宽是通过图层(参见第 8 章)来控制的,但对于线宽变化或特殊
线宽的图线,如箭头、地坪线或复杂的图形,就可以方便地利用【多段线】命令来实现。

激活【多段线】命令的方法有:

● 下拉菜单:【绘图】→【多
段线】。

● 【绘图】工具栏或功能区
面板按钮: 。

● 命令行:pline 或 pl。

例 3 -14　试利用【多段线】
命令,绘制如图3 -49所示的平面
图形。

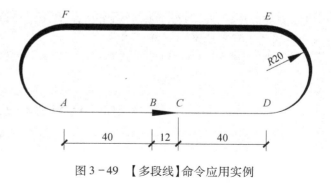

图 3 -49　【多段线】命令应用实例

绘图步骤:

命令:_ pline	//执行【多段线】命令
指定起点:	//光标单击点 A 作为多段线的起点
当前线宽为 0. 0000	
指定下一个点或[圆弧(A)/半宽(H)/长度(L)/放弃(U)/宽度(W)]:@40,0	
	//输入点 B 的坐标
指定下一点或[圆弧(A)/闭合(C)/半宽(H)/长度(L)/放弃(U)/宽度(W)]:W	
	//输入"W",选择"宽度"选项
指定起点宽度〈0. 0000〉:3	//指定起点线宽
指定端点宽度〈3. 0000〉:0	//指定端点线宽
指定下一点或[圆弧(A)/闭合(C)/半宽(H)/长度(L)/放弃(U)/宽度(W)]:@12,0	
	//输入点 C 的坐标,确定箭头长度

指定下一点或[圆弧(A)/闭合(C)/半宽(H)/长度(L)/放弃(U)/宽度(W)]:@40,0

//输入下一个点 D 的相对直角坐标

指定下一点或[圆弧(A)/闭合(C)/半宽(H)/长度(L)/放弃(U)/宽度(W)]:W

//改变线宽

指定起点宽度〈0.0000〉:   //回车默认起点线宽
指定端点宽度〈0.0000〉:3   //将终点线宽设为3
指定下一点或[圆弧(A)/闭合(C)/半宽(H)/长度(L)/放弃(U)/宽度(W)]:A

//选择 A 选项,绘制圆弧

指定圆弧的端点或[角度(A)/圆心(CE)/闭合(CL)/方向(D)/半宽(H)/直线(L)/半径(R)/第二
个点(S)/放弃(U)/宽度(W)]:@0,40   //给定圆弧端点 E 的相对坐标

指定圆弧的端点或[角度(A)/圆心(CE)/闭合(CL)/方向(D)/半宽(H)/直线(L)/半径(R)/第二
个点(S)/放弃(U)/宽度(W)]:L   //输入L,改画直线

指定下一点或[圆弧(A)/闭合(C)/半宽(H)/长度(L)/放弃(U)/宽度(W)]:@ -92,0

//输入点 F 的相对坐标

指定下一点或[圆弧(A)/闭合(C)/半宽(H)/长度(L)/放弃(U)/宽度(W)]:W

//改变线宽

指定起点宽度〈3.0000〉:   //回车默认线宽
指定端点宽度〈3.0000〉:0   //终点线宽设为0
指定下一点或[圆弧(A)/闭合(C)/半宽(H)/长度(L)/放弃(U)/宽度(W)]:A

//选择画圆弧选项

指定圆弧的端点或[角度(A)/圆心(CE)/闭合(CL)/方向(D)/半宽(H)/直线(L)/半径(R)/第二
个点(S)/放弃(U)/宽度(W)]:@0, -40   //给定点 A 的相对坐标

指定圆弧的端点或[角度(A)/圆心(CE)/闭合(CL)/方向(D)/半宽(H)/直线(L)/半径(R)/第二
个点(S)/放弃(U)/宽度(W)]:   //回车结束命令

例 3 - 15　试用1:1的比例,绘制如图 3 - 50 所示的直径为 5 mm 的钢筋弯钩图。

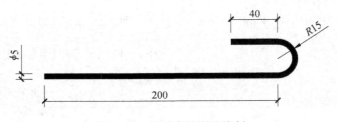

图 3 - 50　钢筋弯钩图的绘制

绘图步骤:

命令:_ pline   //执行【多段线】命令
指定起点: //鼠标在绘图区域任意指定一点
当前线宽为 0.0000   //显示系统当前线宽
指定下一个点或[圆弧(A)/半宽(H)/长度(L)/放弃(U)/宽度(W)]:W

//输入 W,回车

指定起点宽度〈5.0000〉:5   //指定起点线宽
指定端点宽度〈5.0000〉:   //回车,取默认线宽

指定下一个点或[圆弧(A)/半宽(H)/长度(L)/放弃(U)/宽度(W)]:〈正交 开〉200	
	//打开【正交】模式,输入钢筋直线段长度值
指定下一点或[圆弧(A)/闭合(C)/半宽(H)/长度(L)/放弃(U)/宽度(W)]:A	
	//输入 A 回车,选择"圆弧"选项
指定圆弧的端点或[角度(A)/圆心(CE)/闭合(CL)/方向(D)/半宽(H)/直线(L)/半径(R)/第二	
个点(S)/放弃(U)/宽度(W)]:30	//鼠标上移,输入圆弧端点到终点的距离
指定圆弧的端点或[角度(A)/圆心(CE)/闭合(CL)/方向(D)/半宽(H)/直线(L)/半径(R)/第二	
个点(S)/放弃(U)/宽度(W)]:L	//输入 L 回车,选择绘制直线
指定下一点或[圆弧(A)/闭合(C)/半宽(H)/长度(L)/放弃(U)/宽度(W)]:40	
	//输入钢筋弯钩末端直线段长度
指定下一点或[圆弧(A)/闭合(C)/半宽(H)/长度(L)/放弃(U)/宽度(W)]:	
	//回车,完成作图

用【多段线】命令绘制的若干直线或弧线之间一般为光滑连接,即为相切关系,除非利用相关命令改变起点的切线方向。

可以用 pedit 或 mpedit 命令,按系统提示对多段线进行编辑。也可以执行下拉菜单【修改】→【对象】→【多段线】进行修改编辑。

3.2.13　样条曲线

样条曲线是通过若干指定点生成的光滑曲线。在工程图样中,可以用【样条曲线】命令来绘制波浪线、等高线等。

激活【样条曲线】命令的方法有:

- 下拉菜单:【绘图】→【样条曲线】。
- 【绘图】工具栏或功能区面板按钮: 。
- 命令行:spline 或 spl。

执行上述命令后,命令行提示如下:

命令:_ spline	//执行【样条曲线】命令
指定第一个点或[对象(O)]:	//指定第一点
指定下一点:	//指定第二点
指定下一点或[闭合(C)/拟合公差(F)]〈起点切向〉:	//指定第三点或选择"闭合"等选项
指定下一点或[闭合(C)/拟合公差(F)]〈起点切向〉:	//回车结束点的输入
指定起点切向:	//指定起点的切线方向
指定端点切向:	//指定终点的切线方向

执行【样条曲线】命令至少需要输入三个点,当输完最后一个点时,按 $\boxed{Enter}$ 键结束点的输入。这时,命令行会提示确定起点和终点的切线方向,切线方向的不同会改变样条曲线的形状,可以用鼠标或捕捉的方式来确定切线方向,也可以直接回车,按系统默认的切线方向确定。

例3-16　使用【样条曲线】命令绘制如图3-51所示的波浪线。

绘图步骤:

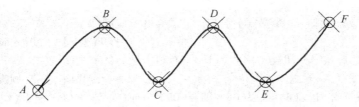

图 3 - 51　样条曲线的绘制

命令:＿spline	//执行【样条曲线】命令
指定第一个点或［对象(O)］:	//鼠标在绘图区域任意指定点 A
指定下一点:	//指定点 B
指定下一点或［闭合(C)/拟合公差(F)］〈起点切向〉:	//指定点 C
指定下一点或［闭合(C)/拟合公差(F)］〈起点切向〉:	//指定点 D
指定下一点或［闭合(C)/拟合公差(F)］〈起点切向〉:	//指定点 E
指定下一点或［闭合(C)/拟合公差(F)］〈起点切向〉:	//指定点 F
指定下一点或［闭合(C)/拟合公差(F)］〈起点切向〉:	//回车,结束点的输入
指定起点切向:	//移动光标找到合适的起点切线方向,回车
指定端点切向:	//移动光标找到合适的终点切线方向,回车

绘图结果如图 3 - 51 所示。

3.3　实操练习题

3.3.1　问答题

1. 根据圆弧的角度值绘制圆弧时,其正负是如何影响作图结果的?
2. 用【多段线】命令绘制的图 3 - 49 是一个图形对象,还是多个图形对象?
3. 用【多线】命令绘制墙体时,怎样选择对齐方式?

3.3.2　绘图题

1. 按给定的尺寸,用【直线】、点的【定数等分】命令,在【对象捕捉】、【正交模式】方式按 1:1 的比例绘制如图 3 - 52 所示的地板拼花图形。

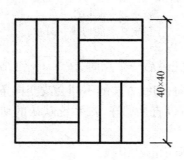

图 3 - 52　地板拼花

图 3 - 53　圆的内接正五边形及五角星

2. 按给定的尺寸,用【直线】、【圆】、【正多边形】命令,在【对象捕捉】方式下按 1:1 的比例绘制如图 3－53 所示的圆的内接正五边形及五角星图形。

3. 按给定的尺寸,用【直线】、【圆】、【正多边形】命令,在【对象捕捉】方式下用 1:1 的比例绘制如图 3－54 所示的圆弧连接图形。

4. 在等轴测捕捉模式下,应用【直线】、【椭圆】等命令绘制如图 3－55 所示的立体图形。

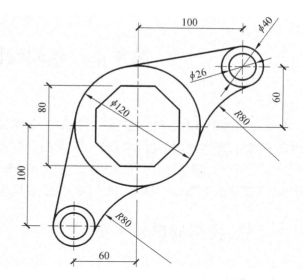

图 3－54　圆弧连接图形

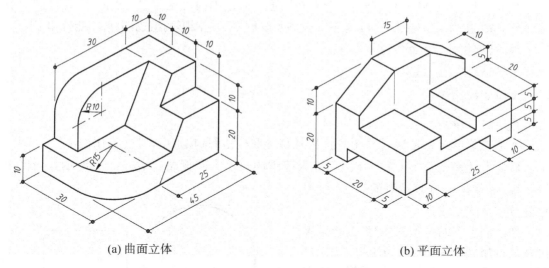

(a) 曲面立体　　　　　　　　　(b) 平面立体

图 3－55　立体的等轴测作图

57

第4章 辅助绘图命令

在绘图实践中,用鼠标定位虽然方便快捷,但精度不高,且不甚实用。为了解决快速准确的定位问题,提高绘图精度和绘图效率,AutoCAD提供了一系列绘图辅助工具。使用系统提供的这类工具,如对象捕捉、对象追踪、极轴捕捉等,在不输入坐标的情况下,可快速准确地定位,实现精确绘图;使用正交、栅格等功能,有助于对齐图形中的对象,提高绘图速度。

4.1 栅格、栅格捕捉和正交

4.1.1 栅格显示

在世界坐标系(WCS)中,栅格是分布在图形界限范围内可见的定位点阵,它是作图的视觉参考工具,相当于坐标纸中的方格阵。这些点状栅格不是图形的组成部分,不能打印出图。

激活【栅格显示】命令的方法有:

- 状态栏按钮:▦。
- 快捷键:F7。
- 命令行:grid。
- 下拉菜单:【工具】→【草图设置】→【捕捉和栅格】选项卡中勾选【启用栅格】。

启动上述命令后,系统会在图形界限范围内显示点状栅格,如图4-1所示。当使用"limits"命令改变图形界限的大小时,栅格的分布也随之改变。

在绘制大型的工程图样时,由于系统默认的栅格间距为10,故当用户采用1:1的比例绘图时,有可能出现因栅格点阵太密而无法显示栅格的系统提示。此时,可以通过【草图设置】对话框改变栅格点之间的间距。

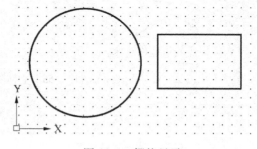

图4-1 栅格显示

获得【草图设置】对话框的方法有:

- 下拉菜单:【工具】→【草图设置】。
- 快捷键菜单:鼠标右键单击状态栏按钮▦,选择快捷菜单中的【设置】选项。
- 命令行:osnap。

执行上述命令后,系统弹出如图4-2所示的【草图设置】对话框。选择【捕捉和栅格】选项卡,选中【启用栅格】复选框,则【栅格显示】被打开。在【栅格间距】选区可以设置【栅格显示】的坐标间距,X轴与Y轴间距可以相同,也可以不同。在对话框的左侧有【启用捕捉】复选框,通常【启用栅格】和【启用捕捉】配合使用,且其坐标间距均保持一致。

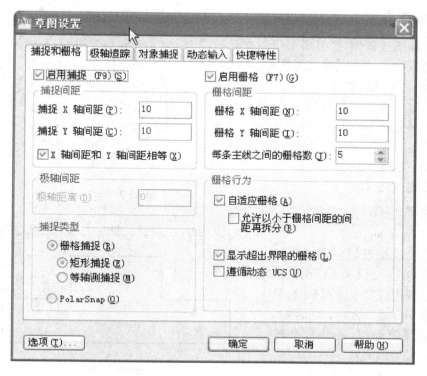

图 4-2　【草图设置】对话框

4.1.2　捕捉模式

【捕捉模式】用于限定十字光标的移动,使其只能停留在定义于图幅中的栅格点阵上。当启动【捕捉模式】时,光标只能以设置好的捕捉间距为最小移动距离移动,通常我们将捕捉间距与栅格间距设置成对等(或倍数)关系,这样光标就可以准确地捕捉到栅格点了。

打开【捕捉模式】的方法有:

● 状态栏按钮:▦。

● 快捷键: F9 。

● 命令行:snap。

同样,也可以利用图 4-2 所示的【草图设置】对话框中的【捕捉和栅格】选项卡来打开【捕捉模式】。在【捕捉和栅格】选项卡中选中【启用捕捉】复选框,则【捕捉】模式被打开。其捕捉间距在下面的【捕捉间距】选区进行设置。

在【捕捉类型】选区可以看出,【捕捉类型】分两种:【栅格捕捉】和【PolarSnap】。

【栅格捕捉】的类型又分为两种:【矩形捕捉】和【等轴测捕捉】。【矩形捕捉】是指栅格的 X 轴和 Y 轴相互垂直;【等轴测捕捉】是用来绘制正等轴测图,使用【等轴测捕捉】时,光标也随之变化,如图 4-3 所示。将捕捉类型设置为【PolarSnap】,如果启用了捕捉模式并在极轴追踪打开的情况下指定点,光标将沿在极轴追踪选项卡上相当于极轴追踪起点设置的极轴对齐角度进行捕捉。

4.1.3 正交模式

在工程制图过程中,经常需要绘制大量的水平线和垂直线。【正交】模式是快速、准确绘制水平线和垂直线的有力工具。当打开【正交】模式时,无论光标怎样移动,在屏幕上只能绘制水平线或垂直线。这里的水平线和垂直线是指平行于当前坐标系的 X 轴和 Y 轴的直线。

激活【正交】模式的方法有:

- 状态栏按钮: 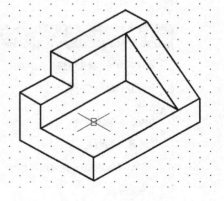。

图 4-3   等轴测栅格显示效果

- 快捷键: F8。
- 命令行: ortho。

由于正交功能已经限制了直线的方向,所以在正交模式下绘制由水平线和垂直线构成的平面图形时,只需将光标置于合适的方位,直接输入各线段的长度值即可(不再需要输入完整的相对坐标值)。

例 4-1   试利用【正交】模式,绘制如图 4-4 所示的平面图形。

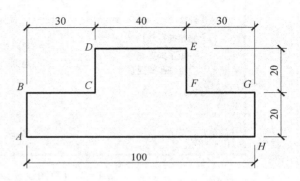

图 4-4   利用【正交】模式绘制平面图形

绘图步骤:

命令:_line 指定第一点: 点作为图形的左下角点	//启动【直线】命令,鼠标在屏幕上任意位置单击指定 A
指定下一点或[放弃(U)]:〈正交 开〉20 车确定点 B	//打开【正交】模式,光标移动到点 A 的上方输入 20,回
指定下一点或[放弃(U)]:30	//光标移动到点 B 的右方输入 30,回车得到点 C
指定下一点或[闭合(C)/放弃(U)]:20	//光标移动到点 C 的上方输入 20,回车得到点 D
指定下一点或[闭合(C)/放弃(U)]:40	//光标移动到点 D 的右方输入 40,回车确定点 E
指定下一点或[闭合(C)/放弃(U)]:20	//光标移动到点 E 的下方输入 20,回车确定点 F
指定下一点或[闭合(C)/放弃(U)]:30	//光标移动到点 F 的右方输入 30,回车确定点 G
指定下一点或[闭合(C)/放弃(U)]:20	//光标移动到点 G 的下方输入 20,回车确定点 H
指定下一点或[闭合(C)/放弃(U)]:C	//输入"C",回车,形成封闭的图形,完成作图

4.2   对象捕捉

使用对象捕捉可以精确定位现有图形对象的特征点。例如,直线的端点、中点、垂足、圆心、切点等。当光标移到捕捉对象位置时,将显示特征点的标记和相应的提示,使用对象捕捉功能,可以快速、准确地捕捉到这些特征点,从而达到精确绘图的目的。

对象捕捉是在已有对象上精确定位特征点的一种辅助工具,它不是 AutoCAD 的主命令,不能在命令行的"命令:"提示符下单独执行,只能在执行绘图命令或图形编辑命令的过程中,实时地指定(或调整)捕捉对象,并激活【对象捕捉】方式才可以使用。

激活【对象捕捉】方式的命令有:

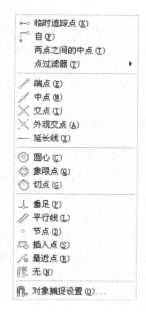

- 状态栏按钮:□。
- 下拉菜单:【工具】→【草图设置】→【对象捕捉】。
- 快捷键: F3 。

打开【对象捕捉】模式后,需选定捕捉对象进行命令操作。

4.2.1　临时对象捕捉模式

当 AutoCAD 2010 提示指定一个点时,按住 Shift 键不放,在屏幕绘图区按下鼠标右键,则弹出一个如图 4-5 所示的快捷菜单,在菜单中选择了捕捉点后,菜单消失,再回到绘图区去捕捉相应的点。将鼠标移到要捕捉的点附近,会出现相应的捕捉点标记,光标下方还有对这个捕捉点类型的文字说明,这时单击鼠标左键,就会精确捕捉到这个点。

也可以在图 4-6 所示的【对象捕捉】工具栏中单击所需的对象捕捉图标。

打开【对象捕捉】工具栏的方法是,在任意工具栏上单击鼠

图 4-5　【对象捕捉】右键
快捷菜单

图 4-6　【对象捕捉】工具栏

标右键,选中【对象捕捉】,即可在绘图区出现【对象捕捉】工具栏。当不需要在屏幕显示此工具栏时,点击工具栏右上角的按钮 X 关闭即可。

这种捕捉方式每捕捉一次点后,会自动退出对象捕捉状态,因此称之为"对象捕捉的单点优先方式"。

例 4-2　已知如图 4-7 所示的长方形,试在对象捕捉的单点优先方式下,借助【捕捉自】命令画一个外切于直径为 40 mm 圆的正六边形,要求保持正六边形的中心与长方形的相对位置关系不变。

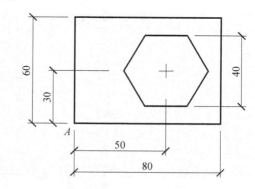

图 4-7　借助【捕捉自】命令在指定的位置画正六边形

绘图步骤:

首先,执行【矩形】命令,按既定的尺寸画出 80 mm × 60 mm 的矩形。

然后,执行【正多边形】命令,系统提示如下:

命令:_ polygon 输入边的数目〈5〉:6　　　　　　　　　　　　//输入边的数目 6
指定正多边形的中心点或[边(E)]:_ from 基点:〈偏移〉:@50,30　//单击【捕捉自】按钮,鼠标
左键再点击捕捉长方形左下角点 A,出现偏移提示后再输入相对坐标@50,30,则定出正六边形的中心
输入选项[内接于圆(I)/外切于圆(C)]〈C〉:C　　　　　　//选择"外切于圆"的选项"C"
指定圆的半径:20　　　　　　　　　　　　　　　　//输入正六边形外切圆的半径
值,完成作图

4.2.2　自动对象捕捉模式

对象捕捉的单点优先方式是一种临时捕捉,亦是一种一次性的捕捉模式。这种捕捉模式不是自动的,每当要临时捕捉某个特征点时,需要在捕捉之前手工设置这种捕捉的特征点,然后再进行对象捕捉。

在 AutoCAD 绘图实践中,对象捕捉的使用频率很高,如果每次都采用单点优先就显得十分烦琐,于是就有了自动捕捉。自动捕捉模式要求使用者事先设置好需要的捕捉特征点,以后当光标移动到这些对象捕捉点附近时,系统就会自动捕捉到这些点。

所谓自动捕捉,就是当用户把光标放到某个对象上时,系统会自动捕捉到该对象上所有符合预设条件的几何特征点,并显示出相应的标记。如果光标在捕捉点上多停留一会,系统还会显示出该捕捉的提示。这样,用户在选点之前就可以预览和确认捕捉点了。

鼠标单击状态栏中的【对象捕捉】□按钮,则系统打开【对象捕捉】。

自动对象捕捉功能的设置是在【草图设置】对话框的【对象捕捉】选项卡中进行的,如图 4-8 所示。需要哪一种捕捉点,就选中该点名称前面的复选框,单击 确定 按钮,即可完成设置。

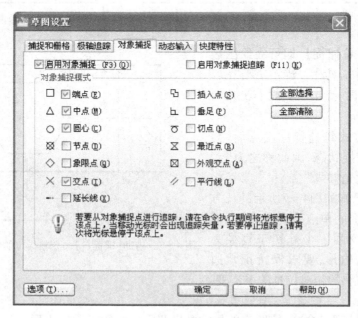

图 4-8　【草图设置】对话框中的【对象捕捉】选项卡

如果需要关闭自动捕捉,可以在状态栏上单击【对象捕捉】按钮,按下为打开,浮起为关闭。

图 4-9 所示的正方形图案是先在【草图设置】对话框的【对象捕捉】选项卡中预设好"中点""端点"的对象捕捉模式,然后在自动捕捉状态下绘制的。

提示:可以设置多个自动捕捉对象,然后在绘图捕捉时按 Tab 键为某个特定对象遍历所有可用的对象捕捉点,以确定选择。例如,当光标位于圆周上时按 Tab 键,系统将自动捕捉并闪烁显示出所有用于捕捉的象限点、交点和中心等选项。自动捕捉不宜设得过多、过滥,否则会令系统面面俱到,给自己作图带来麻烦。

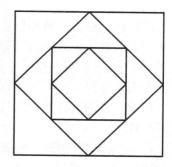

图 4-9　预设"中点"、"端点"为自动捕捉对象,绘制正方形图案

*4.3　自动追踪功能

自动追踪是 AutoCAD 2010 的一个非常有用的辅助绘图工具,它可以帮助用户按指定角度绘制对象,或者绘制与其他对象有特定关系的对象。自动追踪功能分【极轴追踪】和【对象捕捉追踪】两种。

4.3.1　极轴追踪

【极轴追踪】功能可以在 AutoCAD 要求指定一个点时,按事先设置的角度增量显示一条无限延伸的辅助虚线,用户可以沿这条辅助虚线追踪得到作图点。

激活极轴追踪功能的方法有:

- 功能键: F10 。

- 状态栏按钮: 。

在【草图设置】对话框中,可以对极轴追踪和对象捕捉追踪进行设置,如图 4-10 所示。打开【极轴追踪】选项卡,【增量角】下拉列表中预置了 9 种角度值,如果没有需要的角度值,则可在文本框中输入所需要的角度值。

【极轴追踪】选项卡中的各选项含义如下:

"增量角"下拉列表框:选择极轴追踪角度。当光标的相对角度等于该角,或者是该角的整数倍时,屏幕上将显示

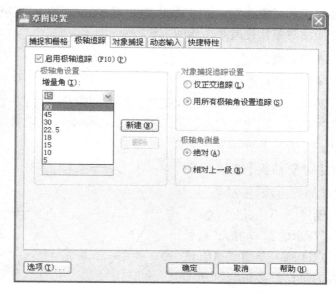

图 4-10　【草图设置】对话框中的【极轴追踪】选项卡

追踪路径。

"附加角"复选框:增加任意角度值作为极轴追踪角度。选中"附加角"复选框,并单击"新建"按钮,然后输入所需追踪的角度值。

"仅正交追踪"单选按钮:当对象捕捉追踪打开时,仅显示已获得的对象捕捉点的正交(水平和垂直方向)对象捕捉追踪路径。

"用所有极轴角设置追踪":对象捕捉追踪打开时,将从对象捕捉点起沿任何极轴追踪角进行追踪。

"极轴角测量"选项组:设置极角的参照标准。"绝对"选项表示使用绝对极坐标,以 X 轴正方向为 0°。"相对上一段"选项根据上一段绘制的直线确定极轴追踪角,上一段直线所在的方向为 0°。

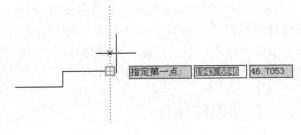

如图 4-11 所示的点线即为极轴追踪线。

图 4-11　极轴追踪线

注意:因为正交模式将限制光标只能沿着水平方向和垂直方向移动,所以,不能同时打开正交模式和极轴追踪功能。当用户打开正交模式时,AutoCAD 将自动关闭极轴追踪功能;反之,当打开了极轴追踪功能,则 AutoCAD 将自动关闭正交模式。

4.3.2　对象捕捉追踪

对象捕捉追踪是在对象捕捉功能基础上发展起来的,应与对象捕捉功能配合使用。该功能可以使光标从对象捕捉点开始,沿着对齐路径进行追踪,并找到需要的精确位置。对齐路径是指和对象捕捉点水平对齐、垂直对齐,或者按设置的极轴追踪角度对齐的方向。

激活对象捕捉追踪功能的方法有:

● 功能键: F11 。

● 状态栏按钮: 。

对象捕捉追踪是沿着对象捕捉点的方向进行追踪,并捕捉对象追踪点与追踪辅助线之间的特征点。使用对象捕捉追踪模式时,必须确认对象自动捕捉和对象捕捉追踪都处于打开状态。方法是按下状态栏上的【对象捕捉】按钮 和【对象捕捉追踪】按钮 。

例 4-3　已知如图 4-12 所示的圆 O 和点 A,要求从点 A 画一条直线 AB,该直线的延长线必须与已知圆 O 的上圆弧相切,且其长度为 25 mm。

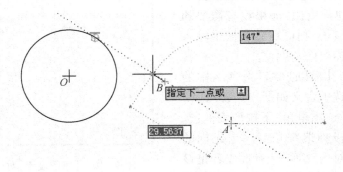

图 4-12　【对象捕捉追踪】应用实例

绘图步骤：

首先,确认【对象捕捉】模式和【对象捕捉追踪】模式处于打开状态,且对象自动捕捉模式中设置了"切点""节点"的捕捉。

依题意,先执行【圆】命令画出圆 O,再执行【单点】命令画出点 A。

命令:_line 指定第一点:　　　　//启动【直线】命令,捕捉点 A

指定下一点或[放弃(U)]:25　　　　//将光标移到圆 O 的右上方,待切点捕捉光标

⚲出现时,表示系统已获取了切点的信息,此时屏幕上将出现一条通过点 A 和切点的辅助线,并实时地显示一个对象捕捉追踪标签,标签内的两个数值分别为点 A 到当前对象捕捉追踪光标处的距离值和 X 轴正向与追踪切线方向的夹角,此时从键盘键入数字 25 后,回车即完成直线 AB 的作图

绘图结果如图 4 - 12 所示。

注意:当移动光标到一个对象捕捉点时,要在该点上停顿一会儿,不要拾取它,因为这一步只是 AutoCAD 获取该对象捕捉点的信息。待信息出现在标签内时,再进行下一步的操作。

例 4 - 4　应用【对象捕捉】、【极轴捕捉】和【对象捕捉追踪】绘制如图 4 - 13 所示的标高符号。

绘图步骤:

绘图前,打开【对象捕捉】,且设置端点和交点为自动捕捉对象;打开【极轴追踪】,并将追踪角增量设置为 45°,打开【对象捕捉追踪】。

本例需先绘制一条 3 mm 长的高度辅助线 EA(图 4 - 14a)。

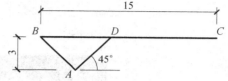

图 4 - 13　标高符号

命令:_line 指定第一点:　　　　//启动【直线】命令,在绘图区指定点 E 为绘图起点

指定下一点或[放弃(U)]:3　　　　//将光标移动到点 E 的正下方,输入长度 3 确定点 A

指定下一点或[放弃(U)]:　　　　//将光标移动到点 A 的左上方,近 45°时,出现一条极轴追踪的点线;然后再将光标移到点 E 处,出现捕捉框时左移,从而显示出对象捕捉追踪点线;当光标左移到合适位置时,两条点线出现交点(图 4 - 14a),此时单击鼠标,确定图 4 - 13 中的点 B

指定下一点或[放弃(U)]:15　　　　//将光标移动到点 B 的正右方向,输入 BC 的长度值 15

指定下一点或[放弃(U)]:　　　　//回车结束画线

命令:_line 指定第一点:　　　　//再次回车重复【直线】命令,捕捉点 A 作为起点

指定下一点或[放弃(U)]:　　　　//将光标移动到点 A 的右上方,近 45°时,出现一条极轴追踪的点线,然后再将光标移至点 D 附近时,出现交点捕捉的叉号(图 4 - 14b),此时单击鼠标,确定图 4 - 13 中的点 D

指定下一点或[放弃(U)]:　　　　//回车,结束画线

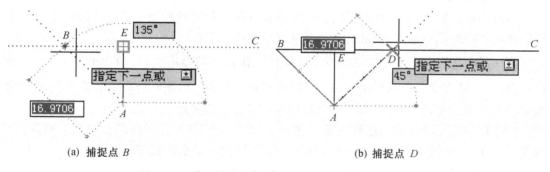

(a)　捕捉点 B　　　　　　　　　　　(b)　捕捉点 D

图 4 - 14　【极轴追踪】和【对象捕捉追踪】作图实例

最后,删除辅助线 *EA*,即得如图 4 - 13 所示结果。

*4.4 动态输入

在 AutoCAD 2010 中,使用动态输入功能可以在指针位置处显示标注输入和命令提示等信息,从而极大地方便了绘图。

激活【动态输入】的方式有两种:

• 功能键: F12 。

• 状态栏按钮: 🔟。

右键单击【状态栏】中的【动态输入】开关按钮 🔟,出现快捷菜单,选择【设置】选项,打开【草图设置】对话框中的【动态输入】选项卡(图 4 - 15),即可对动态输入进行设置。

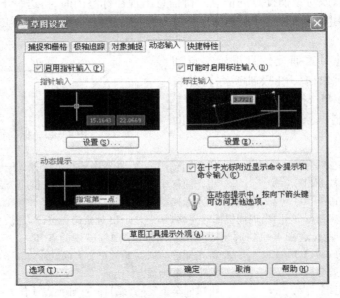

图 4 - 15 【草图设置】对话框中的【动态输入】选项卡

在【动态输入】选项卡中有【指针输入】、【标注输入】和【动态提示】3 个选区,分别控制动态输入的 3 项功能。

1. 指针输入

当启用指针输入且有命令在执行时,十字光标附近的工具栏提示中显示为坐标。此时,可以在工具栏提示中输入坐标值,而不是在命令行中输入。

使用 Tab 键可以在多个工具栏提示中切换。在开启动态输入后,当提示指定下一个点时,若按 x,y 格式输入可以指定与前一点的相对直角坐标。若输入一个值后按 Tab 键,接下来要输入的值就是角度,这样实际上是使用相对极坐标确定点。

如果仅启用了指针输入或标注输入,按两次键盘上的下箭头键可以查看和选择其作图选项。图 4 - 16b 所示的是执行矩形命令时,按两次下箭头键出现的提示。

2. 标注输入

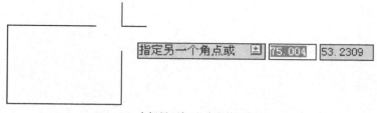

(a) 光标显示矩形动态数据提示

(b) 按下箭头键查看和选择选项

图 4-16 操作过程中的动态提示

启用标注输入时,当命令提示输入第二点时,工具栏提示将显示距离和角度值。按 Tab 键在工具栏之间切换输入。

如果同时打开指针输入和标注输入,则标注输入在可用时将取代指针输入。

3. 动态提示

选择"在十字光标附近显示命令提示和命令输入(C)"选项即可启用动态提示,提示会显示在光标附近,用户可以按下箭头键查看和选择作图选项。如图 4-16 所示的是执行矩形命令时的动态提示。

动态输入可以输入命令、查看系统反馈信息、响应系统,能够取代 AutoCAD 传统的命令行。使用快捷键 Ctrl +9 可以关闭或打开命令行的显示,在命令行不显示的状态下可以仅使用动态输入方式输入或响应命令,从而为用户提供了一种全新的操作体验。

4.5 综合应用举例

例 4-5 试用1:1的比例绘制如图 4-17 所示的圆弧连接图形。

绘图步骤:

1. 绘图的主要步骤

(1) 设置图层和线型;

(2) 绘制点画线(圆的中心线);

(3) 绘制各种圆;

(4) 绘制与圆弧相切的两条直线;

(5) 修剪出最终结果。

2. 绘制过程

(1)设置图层和线型:先用"Layer"命令如下设置图层和线型(不含尺寸标注层,参见第 8 章图层部分)。

粗实线层,粗实线:线宽 0.5 mm,线型 Continuous,颜色:蓝。

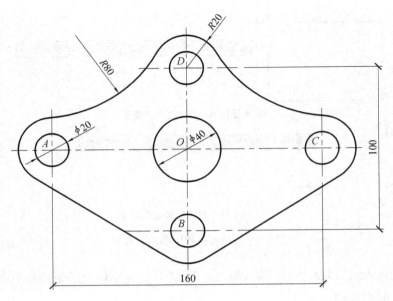

图 4 - 17　圆弧连接图形

轴线层,点画线:线宽 0. 15 mm,线型 Center,颜色:红。

(2)绘制点画线:将轴线层置为当前层,用【直线】和【偏移】命令绘制图中的轴线。

命令:_ line 指定第一点:	//在绘图区合适位置单击
鼠标左键	
指定下一点或[放弃(U)]:〈正交 开〉220	//打开正交,光标放在起
点的正右方,输入长度 220,画出横向中心线	
指定下一点或[放弃(U)]:	//回车结束画线命令
命令:_ line 指定第一点:〈对象捕捉 开〉80	//回车重复画线命令,将
对象捕捉和对象追踪打开,捕捉到横线中点时向上移动,出现如图 4 - 18 所示的点线时,输入追踪距离 80	
指定下一点或[放弃(U)]:160	//将光标移到正下方,输
入竖向中心线长度 160	
指定下一点或[放弃(U)]:	//回车结束画线命令
命令:_ offset	//启动【偏移】命令
当前设置:删除源 = 否 图层 = 源 OFFSETGAPTYPE = 0	
指定偏移距离或[通过(T)/删除(E)/图层(L)]〈50.0000〉: 80	//指定偏移距离
选择要偏移的对象,或[退出(E)/放弃(U)]〈退出〉:	//选择竖向中心线
指定要偏移的那一侧上的点,或[退出(E)/多个(M)/放弃(U)]〈退出〉:M	//输入多重偏移选项 M
指定要偏移的那一侧上的点,或[退出(E)/放弃(U)]〈下一个对象〉:	//单击左侧
指定要偏移的那一侧上的点,或[退出(E)/放弃(U)]〈下一个对象〉:	//单击右侧
指定要偏移的那一侧上的点,或[退出(E)/放弃(U)]〈下一个对象〉:	//回车结束多重偏移
选择要偏移的对象,或[退出(E)/放弃(U)]〈退出〉:	//回车结束操作

同样,偏移出横向上下两条轴线,偏移距离设为 50,这时图形如图 4 - 19 所示。

此时可利用夹点编辑(保持【正交模式】、关闭【对象捕捉】;有关夹点编辑技术,将在下

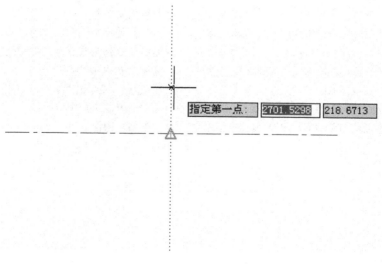

图 4 - 18　中心线的绘制

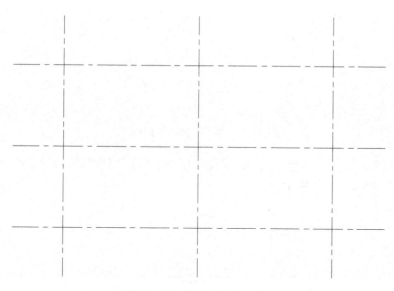

图 4 - 19　偏移后的中心线

章予以介绍),调整外围四条点画线的长度(图 4 - 20)。

(3)绘制各种圆

将粗实线层设置为当前图层,启动画【圆】命令。

> 命令:_ circle 指定圆的圆心或[三点(3P)/两点(2P)/相切、相切、半径(T)]:〈对象捕捉 开〉
>
> //捕捉点 O 作为圆心
>
> 指定圆的半径或[直径(D)]〈36.7922〉:20　　　　　　　　//指定圆的半径 20,画出圆 O
>
> 命令:_ copy　　　　　　　　　　　　　　　　　　　　　　//启动【复制】命令
>
> 选择对象:找到 1 个　　　　　　　　　　　　　　　　　　//选择圆 O

选择对象：   //回车结束选择
当前设置：   复制模式＝多个
指定基点或［位移（D）/模式（O）］〈位移〉:指定第二个点或〈使用第一个点作为位移〉:
    //捕捉点 O 作为基点，然后捕捉点 A，复制出圆 A
指定第二个点或［退出（E）/放弃（U）］〈退出〉:   //捕捉点 B，复制出圆 B
指定第二个点或［退出（E）/放弃（U）］〈退出〉:   //捕捉点 C，复制出圆 C
指定第二个点或［退出（E）/放弃（U）］〈退出〉:   //捕捉点 D，复制出圆 D
指定第二个点或［退出（E）/放弃（U）］〈退出〉:   //回车结束操作

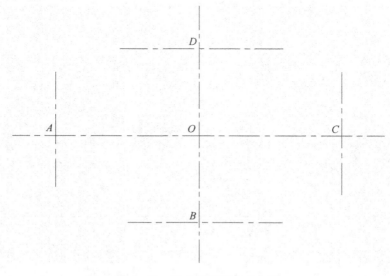

图 4－20　夹点编辑后的中心线

此时画出的图形如图 4－21 所示；同理，用画【圆】和【复制】命令，画出四个直径为 20 mm 的小圆，如图 4－22 所示。

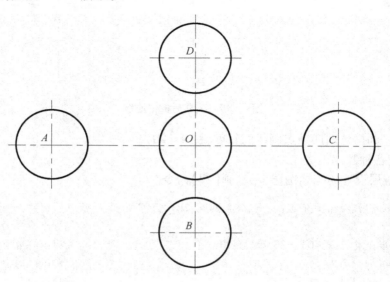

图 4－21　绘制五个半径为 20 mm 的圆

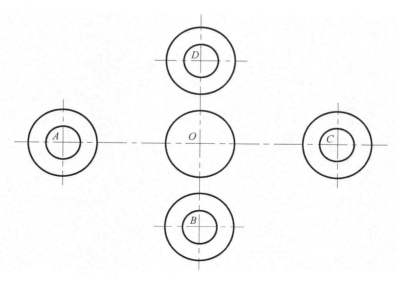

图 4 - 22　画出四个直径为 20 mm 的小圆

然后,绘制 $R80$ 的圆:

命令:＿circle 指定圆的圆心或[三点(3P)/两点(2P)/相切、相切、半径(T)]:＿ttr
　　　　　　　　　　　　　　　　　　　　　//从下拉菜单选择【绘图】→【圆】
→【相切、相切、半径】画圆
　　指定对象与圆的第一个切点:　　　　　　//将光标移动到外圆 A 上方附
近,当出现如图 4 - 23 所示的"递延切点"提示时,单击鼠标左键
　　指定对象与圆的第二个切点:　　　　　　//将光标移动到外圆 D 上方附
近,当出现"递延切点"提示时,单击鼠标左键
　　指定圆的半径〈10.0000〉:80　　　　　//指定圆的半径,画出左上方的
$R80$ 圆
　　命令:＿mirror　　　　　　　　　　　//启动【镜像】命令
　　选择对象:找到 1 个　　　　　　　　　//选择刚画出的半径 80 的大圆
　　选择对象:　　　　　　　　　　　　　//回车结束对象选择
　　指定镜像线的第一点:〈对象捕捉 开〉指定镜像线的第二点://捕捉点 D 和点 B
　　要删除源对象吗?[是(Y)/否(N)]〈N〉:　//回车结束操作

此时,画出的图形如图 4 - 24 所示。
(4)绘制两条与圆弧相切的直线

命令:＿line 指定第一点:　　//启动【直线】命令,将光标放在外圆 A 的左下部,出现切点捕捉符号
时,单击鼠标左键
　　指定下一点或[放弃(U)]:　//将光标放在外圆 B 的左下部,出现切点捕捉符号时,单击鼠标左键
　　指定下一点或[放弃(U)]:　//回车结束画线

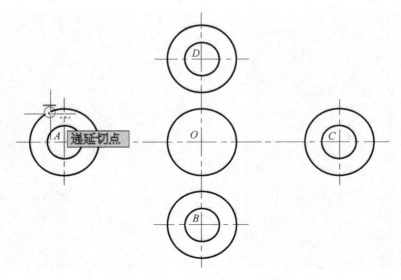

图 4 – 23　出现递延切点时,确定第一个切点

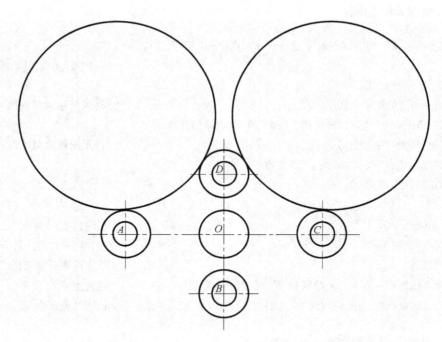

图 4 – 24　画出半径为 80 的两个大圆后的整体图形

　　右边的切线可以用镜像得到,也可以用同样的画线方法得到,此时的图形如图 4 – 25 所示。

　　(5)修剪得到最终的绘图结果

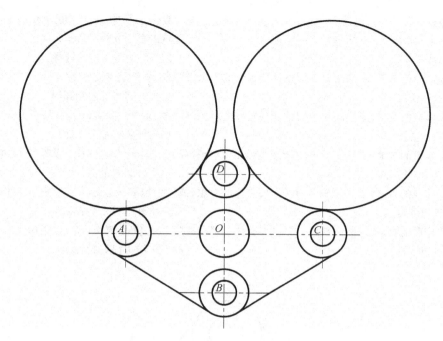

图 4－25　绘制出两条切线后的图形

命令:_ trim	//启动【修剪】命令
当前设置:投影＝UCS,边＝无	
选择剪切边…	
选择对象或〈全部选择〉:　找到 1 个	//点击外圆 A 作为剪切边
选择对象:找到 1 个,总计 2 个	//点击外圆 D 作为剪切边
选择对象:找到 1 个,总计 3 个	//点击外圆 C 作为剪切边
选择对象:	//回车结束剪切边的选择
选择要修剪的对象,或按住 Shift 键选择要延伸的对象,或[栏选(F)/窗交(C)/投影(P)/边(E)/删除(R)/放弃(U)]:	//点击左上方的 R80 圆的左侧圆周
选择要修剪的对象,或按住 Shift 键选择要延伸的对象,或[栏选(F)/窗交(C)/投影(P)/边(E)/删除(R)/放弃(U)]:	//点击右上方的 R80 圆的右侧圆周
选择要修剪的对象,或按住 Shift 键选择要延伸的对象,或[栏选(F)/窗交(C)/投影(P)/边(E)/删除(R)/放弃(U)]:	//回车结束【修剪】命令

此时得到如图 4－26 所示的绘图结果。

同理,修剪圆心位于 A、B、C、D 的四个半径为 20 mm 的圆的多余部分。操作如下:

命令:_ trim	//启动【修剪】命令
当前设置:投影＝UCS,边＝无	
选择剪切边…	
选择对象或〈全部选择〉:　找到 1 个	//点击左上方的 R80 弧作为剪切边
选择对象:找到 1 个,总计 2 个	//点击右上方的 R80 弧作为剪切边

选择对象:找到 1 个,总计 3 个　　　　　　　　//点击左下方的切线作为剪切边

选择对象:找到 1 个,总计 4 个　　　　　　　　//点击右下方的切线作为剪切边

选择对象:　　　　　　　　　　　　　　　　　//回车结束剪切边的选择

选择要修剪的对象,或按住 Shift 键选择要延伸的对象,或[栏选(F)/窗交(C)/投影(P)/边(E)/删除(R)/放弃(U)]:　　　　　　　　　//点击外圆 A 的内侧圆周

选择要修剪的对象,或按住 Shift 键选择要延伸的对象,或[栏选(F)/窗交(C)/投影(P)/边(E)/删除(R)/放弃(U)]:　　　　　　　　　//点击外圆 B 的内侧圆周

选择要修剪的对象,或按住 Shift 键选择要延伸的对象,或[栏选(F)/窗交(C)/投影(P)/边(E)/删除(R)/放弃(U)]:　　　　　　　　　//点击外圆 C 的内侧圆周

选择要修剪的对象,或按住 Shift 键选择要延伸的对象,或[栏选(F)/窗交(C)/投影(P)/边(E)/删除(R)/放弃(U)]:　　　　　　　　　//点击外圆 D 的内侧圆周

选择要修剪的对象,或按住 Shift 键选择要延伸的对象,或[栏选(F)/窗交(C)/投影(P)/边(E)/删除(R)/放弃(U)]:　　　　　　　　　//回车结束【修剪】命令

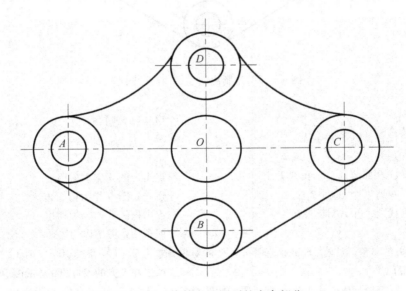

图 4 - 26　修剪 R80 圆弧的多余部分

此时,得到如图 4 - 27 所示的绘图结果。

最后,利用夹点编辑(保持【正交模式】、关闭【对象捕捉】)调整外围四对中心线的长度,从而得到图 4 - 17 的最终结果。

4.6　实操练习题

4.6.1　问答题

1. 正交模式一般在什么情况下使用?

2. 最近点捕捉是捕捉离什么最近的点?

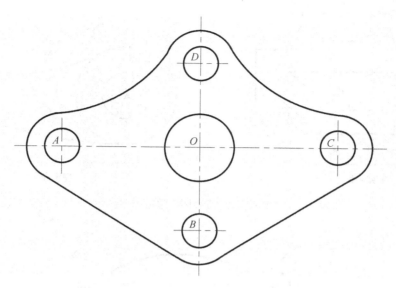

图 4 - 27　修剪外围四个 R20 圆弧的多余部分

3. 怎样设置对象捕捉？对象捕捉的项目越多越好吗？

4. 什么是对象捕捉追踪？它与对象捕捉和自动追踪的关系是什么？其实用意义何在？

5. 栅格捕捉与对象捕捉有什么区别？

6. 什么是极轴追踪？其实用意义是什么？

4.6.2　操作题

1. 利用本章所学的知识完成图 4 - 28 所示的花饰图案的绘制。

(a) 花饰图案一

(b) 花饰图案二

(c) 花饰图案三

图 4 - 28　花饰图案

2. 试用 1:1 的比例绘制如图 4 - 29 所示的工程图样。

3. 试用 2:1 的比例绘制如图 4 - 30 所示的圆弧连接图形。

4. 试用 1:1 的比例绘制如图 4 - 31 所示的花饰构件图。

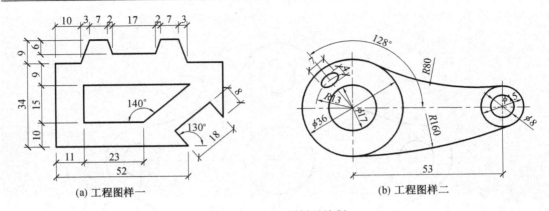

(a) 工程图样一 （b) 工程图样二

图 4-29 工程图样的绘制

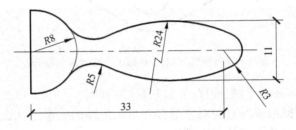

图 4-30 圆弧连接图形的绘制

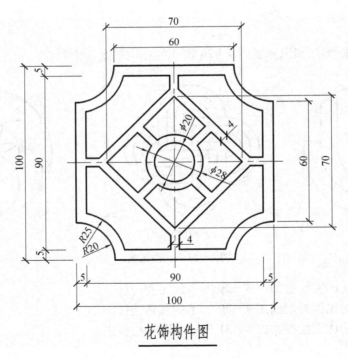

花饰构件图

图 4-31 花饰构件图的绘制

第5章　二维图形的基本编辑命令

AutoCAD 绘图实践是一个由简及繁、由表及里、由粗到精的过程。前面介绍了 AutoCAD 基本绘图命令,可以绘制一些基本图形对象和简单图样,但当图样相对复杂时,还需要借助于图形修改与编辑命令。使用 AutoCAD 提供的一系列编辑命令,可对图形进行移动、复制、缩放、旋转、镜像、偏移、阵列、修剪与延伸、拉伸与拉长、打断与合并、倒角与圆角、分解、夹点编辑、删除等多种操作,可以快速地生成复杂的图形,达到专业水准。本章重点介绍这些基本编辑命令的用法。

5.1　选择对象

在编辑图形之前,首先需要对编辑的图形进行选择。AutoCAD 用虚线(俗称"蚂蚁线")高亮显示所选的对象,这些对象构成选择集。选择集可以包含单个对象,也可以包含复杂的对象编组。

5.1.1　设置选择集

通过设置【选择集】中的各选项,可以根据习惯对拾取框、夹点显示以及选择视觉效果等方面进行设置,以达到提高绘图效率和精确度的目的。

单击下拉菜单【工具】→【选项】,系统弹出【选项】对话框,打开【选择集】选项卡,如图 5-1所示。

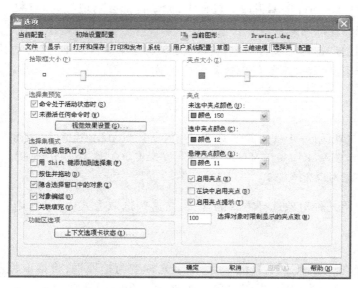

图 5-1　【选项】对话框中的【选择集】选项卡

在【选择集】选项卡中,各选项的含义如下:

拾取框大小:拖动滑块可以设置十字光标中部的方形图框大小,如图 5-2 所示。

夹点大小:拖动滑块可以设置图形夹点大小,如图 5-3 所示。

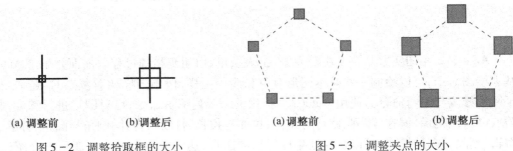

图 5-2　调整拾取框的大小　　　　　　图 5-3　调整夹点的大小

选择集预览:当光标的拾取框移动到图形对象上时,图形对象以加粗或虚线显示为预览效果。有下列选项:

●命令处于活动状态时:选择该复选框时,只有当某个命令处于激活状态,并在命令提示行中显示"选取对象"提示时,将拾取框移动到图形对象上,该对象才会显示选择预览。

●未激活任何命令时:该复选框的作用与上述复选框相反,即选择该复选框时,只有没有任何命令处于激活状态时,才可以显示选择预览。

●视觉效果设置:选择集的视觉效果包括被选择对象的线型、线宽以及选择区颜色、透明度等。

选择集模式:该选项包括 6 种用于定义选择集同命令之间的先后执行顺序、选择集的添加方式以及在定义与组成填充对象有关选择集时的各类详细设置。

5.1.2　选取对象的方法

在执行 AutoCAD 的许多编辑命令过程中,命令行都会出现"选择对象:"的提示,这时需要选择进行相关操作的对象。

AutoCAD 向用户提供了多种对象选择的方式。在命令行提示"选择对象:"时,输入"?"或当前编辑命令不认识的字母,可以查看所有方式。

```
选择对象:?                                                    //输入"?"
* 无效选择 *
需要点或窗口(W)/上一个(L)/窗交(C)/框(BOX)/全部(ALL)/栏选(F)/圈围(WP)/圈交(CP)/
编组(G)/添加(A)/删除(R)/多个(M)/前一个(P)/放弃(U)/自动(AU)/单个(SI)    //输入括号内的
字母即可选择相应的对象选择方式
```

下面简要介绍几种对象选择方式的含义,在这些选取方式中,最常用的是点选、窗选和交叉窗选几种。

1. 点选

当命令行出现"选择对象:"提示时,十字光标变为拾取框,将拾取框压住被选对象并单击左键,这时对象变为虚线,说明对象已被选中。命令行会继续提示"选择对象:",此时用户可继续选择需要的对象,直到不再选取。单击右键结束选择对象,同时执行相关操作(按 Enter 键或空格键效果相同)。点选方式适合拾取少量、分散的对象。

在选择过程中,当按住 Shift 键再次选择被选中的对象时,可以将其从当前选择集中删除。

2. 窗选(W)

窗选是通过指定对角点定义一个矩形区域来选择对象的一种选取方式。利用该方法选取对象时,从左往右拉出选择框,窗口边框为实线,只有全部位于选择框中的图形对象才会被选中,如图 5-4 所示(选择框从点 A 往点 B 拉出)。

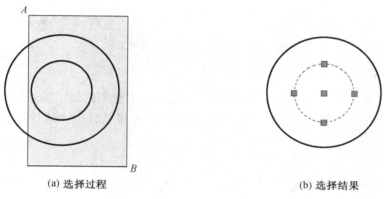

(a) 选择过程　　　　　　　　(b) 选择结果

图 5-4　"窗选"选择过程与结果

3. 交叉窗选(C)

交叉窗选也是通过指定对角点定义一个矩形区域来选择对象。交叉窗选的选择方式与窗口包容选择方式相反,它是从右往左拉出选择框,窗口边框为虚线,无论是全部还是部分位于选择框中的图形对象都将被选中,如图 5-5 所示(选择框从点 B 往点 A 拉出)。

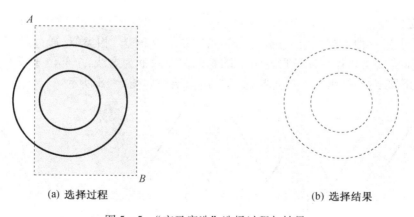

(a) 选择过程　　　　　　　　(b) 选择结果

图 5-5　"交叉窗选"选择过程与结果

点选、窗选和交叉窗选通常作为系统的默认选择方式,即在命令行提示"选择对象:"时,不必输入括号内的字母即可直接进行选择。

4. 栏选(F)

栏选是使用一条不规则的折线(栅栏)选择对象。所有与栅栏线相交的对象均会被选中。栅栏的最后一个矢量不闭合,并且栅栏可以与自己相交。选择栏选的方法是在"选择对象:"的提示下输入"F",回车(以下方式均类似)来激活。选择过程与选择结果如图5-6所示,a图中的虚线为栏选的线条,b图中的虚线为被选中的对象。

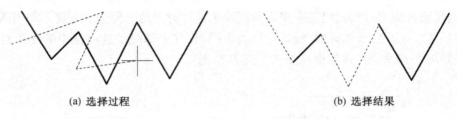

(a) 选择过程　　　　　　　　　　(b) 选择结果

图5-6　"栏选"选择过程与结果

5. 圈围(WP)

圈围属于不规则窗口选取方式。它是通过绘制一个不规则的封闭多边形区域来选择对象。圈围的窗口边框为实线,完全包围在多边形内的对象将被选中。选择过程与选择结果如图5-7所示。

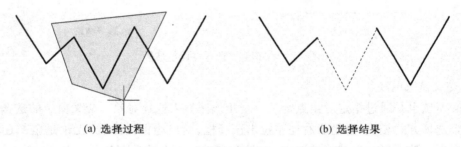

(a) 选择过程　　　　　　　　　　(b) 选择结果

图5-7　"圈围"选择过程与结果

6. 圈交(CP)

圈交属于另一种不规则窗口选取方式。它与"交叉窗选"相类似,通过绘制一个不规则的多边形,作为交叉式窗口来选取对象。圈交的窗口边框为虚线,全部位于或部分位于多边形窗口内的图形对象均被选中。选择过程与选择结果如图5-8所示。

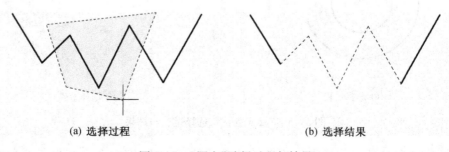

(a) 选择过程　　　　　　　　　　(b) 选择结果

图5-8　"圈交"选择过程与结果

7. 快速选择

快速选择可以根据对象的图层、线型、颜色、图案填充等特征和类型创建选择集,从而可以准确快速地从复杂的图形中选择满足某种特征的图形对象。

单击菜单栏中的【工具】→【快速选择】命令,系统会弹出【快速选择】对话框,如图 5-9 所示。根据要求设置选择范围,单击【确定】按钮,完成选择操作。

8. 删除(R)

在"选择对象:"的提示下输入"R"切换到"删除选择"模式,可以使用任意对象选择方式将已选对象从当前选择集中删除。

9. 添加(A)

在"选择对象:"的提示下输入"A"切换到"添加选择"模式,可以使用任意对象选择方式将选定对象添加到选择集中。

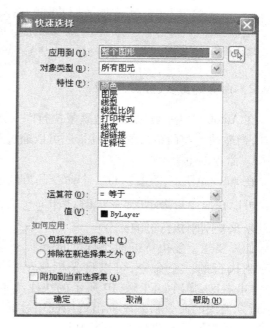

图 5-9　【快速选择】对话框

10. 前一个(P)

选中距当前操作之前最近的一次选择集。

11. 自动(AU)

通常情况下 AutoCAD 系统将"自动"选择方式作为默认方式,即前面介绍的点选、窗选和交叉窗选。用户可以通过【选项】对话框来进行设置。打开【选项】对话框的【选择集】选项卡,在【选择系模式】选区中选中"隐含选择窗口中的对象"复选框即可。

5.2　基本编辑命令

这些基本编辑命令包括删除、命令的重复、放弃、重做、复制、移动、旋转、镜像、偏移、阵列、缩放、修剪与延伸、拉伸与拉长、打断与合并、倒角与圆角、分解、夹点编辑等。

5.2.1　删除

利用【删除】命令可以删除图形中的一个或多个对象。

激活【删除】命令的方法有:

● 下拉菜单:【修改】→【删除】。

●【修改】工具栏按钮: ✐ 。

● 命令行:erase。

执行上述命令后,命令行提示:

命令:_ erase	//执行【删除】命令
选择对象:	//选择要删除的对象
选择对象:	//继续选择要删除的对象,或直接回车,先前选中的对象即被删除

5.2.2 命令的重复、放弃、重做

在 AutoCAD 中,可以方便地重复执行同一条命令,或撤销前面执行的一条或多条命令。此外,当撤销了前面执行的命令后,还可以通过重做来恢复。

1. 命令的重复

在 AutoCAD 中,重复执行一个命令的方法有很多。可以在命令行提示"命令:"时,按 Enter 键或空格键来重复刚刚执行过的命令。

如果要想重复执行近期执行过的命令,但又不是刚刚执行的一个命令,可以将光标移至命令行区,单击右键,弹出如图 5 – 10 所示的快捷菜单,选择【近期使用的命令】,系统列出近期使用过的 6 条命令,选择想要重复执行的命令即可。

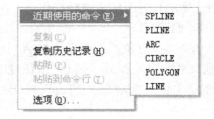

图 5 – 10 命令窗口右键快捷菜单

如果要多次使用同一个命令,则可以在命令行输入"multiple"命令回车,待命令行提示"输入要重复的命令名:"时输入要重复的命令,就可以连续多次执行该命令,直到用户按 Esc 键结束为止。

2. 命令的放弃

刚执行过的命令被放弃即为撤销。

放弃最近执行过的一次操作的方法有:

● 下拉菜单:【编辑】→【放弃】。

● 【标准】工具栏按钮: ↺。

● 命令行:undo 或 u。

● 快捷键: Ctrl +Z。

放弃近期执行过操作的方法有:

● 单击【标准】工具栏按钮↺右侧的列表箭头 ,在列表中选择要放弃的操作命令。

● 命令行:undo。

在命令行输入 undo 命令后回车,命令行提示如下:

命令:undo
输入要放弃的操作数目或[自动(A)/控制(C)/开始(BE)/结束(E)/标记(M)/后退(B)]〈1〉:4
　　　　　　　　　　　　　　　　　　　　　　//输入要放弃的操作数目,回车
正多边形 GROUP 圆 GROUP 矩形 GROUP LINE GROUP　　//系统提示所放弃的前面 4 步操作
的名称

3. 命令的重做

重做是指恢复"undo"命令刚刚放弃的操作。它必须紧跟在"u"或"undo"命令后执行,

否则命令无效。

重做单个操作的方法有:

- 下拉菜单:【编辑】→【重做】。

- 【标准】工具栏按钮:⇨。

- 命令行:redo。

- 快捷键: Ctrl + Y。

重做一定数目的操作的方法有:

- 单击【标准】工具栏按钮⇨右侧的列表箭头 ,在列表中选择一定数目需要重做的操作。

- 命令行:mredo。

5.2.3　复制

【复制】命令可以复制一个或多个相同的图形对象,并放置到指定的位置。当需要绘制若干个相同或相近的图形对象时,用户可以使用【复制】命令在短时间内轻松、方便地完成绘制工作,免去了手工绘图中的大量重复劳动。

激活【复制】命令的方法有:

- 下拉菜单:【修改】→【复制】。

- 【修改】工具栏或功能区面板按钮:°°。

- 命令行:copy 或 co 或 cp。

执行上述命令后,根据命令行提示选取对象:

命令:_ copy	
选择对象:找到 1 个	//选取要复制的对象
选择对象:	//回车结束选择
当前设置: 复制模式 = 多个	//显示多重复制
指定基点或[位移(D)/模式(O)]〈位移〉:	//指定一点作为复制基点
指定第二个点或〈使用第一个点作为位移〉:	//指定复制到的一点或相对第一点的坐标
指定第二个点或[退出(E)/放弃(U)]〈退出〉:	//回车结束复制

例 5 - 1　试用【复制】命令 1∶1 地编辑绘制如图 5 - 11 所示的楼梯梯段图形。

绘图步骤:

首先,如图 5 - 11 所示用【直线】命令、在【正交模式】下绘制一个楼梯梯级 *ABC*,该梯级踏步宽为 250 mm、踢面高为 175 mm。然后用【复制】命令对其进行编辑:

命令:_ line 指定第一点:〈正交 开〉	//启动【直线】命令,将【正交模式】打开,指定梯级的起点 *A*
指定下一点或[放弃(U)]:175	//将鼠标置于点 *A* 的正上方,直接输入 *AB* 的长度值
指定下一点或[放弃(U)]:250	//将鼠标置于点 *B* 的正右方,直接输入 *BC* 的长度值
指定下一点或[闭合(C)/放弃(U)]:	//回车结束画线,完成一个梯级的绘制

利用【复制】命令生成多级楼梯:

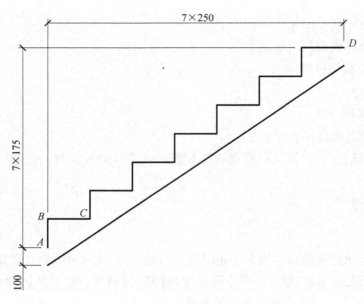

图 5-11 楼梯梯段图

命令:_ copy	//启动【复制】命令
选择对象:找到 1 个	//选择线段 AB
选择对象:找到 1 个,总计 2 个	//选择线段 BC
选择对象:	//回车结束选择
当前设置:复制模式 = 多个	//显示当前的复制模式
指定基点或[位移(D)/模式(O)]〈位移〉:〈对象捕捉 开〉指定第二个点或〈使用第一个点作为位移〉:	//将【对象捕捉】打开,捕捉点 A 作为基点,捕捉点 C 作为复制的第二个点
指定第二个点或[退出(E)/放弃(U)]〈退出〉:	//依此类推,复制出 7 个梯级

用【直线】命令打开【对象捕捉】,连线整个梯段的端点 AD,并将此直线向下移动 100 mm,即得如图 5-11 所示的楼梯梯段图。

5.2.4 移动与旋转

1. 移动

【移动】命令可以改变所选对象的位置。

启动【移动】命令的方法有:

• 下拉菜单:【修改】→【移动】。

• 【修改】工具栏或功能区面板按钮: ✛ 。

• 命令行:move 或 m。

执行上述命令后,命令行提示:

命令：_move
选择对象：　　　　　　　　　　　　　　//选择需要移动的对象
选择对象：　　　　　　　　　　　　　　//继续选择对象，否则回车结束对象选择
指定基点或位移：　　　　　　　　　　　//指定移动的基点
指定位移的第二点或〈用第一点作位移〉：

可以用下面两种方法确定对象被移动的位移：

（1）两点法。用鼠标单击或坐标输入的方法指定基点和第二点，系统会自动计算两点之间的位移，并将其作为所选对象移动的位移。

（2）位移法。先指定第一点（即基点），在出现"指定位移的第二点或〈用第一点作位移〉："的提示时回车，选择括号内的默认项，系统将第一点的坐标值作为对象移动的位移。

例 5 - 2　试使用【移动】命令将图5 - 12a中的长圆形（包括中心线）图形对象下移12 mm。

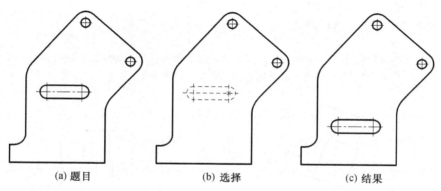

(a) 题目　　　　　　　(b) 选择　　　　　　　(c) 结果

图 5 - 12　【移动】命令的应用图例

绘图步骤：

命令：_move
选择对象：指定对角点：找到 7 个　　　　//用"窗选"方式选择需要移动的图形对象
选择对象：　　　　　　　　　　　　　　//回车结束对象选择
指定基点或［位移（D）]〈位移〉：　指定第二个点或〈使用第一个点作为位移〉：12
　　　　　　　　　　　　　　　　　　　//先选择长圆形的右侧圆心为移动基准点（图
5 - 12b），待出现提示"指定第二个点"后，打开正交方式，将光标下移，输入位移值12，完成作图（图5 - 12c）

【移动】命令通常与【正交模式】、【对象捕捉】和【对象追踪】等共同使用，可以快速、准确地将图形对象移动到指定的位置。

2. 旋转

执行【旋转】操作可以将图形对象绕指定的旋转中心旋转一定角度，以调整图形的放置方向和位置。

激活【旋转】命令的方法有：

• 下拉菜单：【修改】→【旋转】。

•【修改】工具栏或功能区面板按钮：○。

• 命令行：rotate 或 ro。

执行上述命令后,根据命令行提示选取对象,结束对象选择后命令行提示如下:

指定基点:　　　　　　　　　　　　　　　　　　//指定旋转中心
指定旋转角度,或[复制(C)/参照(R)]〈0〉:

在 AutoCAD 中有两种旋转方法,即默认旋转和复制旋转。

(1)默认旋转

利用该方法旋转图形时,源对象将按指定的旋转中心和旋转角度旋转至新位置,不保留旋转对象的原始副本。

在执行旋转命令后,选取旋转对象并右键单击鼠标,然后指定旋转中心,根据命令行的提示输入旋转角度,按 Enter 键即可完成旋转对象的操作,如图 5 – 13 所示。

其命令行提示如下:

命令:_rotate　　　　　　　　　　　　　　//执行【旋转】命令
UCS 当前的正角方向:ANGDIR = 逆时针 ANGBASE = 0
选择对象:指定对角点:找到 14 个　　　　　//窗选整个图形
选择对象:　　　　　　　　　　　　　　//单击右键,结束对象选择
指定基点:〈对象捕捉 开〉　　　　　　　　//打开对象捕捉,捕捉图形的左下角点为旋转中心
指定旋转角度,或[复制(C)/参照(R)]〈0〉: – 20　　//顺时针旋转 20°,摆正图形

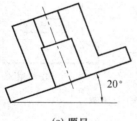　　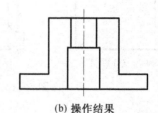

(a) 题目　　　　　　　　　　　　　　(b) 操作结果

图 5 – 13　　默认方式旋转图形

(2)复制旋转

使用该旋转方法进行图形对象的旋转时,不仅可以将对象的放置方向调整一定的角度,还可以在旋转出新对象时保留源对象。

在执行旋转命令后,选取旋转对象并右键单击鼠标,然后指定旋转中心,根据命令行提示的输入字符"C",并指定旋转角度,按 Enter 键即可完成复制旋转的对象操作,如图 5 – 14 所示。

执行【旋转】命令,其命令行提示如下:

命令:_rotate　　　　　　　　　　　　　　//执行【旋转】命令
UCS 当前的正角方向:ANGDIR = 逆时针 ANGBASE = 0
选择对象:指定对角点:找到 7 个　　　　　//窗选全部将要旋转的图形对象
选择对象:　　　　　　　　　　　　　　//单击鼠标右键,结束对象选择
指定基点:　　　　　　　　　　　　　　//指定旋转中心
指定旋转角度,或[复制(C)/参照(R)]〈345〉:C　　//输入"C",选择复制旋转
旋转一组选定对象。
指定旋转角度,或[复制(C)/参照(R)]〈345〉: – 30　　//将图形对象顺时针旋转 30°

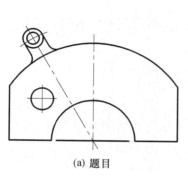
(a) 题目

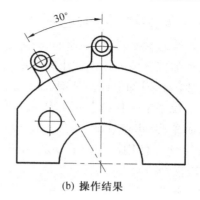
(b) 操作结果

图 5-14　复制旋转

旋转角度的确定有两种方法：直接输入角度和使用参照角度。直接输入角度就是在出现"指定旋转角度或[参照(R)]:"提示时输入角度值即可，正值角度为逆时针旋转，负值角度为顺时针旋转。使用参照角度就是在上面的提示下输入"R"选择"参照"选项，它可以将一个对象的一条边与其他参照对象的边对齐。

例 5-3　使用【旋转】命令顺时针旋转图 5-15 中的矩形，使其 *AB* 边与 *AC* 边对齐（以点 *A* 为旋转中心）。

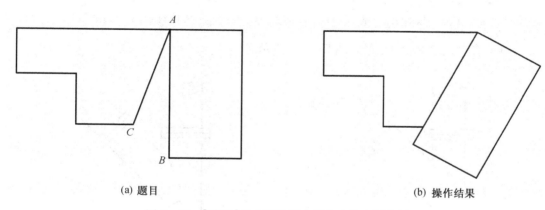

(a) 题目　　　　　　　　　　　　　　　　(b) 操作结果

图 5-15　【旋转】命令下使用参照角度的应用实例

绘图步骤：

命令:_ rotate	//执行【旋转】命令
UCS 当前的正角方向:ANGDIR = 逆时针 ANGBASE = 0	
选择对象:找到 4 个	//选择矩形的 4 条边
选择对象:	//单击右键,结束对象选择
指定基点:〈对象捕捉 开〉	//打开对象捕捉,捕捉点 A 为旋转中心
指定旋转角度,或[复制(C)/参照(R)]〈0〉:R	//输入"R",使用参照角度
指定参照角〈0〉:	//捕捉点 A
指定第二点:	//捕捉点 B
指定新角度或[点(P)]〈0〉:	//捕捉点 C,完成作图

（3）在对齐过程中实现旋转

可以通过移动、旋转或倾斜图形对象的方式来实现某对象与另一对象的对齐，必要时还可以选择缩放选项来控制大小的匹配。

激活【对齐】命令的方法有：

- 下拉菜单：【修改】→【三维操作】→【三维对齐】。
- 命令行：align 或 al。

例 5 - 4 使用【对齐】命令将如图5 - 16a所示分离的二维管道拼接对齐，且要求 *AC* 边与 *BD* 边重合。

绘图步骤：

命令：align	//执行【对齐】命令
选择对象：指定对角点：找到 4 个	//选择将要对齐的图形对象
选择对象：	//单击右键，结束对象选择
指定第一个源点：	//指定源点 *A*
指定第一个目标点：	//指定目标点 *B*
指定第二个源点：	//指定源点 *C*
指定第二个目标点：	//指定目标点 *D*
指定第三个源点或〈继续〉：	//回车，选择继续
是否基于对齐点缩放对象？［是（Y）/否（N）］〈否〉：N	//不缩放对象，回车结束

完成对象的对齐操作，结果如图 5 - 16b 所示。

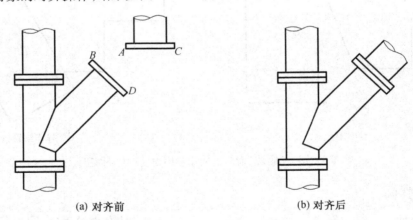

(a) 对齐前　　　　　　　　　　　　　　(b) 对齐后

图 5 - 16　在对齐过程中实现旋转的应用实例

5.2.5　镜像

【镜像】命令可以沿着一根对称中轴线（镜像线）对称复制图形对象。【镜像】命令常用于编辑结构规格具有对称特点的图形。

激活【镜像】命令的方法有：

- 下拉菜单：【修改】→【镜像】。
- 【修改】工具栏或功能区面板按钮：⚎ 。

● 命令行:mirror 或 mi。

执行上述命令后,命令行提示如下:

命令:_ mirror	//执行【镜像】命令
选择对象:	//选择镜像对象
选择对象:	//继续选择对象或回车结束对象选择
指定镜像线的第一点:指定镜像线的第二点:	//指定镜像线上的两个点
是否删除源对象?[是(Y)/否(N)]〈N〉:	//输入相应字母选择是否删除源对象

在 AutoCAD 中,可以通过系统变量 MIRRTEXT 的值,来控制文本镜像的效果。当该变量的值取 0 时,文本对象镜像后效果为正,可识读(图 5－17b);当该变量的值取 1 时,文本对象参与镜像,即镜像效果为反,镜像结果如图 5－17c 所示。

(a) 题目

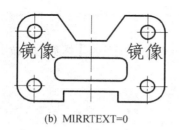
(b) MIRRTEXT=0

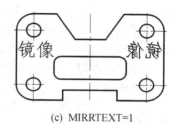
(c) MIRRTEXT=1

图 5－17   图形与文本对象的镜像效果

5.2.6   偏移

利用【偏移】命令对直线、圆或矩形等图形对象进行偏移,从而绘制出一组平行直线、一组同心圆或同心矩形等图形,如图 5－18 所示。

激活【偏移】命令的方法有:
● 下拉菜单:【修改】→【偏移】。
● 【修改】工具栏或功能区面板按钮:。
● 命令行:offset 或 o。

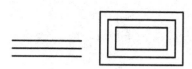

图 5－18   用【偏移】命令绘制的图形

执行上述命令后,命令行提示如下:

命令:_ offset	//执行【偏移】命令
当前设置:删除源 = 否 图层 = 源 OFFSETGAPTYPE = 0	
指定偏移距离或[通过(T)/删除(E)/图层(L)]〈通过〉:10	//输入偏移距离或输入
"T"选择"通过"选项	

选择要偏移的对象,或[退出(E)/放弃(U)]〈退出〉:	//选择要偏移的对象
指定要偏移的那一侧上的点,或[退出(E)/多个(M)/放弃(U)]〈退出〉:	//鼠标移至偏移一侧单击
选择要偏移的对象,或[退出(E)/放弃(U)]〈退出〉:	//继续选择偏移对象或回

车结束命令

使用【偏移】命令选择对象时,只能用点选的方式进行选择,且每次只能选择一个对象进行偏移。因此在对多边形或多条折线组成的图形进行偏移时,必须使用【多边形】、【矩形】或【多段线】绘图命令生成,因为它们生成的图形被视为单个对象。

AutoCAD 2010 具有多重偏移功能,在偏移命令提示"指定要偏移的那一侧上的点,或[退出(E)/多个(M)/放弃(U)]〈退出〉"时,输入"M",可以以同样的偏移距离一次偏移出多个对象。

注意:图 5-18 中的矩形、L 形折线应使用【矩形】命令和【多段线】命令绘制。如果用【直线】命令绘制,效果会大不一样,请读者自行验证。

1. 指定偏移距离偏移对象

例 5-5 试按1:1的比例,利用【直线】、【偏移】、【修剪】等命令,在【正交模式】下编辑绘制工程制图图纸标题栏,如图 5-19 所示。

绘图步骤:

命令:_line 指定第一点:	//启动【直线】命令
指定下一点或[放弃(U)]:130	//打开正交,在屏幕上选
择作图起点 A,将光标移至点 A 的左方,输入底边线长 130,画出 AB	
指定下一点或[放弃(U)]:32	//将光标移至点 B 的左
方,输入竖线一长 32,画出 BC	
指定下一点或[放弃(U)]:	//回车结束画线命令
命令:	
命令:_offset	//启动【偏移】命令
当前设置:删除源=否 图层=源 OFFSETGAPTYPE=0	
指定偏移距离或[通过(T)/删除(E)/图层(L)]〈通过〉:8	//指定偏移距离为 8
选择要偏移的对象,或[退出(E)/放弃(U)]〈退出〉:	//选择底边线,单击
指定要偏移的那一侧上的点,或[退出(E)/多个(M)/放弃(U)]〈退出〉:	//在底边线的上方单击,
偏移出横线二	
选择要偏移的对象,或[退出(E)/放弃(U)]〈退出〉:	//选择横线二,单击
指定要偏移的那一侧上的点,或[退出(E)/多个(M)/放弃(U)]〈退出〉:	//在横线二的上方单击,
偏移出横线三	
选择要偏移的对象,或[退出(E)/放弃(U)]〈退出〉:	//选择横线三,单击
指定要偏移的那一侧上的点,或[退出(E)/多个(M)/放弃(U)]〈退出〉:	//在横线三的上方单击,
偏移出横线四	
选择要偏移的对象,或[退出(E)/放弃(U)]〈退出〉:	//选择横线四,单击
指定要偏移的那一侧上的点,或[退出(E)/多个(M)/放弃(U)]〈退出〉:	//在横线四的上方单击,
偏移出横线五	
选择要偏移的对象,或[退出(E)/放弃(U)]〈退出〉:	//回车结束【偏移】命令
命令:	

OFFSET   //启动【偏移】命令

当前设置:删除源=否 图层=源 OFFSETGAPTYPE=0

指定偏移距离或[通过(T)/删除(E)/图层(L)]⟨8.0000⟩:15   //指定偏移距离为 15

选择要偏移的对象,或[退出(E)/放弃(U)]⟨退出⟩:   //选择竖线一,单击

指定要偏移的那一侧上的点,或[退出(E)/多个(M)/放弃(U)]⟨退出⟩: //在竖线一的右方单击,
偏移出竖线二

选择要偏移的对象,或[退出(E)/放弃(U)]⟨退出⟩:   //回车结束【偏移】命令

命令:

OFFSET   //启动【偏移】命令

当前设置:删除源=否 图层=源 OFFSETGAPTYPE=0

指定偏移距离或[通过(T)/删除(E)/图层(L)]⟨15.0000⟩:30   //指定偏移距离为 30

选择要偏移的对象,或[退出(E)/放弃(U)]⟨退出⟩:   //选择竖线二,单击

指定要偏移的那一侧上的点,或[退出(E)/多个(M)/放弃(U)]⟨退出⟩: //在竖线二的右方单击,
偏移出竖线三

选择要偏移的对象,或[退出(E)/放弃(U)]⟨退出⟩:   //回车结束【偏移】命令

命令:

OFFSET   //启动【偏移】命令

当前设置:删除源=否 图层=源 OFFSETGAPTYPE=0

指定偏移距离或[通过(T)/删除(E)/图层(L)]⟨30.0000⟩:20   //指定偏移距离为 20

选择要偏移的对象,或[退出(E)/放弃(U)]⟨退出⟩:   //选择竖线三,单击

指定要偏移的那一侧上的点,或[退出(E)/多个(M)/放弃(U)]⟨退出⟩: //在竖线三的右方单击,
偏移出竖线四

选择要偏移的对象,或[退出(E)/放弃(U)]⟨退出⟩:   //回车结束【偏移】命令

命令:

OFFSET   //启动【偏移】命令

当前设置:删除源=否 图层=源 OFFSETGAPTYPE=0

指定偏移距离或[通过(T)/删除(E)/图层(L)]⟨20.0000⟩:25   //指定偏移距离为 25

选择要偏移的对象,或[退出(E)/放弃(U)]⟨退出⟩:   //选择竖线四,单击

指定要偏移的那一侧上的点,或[退出(E)/多个(M)/放弃(U)]⟨退出⟩: //在竖线四的右方单击,
偏移出竖线五

选择要偏移的对象,或[退出(E)/放弃(U)]⟨退出⟩:   //回车结束【偏移】命令

命令:

OFFSET   //启动【偏移】命令

当前设置:删除源=否 图层=源 OFFSETGAPTYPE=0

指定偏移距离或[通过(T)/删除(E)/图层(L)]⟨25.0000⟩:15   //指定偏移距离为 15

选择要偏移的对象,或[退出(E)/放弃(U)]⟨退出⟩:   //选择竖线五,单击

指定要偏移的那一侧上的点,或[退出(E)/多个(M)/放弃(U)]⟨退出⟩: //在竖线五的右方单击,
偏移出竖线六

选择要偏移的对象,或[退出(E)/放弃(U)]⟨退出⟩:   //回车结束【偏移】命令

命令:

OFFSET   //启动【偏移】命令

当前设置:删除源=否 图层=源 OFFSETGAPTYPE=0

指定偏移距离或［通过(T)/删除(E)/图层(L)］〈15.0000〉:25　　　　//指定偏移距离为25

选择要偏移的对象,或［退出(E)/放弃(U)］〈退出〉:　　　　//选择竖线六,单击

指定要偏移的那一侧上的点,或［退出(E)/多个(M)/放弃(U)］〈退出〉://在竖线六的右方单击,
偏移出竖线七

选择要偏移的对象,或［退出(E)/放弃(U)］〈退出〉:　　　　//回车结束【偏移】命令

命令:

命令:_trim　　　　　　　　　　　　　　　　　　　　　　//启动【修剪】命令

当前设置:投影 = UCS,边 = 无

选择剪切边 …　　　　　　　　　　　　　　　　　　　　//选择横线三作为剪切边

选择对象或〈全部选择〉:　找到 1 个

选择对象:　　　　　　　　　　　　　　　　　　　　　//回车结束剪切边的选择

选择要修剪的对象,或按住 Shift 键选择要延伸的对象,或［栏选(F)/窗交(C)/投影(P)/边(E)/删
除(R)/放弃(U)］:　　　　　　　　　　　　　　　　　　//点击修剪对象"竖线二"的上方指定点 1 处

选择要修剪的对象,或按住 Shift 键选择要延伸的对象,或［栏选(F)/窗交(C)/投影(P)/边(E)/删
除(R)/放弃(U)］:　　　　　　　　　　　　　　　　　　//点击修剪对象"竖线三"的上方指定点 2 处

选择要修剪的对象,或按住 Shift 键选择要延伸的对象,或［栏选(F)/窗交(C)/投影(P)/边(E)/删
除(R)/放弃(U)］:　　　　　　　　　　　　　　　　　　//点击修剪对象"竖线四"的上方指定点 3 处

选择要修剪的对象,或按住 Shift 键选择要延伸的对象,或［栏选(F)/窗交(C)/投影(P)/边(E)/删
除(R)/放弃(U)］:　　　　　　　　　　　　　　　　　　//点击修剪对象"竖线五"的下方指定点 4 处

选择要修剪的对象,或按住 Shift 键选择要延伸的对象,或［栏选(F)/窗交(C)/投影(P)/边(E)/删
除(R)/放弃(U)］:　　　　　　　　　　　　　　　　　　//点击修剪对象"竖线六"的下方指定点 5 处

选择要修剪的对象,或按住 Shift 键选择要延伸的对象,或［栏选(F)/窗交(C)/投影(P)/边(E)/删
除(R)/放弃(U)］:　　　　　　　　　　　　　　　　　　//回车结束【修剪】命令

命令:

TRIM　　　　　　　　　　　　　　　　　　　　　　　　//启动【修剪】命令

当前设置:投影 = UCS,边 = 无

选择剪切边 …　　　　　　　　　　　　　　　　　　　　//选择竖线四作为剪切边

选择对象或〈全部选择〉:　找到 1 个　　　　　　　　　　//选择竖线五作为剪切边

选择对象:找到 1 个,总计 2 个

选择对象:　　　　　　　　　　　　　　　　　　　　　//回车结束剪切边的选择

选择要修剪的对象,或按住 Shift 键选择要延伸的对象,或［栏选(F)/窗交(C)/投影(P)/边(E)/删
除(R)/放弃(U)］:　　　　　　　　　　　　　　　　　　//点击修剪对象"竖线五"的左边指定点 6 处

选择要修剪的对象,或按住 Shift 键选择要延伸的对象,或［栏选(F)/窗交(C)/投影(P)/边(E)/删
除(R)/放弃(U)］:　　　　　　　　　　　　　　　　　　//点击修剪对象"竖线四"的右边指定点 7 处

选择要修剪的对象,或按住 Shift 键选择要延伸的对象,或［栏选(F)/窗交(C)/投影(P)/边(E)/删
除(R)/放弃(U)］:　　　　　　　　　　　　　　　　　　//回车结束【修剪】命令

修剪后完成的工程制图图纸标题栏如图 5 - 19b 所示。

2. 选择通过点偏移对象

　　例 5 - 6　已知如图5 - 20a所示,试利用【偏移】命令中的复制功能,在【对象捕捉】状态
下编辑绘制如图 5 - 20b 所示的平面图形。

　　绘图步骤:

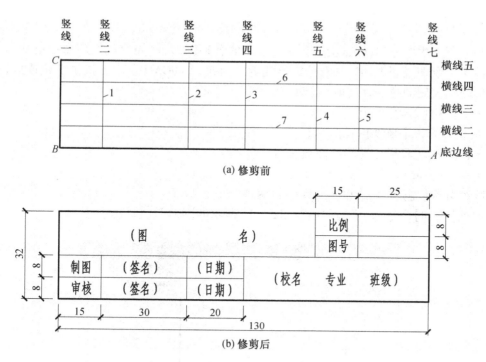

(a) 修剪前

(b) 修剪后

图 5－19 【偏移】命令的应用实例

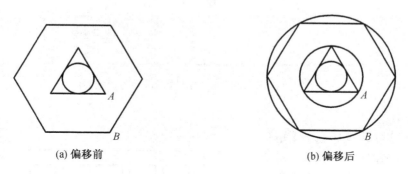

(a) 偏移前   (b) 偏移后

图 5－20 选择通过点偏移对象的应用实例

命令:_offset	//启动【偏移】命令
当前设置:删除源 = 否 图层 = 源 OFFSETGAPTYPE = 0	
指定偏移距离或[通过(T)/删除(E)/图层(L)]〈通过〉:T	//选择通过点偏移对象
选择要偏移的对象,或[退出(E)/放弃(U)]〈退出〉:	//选择小圆作为偏移对象
指定通过点或[退出(E)/多个(M)/放弃(U)]〈退出〉:	//捕捉点 A,偏移出中圆
选择要偏移的对象,或[退出(E)/放弃(U)]〈退出〉:	//选择小圆作为偏移对象
指定通过点或[退出(E)/多个(M)/放弃(U)]〈退出〉:	//捕捉点 B,偏移出大圆
选择要偏移的对象,或[退出(E)/放弃(U)]〈退出〉:	//回车结束【偏移】命令

5.2.7 阵列

在绘制工程图样时,经常会遇到布局规则的各种图形,例如建筑立面图中窗的布置、机械零件法兰盘端视图中均匀分布的螺栓孔等。为此,AutoCAD 向用户提供了快速进行矩形或环形阵列复制的命令,即【阵列】命令。

激活【阵列】命令的方法有:

- 下拉菜单:【修改】→【阵列】。
- 【修改】工具栏或功能区面板按钮: 品。
- 命令行:array 或 ar。

阵列分为【矩形阵列】和【环形阵列】两种。

启动【阵列】命令后,屏幕弹出如图 5 - 21 所示的【阵列】对话框。

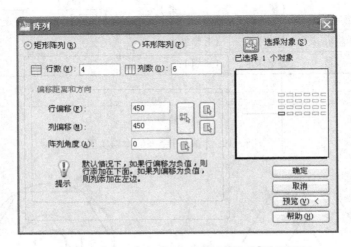

图 5 - 21 【阵列】对话框中的【矩形阵列】设置界面

1. 矩形阵列

在【阵列】对话框中选择【矩形阵列】选框,如图 5 - 21 所示。对话框中的【行】和【列】的编辑框中需要填写矩形阵列的行数和列数。在【偏移距离和方向】选区分别填写行偏移距离、列偏移距离和阵列偏移角度,它们的数值也可以利用 按钮通过鼠标在屏幕上单击来确定。

例 5 - 7 试用【阵列】命令,在【正交模式】下完成如图 5 - 22 所示的电视墙的装饰立面图。

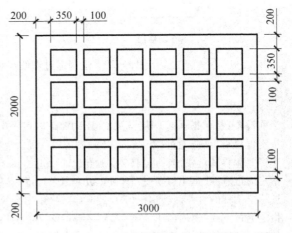

图 5 - 22 电视墙的装饰立面图

绘图步骤:

根据尺寸,先画出外框及待偏移的小正方形(图 5 - 23)。

命令:_line 指定第一点:0,0　　　　　　　　　　//激活【直线】命令,确定电视墙的左下角点
指定下一点或[放弃(U)]:3000　　　　　　　　//将光标放在起点的正右方,输入线的长度
指定下一点或[放弃(U)]:2200　　　　　　　　//将光标放在先前点的正上方,输入线的长度
指定下一点或[放弃(U)]:3000　　　　　　　　//将光标放在先前点的正左方,输入线的长度
指定下一点或[放弃(U)]:2200　　　　　　　　//将光标放在先前点的正下方,输入线的长度
指定下一点或[放弃(U)]:　　　　　　　　　　//回车,结束画线
命令:
命令:_offset　　　　　　　　　　　　　　//激活【偏移】命令
当前设置:删除源 = 否 图层 = 源 OFFSETGAPTYPE = 0
指定偏移距离或[通过(T)/删除(E)/图层(L)]〈200.0000〉:200　　　//指定偏移距离
选择要偏移的对象,或[退出(E)/放弃(U)]〈退出〉:　　　　　　　//选择底边作为偏移对象
指定要偏移的那一侧上的点,或[退出(E)/多个(M)/放弃(U)]〈退出〉://点击底边上方
选择要偏移的对象,或[退出(E)/放弃(U)]〈退出〉:　　　　　　　//回车结束【偏移】命令
命令:
命令:_rectang　　　　　　　　　　　　　//激活【矩形】命令,准备画一个待阵列的小正方形
指定第一个角点或[倒角(C)/标高(E)/圆角(F)/厚度(T)/宽度(W)]:200,300
　　　　　　　　　　　　　　　　　　　//指定小正方形的左下角角点
指定另一个角点或[面积(A)/尺寸(D)/旋转(R)]:@350,350　　　//指定右上角点

启动【阵列】命令,在【阵列】对话框的相关编辑框中填写如下数据:在【行数】的编辑框中填写 4,在【列数】的编辑框中填写 6;在【行偏移】、【列偏移】的编辑框中均填写 450;在【阵列角度】的编辑框中填写 0,如图 5-21 所示。点击对话框右上角的选择对象按钮，选择要阵列的小矩形,回车或单击鼠标右键后,回到【阵列】对话框,单击　确定　按钮得到绘图结果。

注意:在【阵列】对话框选区的下方有对偏移距离正负的规定,当行偏移的距离为正值时,往上偏移;当列偏移的距离为正值时,往右偏移;当行偏移为负值时,则将行添加在下面;列偏移为负值时,则将列添加在左边。

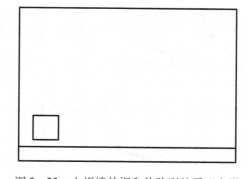

图 5-23　电视墙外框和待阵列的子正方形

2. 环形阵列

在【阵列】对话框中选择【环形阵列】选框,如图 5-24 所示。在【中心点】的【X】、【Y】编辑框中填写环形阵列中心点的 X、Y 坐标(也可以利用 按钮通过鼠标在屏幕上单击确定)。在【方法和值】选区单击【方法】下拉列表,有"项目总数和填充角度""项目总数和项目间的角度""填充角度和项目间的角度"三个选项。选择其中一个选项后,该选区下方的相应编辑框亮显,填写相应的编辑框以确定环形阵列的复制个数和阵列范围。同样在选区的下方有对填充角度正负的规定,即正值为逆时针旋转,负值为顺时针旋转。选择要环形阵列的对象时,单击【选择对象】左侧的 按钮,【阵列】对话框暂时消失,十字光标变为拾取框,选择对象并在对象选择结束时单击右键,【阵列】对话框重新出现。单击　确定　按钮完成【环形阵列】。

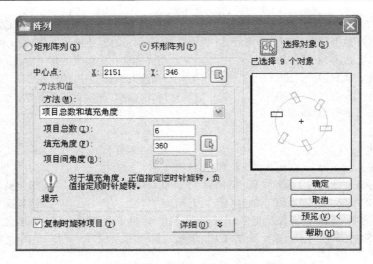

图 5-24 【阵列】对话框中的【环形阵列】设置界面

例 5-8 已知如图5-25a所示平面图形,试用【阵列】命令,在【对象捕捉】方式下编辑绘制如图5-25b所示的机械零件图样。

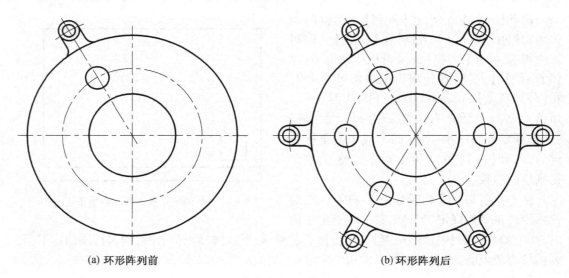

(a) 环形阵列前　　　　　　　　　　　　　　　(b) 环形阵列后

图 5-25 【环形阵列】的操作实例

绘图步骤:

单击【修改】工具栏中的【阵列】按钮,在弹出的【阵列】对话框中选择【环形阵列】选框,并进行如图5-24所示的设置,即在"项目总数"的编辑框中填写6;在"填充角度"的编辑框中填写360;勾选"复制时旋转项目"的复选框。

单击"选择对象"左侧的图按钮,【阵列】对话框暂时消失,十字光标变为拾取框。点击拾取将要阵列的对象:圆和左上角的突出结构(包括中心线)。拾取选择结束时单击鼠标右键(或按 Enter 键后),返回到【阵列】对话框。

单击"中心点"编辑框右侧的图按钮,【阵列】对话框暂时消失,十字光标变为拾取框。

点击捕捉图 5-25a 的阵列中心,系统返回到【阵列】对话框,单击 确定 按钮,得到如图 5-25b 所示的绘图结果。

　　【环形阵列】对话框左下角的"复制时旋转项目"复选框对阵列效果有很大的影响,是否勾选该复选框其阵列效果是不同的,读者可以自行上机验证。

5.2.8　缩放

　　【缩放】命令可以将图形对象按指定比例因子进行放大或缩小。它只改变图形对象的大小而不改变图形的形状,即图形对象在 X、Y 方向的缩放比例是相同的。

　　激活【缩放】命令的方法有:

- 下拉菜单:【修改】→【缩放】。
- 【修改】工具栏或功能区面板按钮:。
- 命令行:scale 或 sc。

　　执行上述命令后,命令行提示:

命令:_ scale	//启动【缩放】命令
选择对象:找到 1 个	//选择缩放对象
选择对象:	//继续选择对象或结束选择
指定基点:	//指定缩放基点以确定缩放中心的位置和缩放后图形对象的位置
指定比例因子或[复制(C)/参照(R)]〈1.0000〉:	

　　然后根据提示给定比例因子,或进行复制缩放或者参照缩放。

　　1. 比例缩放

　　比例缩放就是在命令行提示"指定比例因子或[复制(C)/参照(R)]〈1.0000〉:"时,直接输入已知的比例因子。比例因子大于 1 时,图形放大;小于 1 时,图形缩小。这种方法适用于比例因子已知的情况。

　　例 5-9　试执行【缩放】命令,将如图5-26所示的窗口图形放大 1.5 倍。

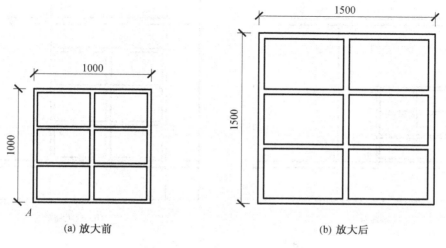

(a) 放大前　　　　　　　　　　　(b) 放大后

图 5-26　比例缩放作图实例

绘图步骤：

命令:_ scale	//启动【缩放】命令
选择对象：	//选择整个窗口图形
选择对象：	//回车结束对象选择
指定基点：	//捕捉缩放基点 A
指定比例因子或［复制(C)/参照(R)］:1.5	//输入比例因子 1.5,回车

复制缩放就是在命令行提示"指定比例因子或［复制(C)/参照(R)］〈1.0000〉:"时,输入"C",然后再输入比例因子或参照缩放,就会在原有对象仍然存在且保持不变的情况下,再产生一个新的缩放后的对象。

2. 参照缩放

如果用户不能事先确定缩放比例,只知道缩放后的尺寸,甚至于缩放前后的尺寸都不知道,这时,可以使用参照缩放使图形对象缩放后与图中某一边对齐。

例 5－10 试使用【缩放】命令放大图5－27a所示的窗口,要求放大后 *AB* 边与窗洞的 *AC* 边重合。

绘图步骤：

命令:_ scale	//启动【缩放】命令
选择对象：	//选择整个窗口图形
选择对象：	//回车结束对象选择
指定基点：	//捕捉基点 A
指定比例因子或［复制(C)/参照(R)］:R	//输入 R,选择"参照"选项
指定参照长度〈1〉:指定第二点：	//先捕捉点 A,再捕捉点 B
指定新长度:1500	//输入缩放后的长度,回车

缩放结果如图 5－27b 所示(如果不知道 *AC* 边的长度,可以再捕捉点 *C*)。

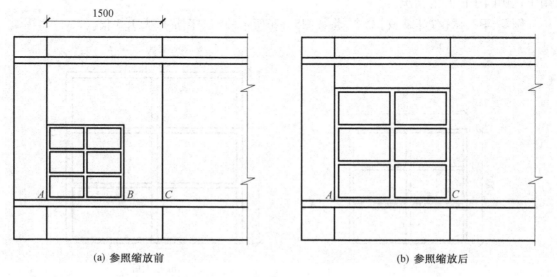

(a) 参照缩放前　　　　　　　　　　　　(b) 参照缩放后

图 5－27　参照缩放的作图实例

【缩放】与【实时缩放】不同。【实时缩放】只是改变图形对象在屏幕上的显示大小,并不改变图形本身的尺寸;【缩放】将改变图形本身的尺寸。

5.2.9　修剪与延伸

1. 修剪

【修剪】命令可以准确地剪切掉选定对象超出指定边界的部分,这个边界称为剪切边。

激活【修剪】命令的方法有:

- 下拉菜单:【修改】→【修剪】。
- 【修改】工具栏或功能区面板按钮: ⊬ 。
- 命令行:trim 或 tr。

执行【修剪】命令后,命令行提示:

命令:_ trim	//启动【修剪】命令
当前设置:投影 = UCS,边 = 无	
选择剪切边 …	//选择剪切边
选择对象或〈全部选择〉:　找到 1 个	
选择对象:	//继续选择剪切边或回车结束选择
选择要修剪的对象,或按住 Shift 键选择要延伸的对象,或[栏选(F)/窗交(C)/投影(P)/边(E)/删除(R)/放弃(U)]:	//选择需要修剪的对象,选择对象的同时执行修剪动作
选择要修剪的对象,或按住 Shift 键选择要延伸的对象,或[栏选(F)/窗交(C)/投影(P)/边(E)/删除(R)/放弃(U)]:	//继续选择要修剪的对象,或回车结束命令

执行【修剪】命令的过程中,需要用户选择两种对象。首先选择作为剪切边的对象,可以使用任何对象选择方式来选择;继而选择需要修剪的对象,这时的光标点要落在被剪切对象需要剪掉的一侧。

在上述操作提示中,按住 Shift 键单击选择的对象,可以将该对象延伸到指定的边界,即由【修剪】命令切换到【延伸】命令。

例5-11　试使用【修剪】命令将图5-28a修剪成图5-28b。

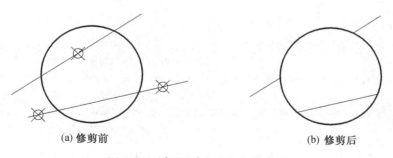

(a) 修剪前 　　　　　　　　　　　　　　(b) 修剪后

图5-28　【修剪】命令的作图实例

绘图步骤:

命令:_ trim	//启动【修剪】命令
当前设置:投影 = UCS,边 = 无	//显示系统当前的设置

选择剪切边…

选择对象或〈全部选择〉： 找到 1 个　　　　　　　//选择圆作为剪切边

选择对象：　　　　　　　　　　　　　　　　　//回车结束剪切边的选择

选择要修剪的对象，或按住 Shift 键选择要延伸的对象，或[栏选(F)/窗交(C)/投影(P)/边(E)/删除(R)/放弃(U)]：　　　　　　　　　　　//选取上方直线位于圆的中间部分

选择要修剪的对象，或按住 Shift 键选择要延伸的对象，或[栏选(F)/窗交(C)/投影(P)/边(E)/删除(R)/放弃(U)]：　　　　　　　　　　　//选取下方直线的左端

选择要修剪的对象，或按住 Shift 键选择要延伸的对象，或[栏选(F)/窗交(C)/投影(P)/边(E)/删除(R)/放弃(U)]：　　　　　　　　　　　//选取下方直线的右端

选择要修剪的对象，或按住 Shift 键选择要延伸的对象，或[栏选(F)/窗交(C)/投影(P)/边(E)/删除(R)/放弃(U)]：　　　　　　　　　　　//回车结束【修剪】命令

例 5-12　试使用【修剪】命令将图5-29a修剪成图5-29b。

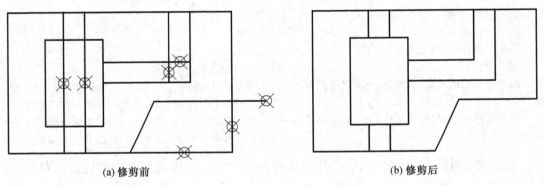

(a) 修剪前　　　　　　　　　　　　　　　　(b) 修剪后

图 5-29　复杂图形的【修剪】作图实例

绘图步骤：

这是一个互为剪切边的复杂图例，可以采用以下方法操作：

命令:_trim　　　　　　　　　　　　　　　//启动【修剪】命令

当前设置:投影＝UCS,边＝无

选择剪切边…

选择对象或〈全部选择〉:指定对角点:找到 16 个　//将整个图形都选作剪切边

选择对象：　　　　　　　　　　　　　　　　//回车结束修剪边的选择

选择要修剪的对象，或按住 Shift 键选择要延伸的对象，或[栏选(F)/窗交(C)/投影(P)/边(E)/删除(R)/放弃(U)]：　　　　　　　//依次点击图 5-29a 中的各修剪点标记

选择要修剪的对象，或按住 Shift 键选择要延伸的对象，或[栏选(F)/窗交(C)/投影(P)/边(E)/删除(R)/放弃(U)]：　　　　　　　//回车结束【修剪】命令

显然，对于复杂的图形(多表现"互为修剪边"的图形特征)这样处理，可以提高绘图效率，起到事半功倍的编辑绘图效果。

2. 延伸

【延伸】命令可以将图形对象延长到指定的边界。

激活【延伸】命令的方法有：

●下拉菜单:【修改】→【延伸】。

- •【修改】工具栏或功能区面板按钮:⌐┘。
- •命令行:extend 或 ex。

执行【延伸】命令后,命令行提示:

```
命令:_ extend                                    //启动【延伸】命令
当前设置:投影 = UCS,边 = 无
选择边界的边...
选择对象:                                        //选择延伸的边界
选择对象:                                        //继续选择或回车结束选择
选择要延伸的对象,或按住 Shift 键选择要修剪的对象,或[投影(P)/边(E)/放弃(U)]:
                                               //选择需要延伸的对象,执行延伸动作
选择要延伸的对象,或按住 Shift 键选择要修剪的对象,或[投影(P)/边(E)/放弃(U)]:
                                               //继续选择需要延伸的对象,或回车结束命令
```

【延伸】命令与【修剪】命令相类似,在执行命令的过程中也需要选择两种对象。首先选择作为延伸边界的对象(可以使用任何对象选择方式来选择);继而选择需要延伸的对象,这时也只能使用点选和栏选两种方式选择对象。

上述命令行出现的"选择要延伸的对象,或按住 Shift 键选择要修剪的对象,或[投影(P)/边(E)/放弃(U)]:"提示中的各选项含义与【修剪】命令相类似。

例5-13 试使用【延伸】命令将图5-30a中的扇形图案各边线延伸到矩形边界上(图5-30b)。

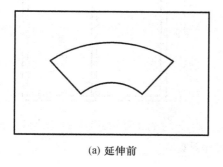 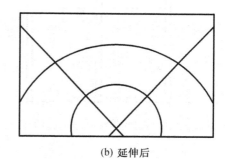

(a) 延伸前　　　　　　　　　　　　　　　　　(b) 延伸后

图5-30 【延伸】命令的作图实例

绘图步骤:

```
命令:_ extend                                    //执行【延伸】命令
当前设置:投影 = UCS,边 = 无
选择边界的边...
选择对象或〈全部选择〉:找到1 个                   //选择矩形作为延伸边界
选择对象:                                        //回车结束延伸边界的选择
选择要延伸的对象,或按住 Shift 键选择要修剪的对象,或[栏选(F)/窗交(C)/投影(P)/边(E)/放弃(U)]:
                                               //依次点击扇形轮廓各边线的两端
选择要延伸的对象,或按住 Shift 键选择要修剪的对象,或[栏选(F)/窗交(C)/投影(P)/边(E)/放弃(U)]:
                                               //回车结束【延伸】命令
```

5.2.10 拉伸与拉长

1. 拉伸

【拉伸】命令可以拉伸图形对象中已被选定的部分,没有选的部分保持不变。

激活【拉伸】命令的方法有:

● 下拉菜单:【修改】→【拉伸】。

● 【修改】工具栏或功能区面板按钮: ⬚。

● 命令行:stretch 或 s。

在选择拉伸对象时,只能使用交叉窗口或交叉多边形的方式选择对象。包含在选择窗口内的所有点都可以移动,在选择窗口外的点保持不动。

例 5-14 试使用【拉伸】命令,将图5-31a中的窗高由 1000 mm 拉伸到 1500 mm。

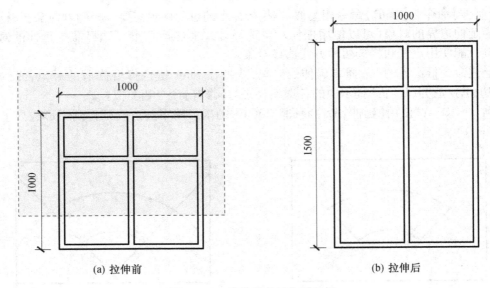

(a) 拉伸前   (b) 拉伸后

图 5-31   拉伸窗高的作图实例

绘图步骤:

命令:_ stretch	//执行【拉伸】命令
以交叉窗口或交叉多边形选择要拉伸的对象…	
选择对象:指定对角点:找到 17 个	//如图 5-31a 所示使用交
叉窗口选择对象	
选择对象:	//回车结束对象选择
指定基点或[位移(D)]:	//单击任意点作为基点
指定位移的第二个点或〈使用第一个点作为位移〉:〈正交 开〉500	//打开正交模式,光标向上
移动,输入拉伸长度并回车	

本例在选择拉伸对象时,已将其标注的尺寸包含在拉伸范围内。随着窗高拉伸 500 mm,标注尺寸同时也被拉伸,原自动标注的窗高尺寸 1000 mm 也实时地改变为 1500 mm,结果如

图 5-31b 所示(非自动标注的尺寸数据拉伸操作时不会改变)。

在【拉伸】命令的操作过程中选择对象时,只能选择图形对象的一部分,如果对象全部位于选择窗口内(即全部选中),此时【拉伸】命令等同于【移动】命令。此外,圆、文本、图块等对象不能被拉伸。

2. 拉长

【拉长】命令用来改变直线的长度及弧线的长度和角度。

激活【拉长】命令的方法有:

- 下拉菜单:【修改】→【拉长】。
- 功能区面板按钮: ⁄ 。
- 命令行:lengthen 或 len。

执行上述命令后,命令行提示:

> 命令:_lengthen
> 选择对象或[增量(DE)/百分数(P)/全部(T)/动态(DY)]:

确定拉伸长度的方法有 4 种,下面简单介绍各选项的含义。

(1)增量

在上述命令行的提示下输入"DE"并回车,命令行继续提示:

> 输入长度增量或[角度(A)]⟨50.0000⟩:   //输入长度增量或角度增量
> 选择要修改的对象或[放弃(U)]:   //选择要拉伸的对象

(2)百分数

在上述命令行的提示下输入"P"并回车,命令行继续提示:

> 输入长度百分数⟨100.0000⟩:   //输入一个百分数
> 选择要修改的对象或[放弃(U)]:   //选择要拉伸的对象

输入的百分数是指拉长后对象的长度与源对象长度的百分比值。当百分比大于 100 时,对象被拉长;当百分比小于 100 时,对象被缩短。

(3)全部

在上述命令行的提示下输入"T"并回车,命令行继续提示:

> 指定总长度或[角度(A)]⟨100.0000⟩:   //输入拉长后的总长度或角度
> 选择要修改的对象或[放弃(U)]:   //选择要拉伸的对象

(4)动态

在上述命令行的提示下输入"DY"并回车,命令行直接提示:

> 选择要修改的对象或[放弃(U)]:   //选择要拉伸的对象
> 指定新端点: //用鼠标确定需要拉长的长度或角度

例 5-15 试使用【拉长】命令,将图5-32中 30 mm 长的直线两端各拉长 15 mm。

绘图步骤:

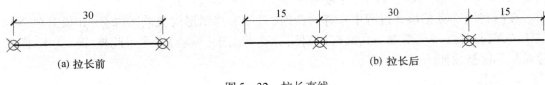

（a）拉长前 　　　　　　　　　　　　　　　　　　　　　（b）拉长后

图 5 - 32　拉长直线

命令：_lengthen
选择对象或［增量（DE）/百分数（P）/全部（T）/动态（DY）］:DE 　//选择增量选项
输入长度增量或［角度（A）］〈0.0000〉:15 　　　　　　　　　　//输入长度增量
选择要修改的对象或［放弃（U）］: 　　　　　　　　　　　　//拾取框压住直线,靠近左端点单击
选择要修改的对象或［放弃（U）］: 　　　　　　　　　　　　//拾取框压住直线,靠近右端点单击
选择要修改的对象或［放弃（U）］: 　　　　　　　　　　　　//回车结束命令

5.2.11　打断与合并

1. 打断

【打断】命令用于切开图线对象。与剪切对象时采用的删除剪切线以外的全部对象不同,打断对象仅在对象图线中间建立一个开口或切掉一段图线。可以打断的对象包括直线、圆弧、圆、二维多段线、椭圆弧、构造线、射线和样条曲线。打断对象时,先选择目标对象,在第一个打断点处单击,再单击第二个打断点。单击两个打断点的顺序不同,打断对象的处理结果就有可能不同。

【打断】命令可以删除图线对象上指定两点之间的部分。如果打断的两个点重合,则对象被分解为两个实体对象,相当于【打断于点】的命令。

激活【打断】命令的方法有:

- 下拉菜单:【修改】→【打断】。
- 【修改】工具栏中或功能区面板按钮:▭（打断）、▭（打断于点）。
- 命令行:break 或 br。

执行上述命令后,命令行提示:

命令：_break 选择对象: 　　　　　　　　　　//选择将要打断的图线对象
指定第二个打断点或［第一点（F）］:

指定打断点有两种方法:

在命令行提示"指定第二个打断点或［第一点（F）］:"时,直接指定一点。此时系统会把该点作为第二个打断点,前面在选择对象时的拾取点则作为第一个打断点。

在命令行提示"指定第二个打断点或［第一点（F）］:"时,输入"F"回车。命令行继续给出提示,根据提示重新指定第一个和第二个打断点。

指定第一个打断点: 　　　　　　　　　　　　　//指定第一个打断点
指定第二个打断点: 　　　　　　　　　　　　　//指定第二个打断点

例5－16　试使用【打断】命令将图5－33a中的圆修改为如图5－33b 所示的圆弧。

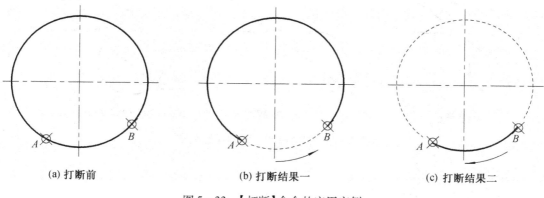

| (a) 打断前 | (b) 打断结果一 | (c) 打断结果二 |

图5－33　【打断】命令的应用实例

绘图步骤：

命令：_ break 选择对象：　　　　　　　　　　　　　　//选择圆周上的点 A
指定第二个打断点或［第一点（F）］:F　　　　　　　　//选择圆周上的点 B

作图结果如图5－33b 所示。

这里要注意的是,对于圆和圆弧而言,点 A 和点 B 的选择顺序不同,打断效果也就不同。如果先选 B 作为第一点,再选 A 作为第二点,效果则如图5－33c 所示。显然,圆(弧)的打断总是逆时针进行的。

至于【打断于点】命令的功能是将对象在一点处断开成两个对象,它是从【打断】命令中派生出来的。请读者自行上机验证。

2. 合并

合并对象与打断对象的作用刚好相反,是指将多个分散的同类或相似对象并合为单一对象。合并编辑可将位于同一条直线方向上的两条或多条直线段合并为一条直线,也可将同心、同半径的多个圆弧或椭圆弧合并为一个圆弧、椭圆弧,甚至将它们闭合为圆或椭圆。通过合并编辑,还可将多段线和与之相连的直线、多段线、圆弧或样条曲线接合,这比以往只能在多段线编辑中进行的接合处理更方便。

激活【合并】命令的方法有：

● 下拉菜单:【修改】→【合并】。

●【修改】工具栏或功能区面板按钮: 。

● 命令行:join 或 j。

激活该命令后,命令行提示：

命令：_join 选择源对象：

这时应选择要合并的某一对象,再根据提示进行下一步的操作。

例5－17　试将图5－34a所示三段(椭)圆弧和三段直线分别合并成图5－34b、图5－34c 所示的图样。

(a) 题目　　　　　　　　(b) 直线段的合并　　　　　(c)（椭）圆弧的合并

图 5－34　直线段和（椭）圆弧的合并

绘图步骤：

先进行直线段的合并操作。

命令：_ join 选择源对象：	//选择左下角的直线段
选择要合并到源的直线：找到 1 个	//选择中间的直线段
选择要合并到源的直线：找到 1 个，总计 2 个	//选择右上角的直线段
选择要合并到源的直线：	//回车结束选择
已将 2 条直线合并到源	

以上操作，得到的图形效果如图 5－34b 所示。同理，当依次选择左下圆弧、右下圆弧、上方圆弧后，得到不闭合的圆弧图形（见图 5－34c 中的圆）。如果要使圆弧或椭圆弧闭合，则应在系统提示"选择椭圆弧，以合并到源或进行［闭合（L）］："时输入字符"L"。下面是三段椭圆弧的闭合合并操作，其结果如图 5－34c 所示。

命令：_ join 选择源对象：	//选择任意的椭圆弧
选择椭圆弧，以合并到源或进行［闭合（L）］：L	//输入字符"L"
已成功地闭合椭圆	//系统提示

5.2.12　倒角与圆角

在工程设计中常需对图样进行圆角和倒角处理。圆角是指在两条直线、两条曲线或一直线与一曲线间的圆弧连接，执行该命令时系统会按指定的半径创建一条圆弧，并自动修剪和延伸连接周角的图形对象使之光滑连接。倒角也称切角，是指在两条非平行直线、两条曲线或一直线与一曲线间的斜线连接；通过延伸或剪断使直线或曲线的端点与斜切线相连。

1. 倒角

【倒角】命令是为两个不平行的对象边添加切角的，可以用于【倒角】命令的对象有：直线、多段线、构造线、射线。

激活【倒角】命令的方法有：

● 下拉菜单：【修改】→【倒角】。

●【修改】工具栏或功能区面板按钮：⬜。

● 命令行：chamfer 或 cha。

启动该命令后，命令行提示：

106

命令:_ chamfer
("修剪"模式) 当前倒角距离 1 = 0. 0000,距离 2 = 0. 0000　　//当前倒角模式
选择第一条直线或[放弃(U)/多段线(P)/距离(D)/角度(A)/修剪(T)/方式(E)/多个(M)]:
　　　　　　　　　　　　　　　　　　　　　　　//选择要进行倒角的直线或其他选项

命令行出现的"选择第一条直线或[放弃(U)/多段线(P)/距离(D)/角度(A)/修剪(T)/方式(E)/多个(M)]:"提示中各选项含义分别为:

(1)放弃:放弃倒角操作。

(2)多段线:该选项可以对整个多段线全部执行【倒角】命令。在上述命令行的提示下,输入"P"回车,命令行提示:

选择二维多段线:　　　　　　　　　　　　　　　　　//选择对象

在选择对象时,除了可以选择利用【多段线】命令绘制的图形对象外,还可以选择用【矩形】命令、【正多边形】命令绘制图形对象。

(3)距离:可以改变或指定倒角的两个距离。

(4)角度:在上述命令行的提示下,输入"A"回车,命令行提示:

指定第一条直线的倒角长度〈0. 0000〉:　　　　　　//给定倒角的一个距离
指定第一条直线的倒角角度〈0〉:　　　　　　　　　//给定倒角倾斜角度
选择第一条直线或[放弃(U)/多段线(P)/距离(D)/角度(A)/修剪(T)/方式(E)/多个(M)]:
选择第二条直线:

"角度"选项要求用户通过输入第一个倒角长度和倒角的角度来确定倒角的大小。

(5)修剪:该选项用来设置执行【倒角】命令时是否使用修剪模式。在上述命令行的提示下,输入"T"回车,命令行提示:

输入修剪模式选项[修剪(T)/不修剪(N)]〈修剪〉:

在执行【倒角】命令的开始,命令行会显示系统当前采用的修剪模式。图 5 - 35 为是否使用修剪模式的效果对比。

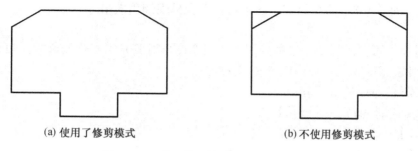

(a) 使用了修剪模式　　　　　　　　　　(b) 不使用修剪模式

图 5 - 35　是否使用修剪模式的效果对比

(6)方式:在上述命令行的提示下,输入"E"回车,命令行会有如下的提示,根据提示选择相应选项来确定倒角的方式。

输入修剪方法[距离(D)/角度(A)]〈距离〉:

（7）多个：选择改选项可以连续进行多次倒角处理，当然这些倒角的大小是一致的。

例5－18　试使用【倒角】命令将图5－36a所示矩形的左上角、右上角修剪成如图5－36b所示8 mm×5 mm的倒角。

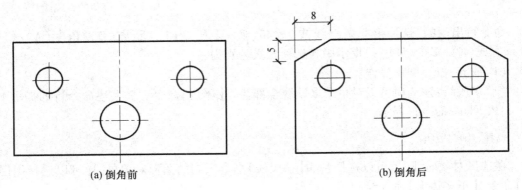

(a) 倒角前　　　　　　　　　　　　　　　(b) 倒角后

图5－36　矩形倒角

绘图步骤：

```
命令：_ chamfer                                    //执行【倒角】命令
("修剪"模式) 当前倒角距离 1 = 0.0000,距离 2 = 0.0000
选择第一条直线或[放弃(U)/多段线(P)/距离(D)/角度(A)/修剪(T)/方式(E)/多个(M)]:D
                                                  //输入 D 选择"距离"选项
指定第一个倒角距离⟨0.0000⟩:8                        //输入第一个倒角距离
指定第二个倒角距离⟨8.0000⟩:5                        //输入第二个倒角距离
选择第一条直线或[放弃(U)/多段线(P)/距离(D)/角度(A)/修剪(T)/方式(E)/多个(M)]:
                                                  //拾取上横线的左端
选择第二条直线,或按住 Shift 键选择要应用角点的直线:   //拾取左侧竖线的上端
```

同理,完成右上角的修剪编辑,得到如图5－36b所示的结果。

对于不相交的两个图形对象,执行【倒角】命令时,系统会将两个对象延伸至相交。当两个倒角距离都为 0 时,两个相交的图形对象不会呈现倒角效果。

2. 圆角

【圆角】命令可以用指定了半径的圆弧将两个图形对象光滑地连接起来。可以用于【圆角】命令的对象有直线、多段线、构造线、射线等。

激活【圆角】命令的方法有：

- 下拉菜单:【修改】→【圆角】。
- 【修改】工具栏或功能区面板按钮:□。
- 命令行:fillet 或 f。

执行【圆角】命令后,命令行提示：

```
命令：_ fillet
当前设置:模式 = 修剪,半径 = 0.0000             //显示系统当前的模式和圆角半径
选择第一个对象或[放弃(U)/多段线(P)/半径(R)/修剪(T)/多个(M)]:
```

其中各选项的含义:

(1)放弃:放弃圆角操作。

(2)多段线:该选项可以对整个多段线全部执行【圆角】命令。在上述命令行的提示下,输入"P"回车,命令行提示:

选择二维多段线:	//选择二维多段线

(3)半径:在执行【圆角】命令的开始,命令行会显示系统当前的圆角半径,如果该半径值不符合作图要求,可以在命令行的提示下,输入"R"回车,重新输入需要的半径值。

(4)修剪:用来设置执行【圆角】命令时是否使用修剪模式,其使用效果与【倒角】命令相似。

(5)多个:可以连续多次地进行圆角处理,且每次都采用相同的圆角半径。

例 5-19　已知如图 5-37a 所示,试使用【圆角】命令完成其左上角、右上角的圆弧连接(图 5-37b),连接弧的半径为 5 mm。

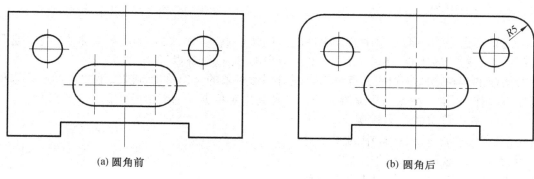

(a) 圆角前　　　　　　　　　　　　　　(b) 圆角后

图 5-37　【圆角】命令的应用实例

绘图步骤:

命令:_ fillet	//执行【圆角】命令
当前设置:模式 = 修剪,半径 = 250.0000	//显示系统当前的模式和圆角半径
选择第一个对象或[放弃(U)/多段线(P)/半径(R)/修剪(T)/多个(M)]:R	
	//输入"R"回车,重新指定圆角半径
指定圆角半径〈250.0000〉:5	//输入圆角半径
选择第一个对象或[放弃(U)/多段线(P)/半径(R)/修剪(T)/多个(M)]:	
	//拾取上横线的左端
选择第二个对象:	//拾取最左竖线的上端

同理,完成右上角的圆角编辑,得到如图 5-37b 所示的结果。

5.2.13　分解

AutoCAD 中有许多组合对象,如图块、矩形、圆环、多边形、多段线、尺寸标注、多线、图案填充、三维网格、面域等,行文本和段落文本也可以看成是组合对象。若要对这些对象的一部分进行编辑修改,则需要将它们分解。使组合对象分解的编辑叫作分解对象(Explode),也称炸开。

启动【分解】命令的方法有：

- 下拉菜单：【修改】→【分解】。
- 【修改】工具栏或功能区面板按钮： 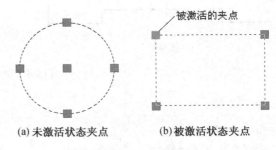 。
- 命令行：explode 或 x。

启动【分解】命令后，根据提示，选择要分解的对象就可以了。

组合对象可分解成下一级对象。多段线分解后将变为独立的直线和弧线，它们可继承原复合线各段的线型，但宽度信息不能保留；多线对象分解后变为独立的线；尺寸标注分解后变为独立的点、直线、弧线、复合线和文本；段落文本分解后变为行文本；行文本分解后变为单字对象；多层嵌套的块分解后变为下一层次的块；最后一个层次的块分解后变为独立对象。分解带有属性的块时，所有的属性会恢复到未组合为块之前的初始状态。

例如，用【矩形】命令绘制的矩形执行【分解】命令后，由原来的一个整体图形对象分解为组成它的4个直线对象。

5.3 夹点编辑

所谓夹点是指图形对象中有代表性的一些特征点，例如，圆心和圆的象限点、直线或曲线的中点、端点、转折点、图块插入点、文本对象的基点、对齐点等，如图5-38所示。夹点是一种集成的编辑模式。利用夹点可以实现对图形对象的快速移动、旋转、缩放、拉伸、镜像和复制等操作，而不必激活通用编辑命令。这种利用对象夹点的编辑方法称为夹点编辑。

如果在未启动命令的情况下，单击选中某图形对象，那么被选中的图形对象就会以虚线显示，而且被选中图形的特征点（如端点、圆心、象限点等）将显示为蓝色的小方框，如图5-38所示。这样的小方框就是夹点。

夹点有两种状态：未激活状态和被激活状态。如图5-38所示，蓝色小方框显示的夹点处于未激活状态。单击某个未激活夹点，该夹点就被激活，以红色小方框显示，这种处于被激活状态的夹点又称为热夹点。

(a) 未激活状态夹点 (b) 被激活状态夹点

图5-38 夹点的显示状态

激活热夹点时按住 Shift 键，可以选择激活多个热夹点。

以被激活的夹点为基点，可以对图形对象执行拉伸、平移、复制、缩放和镜像等基本修改操作。

1. 使用夹点拉伸对象

使用夹点编辑功能的基本操作步骤是"先选择，后操作"，即：在不执行任何命令的情况下选择对象，显示其夹点。然后单击其中一个（或多个）夹点，使其被激活，从而进入编辑状态。

拉伸是夹点编辑的默认操作，此时，AutoCAD 自动将其作为拉伸的基点，进入拉伸编辑模式，命令行将显示如下的信息：

命令：
＊＊拉伸＊＊
指定拉伸点或［基点(B)/复制(C)/放弃(U)/退出(X)］：

此时直接拉动鼠标，就可以将热夹点拉伸到需要位置，如图 5-39 所示。

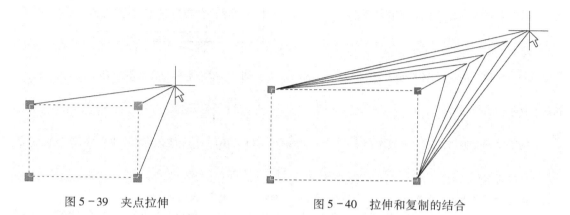

图 5-39　夹点拉伸　　　　　　图 5-40　拉伸和复制的结合

如果不直接拖动鼠标，还可以选择括号中的各个选项，其含义为：

基点(B)：重新确定拉伸基点。

复制(C)：可以对某个夹点进行连续多次地拉伸，且每拉伸一次，就会在拉伸后的位置上复制出拉伸后的图形，如图 5-40 所示。该操作实际上是拉伸和复制两项功能的结合。

注意：对于某些夹点，移动时只能移动对象而不能拉伸对象，如文字、块、直线中点、圆心、椭圆中心和点对象的夹点。

2. 使用夹点移动对象

激活图形对象上的某个夹点，在命令行输入【平移】命令的简写"mo"，就可以平移该对象。命令行提示如下：

命令：
＊＊拉伸＊＊
指定拉伸点或［基点(B)/复制(C)/放弃(U)/退出(X)］：MO　　　//输入命令"MO"，切换到移动方式
＊＊移动＊＊
指定移动点或［基点(B)/复制(C)/放弃(U)/退出(X)］：

此时，可通过输入点的坐标或拾取点的方式来确定平移对象的目标点，从而实现以基点为平移起点、以目标点为终点将所选对象平移到新位置的操作目的，如图 5-41 所示。

夹点"移动"提示行中的各个选项，其含义与"拉伸"时的各选项大同小异。

在系统"指定拉伸点或［基点(B)/复制(C)/放弃(U)/退出(X)］："提示下按回车键可以在拉伸(ST)、移动(MO)、旋转(RO)、缩放(SC)、镜像(MI)编辑方式之间切换，也可以单击鼠标右键，在快捷菜单上选择编辑命令。

3. 使用夹点旋转对象

激活图形对象上的某个夹点，在命令行输入【旋转】命令的简写"ro"，就可以绕着热夹点旋转该对象。命令行提示如下：

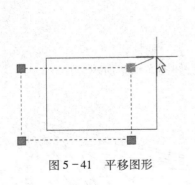

图 5－41　平移图形

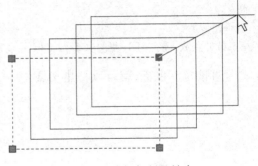

图 5－42　平移与复制的结合

命令：

＊＊拉伸＊＊

指定拉伸点或［基点(B)/复制(C)/放弃(U)/退出(X)］:RO　　//输入命令"RO"，切换到旋转方式

＊＊旋转＊＊

指定旋转角度或［基点(B)/复制(C)/放弃(U)/参照(R)/退出(X)］:

默认情况下，输入旋转角度值或通过拖动方式确定旋转角度后，即可将对象绕基点旋转指定的角度（图 5－43）。也可以选择"参照"选项，以参照方式旋转对象。

夹点"旋转"提示行中的各个选项，其含义与"拉伸"时的各选项大同小异。

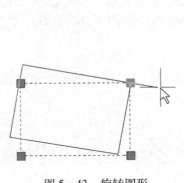

图 5－43　旋转图形

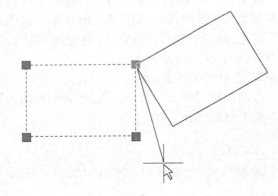

图 5－44　镜像图形

4. 使用夹点镜像对象

激活图形对象的某个夹点，然后在命令行中输入【镜像】命令的简写"mi"，即可以对图形对象进行镜像操作。其中已经被确定的热夹点为镜像轴上的第一点，此时只需要再确定镜像轴上的另一点，对象即被镜像。具体操作方法如下：

命令：

＊＊拉伸＊＊

指定拉伸点或［基点(B)/复制(C)/放弃(U)/退出(X)］:mi　　//输入命令"mi"，切换到镜像方式

＊＊镜像＊＊

指定第二点或［基点(B)/复制(C)/放弃(U)/退出(X)］:

指定镜像轴上的第二点,从而得到镜像图形,如图 5－44 所示。

夹点"镜像"提示行中的各个选项,其含义与"拉伸"时的各选项大同小异。在夹点进行多重镜像时按住 Ctrl 键,可以在镜像的同时保留源对象。

5.4 综合应用实例

例 5－20 漏窗是园林建筑的重要组成部分,其主要特点体现在一个"漏"字。各种形式的漏窗通过合理的布置,可使园林景色更加生动、灵巧,从而达到景中有景、景外有景、小中见大、移步换景的效果。本例要求综合应用前面所学的知识,1:1 地绘制如图 5－46b 所示的漏窗图案。

绘图步骤:

首先,按 F7、F9 键打开【栅格显示】和【对象捕捉】,并设置栅格和捕捉的间距都为 10。

```
命令:_ rectang                                          //绘制如图 5－45a 所示 90×90 的正方形
指定第一个角点或[倒角(C)/标高(E)/圆角(F)/厚度(T)/宽度(W)]:
指定另一个角点或[面积(A)/尺寸(D)/旋转(R)]:
命令:_ line 指定第一点:                                  //绘制如图 5－45a 所示斜向对角线
指定下一点或[放弃(U)]:                                   //回车结束命令
命令:_ pline                                            //绘制如图 5－45a 所示 40×40 的正方形
指定起点:
当前线宽为 0.0000
指定下一个点或[圆弧(A)/半宽(H)/长度(L)/放弃(U)/宽度(W)]:
指定下一点或[圆弧(A)/闭合(C)/半宽(H)/长度(L)/放弃(U)/宽度(W)]:
指定下一点或[圆弧(A)/闭合(C)/半宽(H)/长度(L)/放弃(U)/宽度(W)]:
指定下一点或[圆弧(A)/闭合(C)/半宽(H)/长度(L)/放弃(U)/宽度(W)]:
指定下一点或[圆弧(A)/闭合(C)/半宽(H)/长度(L)/放弃(U)/宽度(W)]:
命令:_ fillet                                           //绘制如图 5－45b 所示 R20 连接弧
当前设置:模式 = 修剪,半径 = 20.0000
选择第一个对象或[放弃(U)/多段线(P)/半径(R)/修剪(T)/多个(M)]:R
指定圆角半径〈40.0000〉:20
选择第一个对象或[放弃(U)/多段线(P)/半径(R)/修剪(T)/多个(M)]:
选择第二个对象,或按住 Shift 键选择要应用角点的对象:
命令:
FILLET                                                 //圆角画出图 5－45b 所示另一 R20 连接弧
当前设置:模式 = 修剪,半径 = 20.0000
选择第一个对象或[放弃(U)/多段线(P)/半径(R)/修剪(T)/多个(M)]:
选择第二个对象,或按住 Shift 键选择要应用角点的对象:
命令:_ explode                                          //窗选分解图 5－45b 所示左下角图形
选择对象:指定对角点:找到 1 个
选择对象:
命令:_ erase                                            //删除图 5－45a 所示 90×90 的正方形
选择对象:找到 1 个
```

113

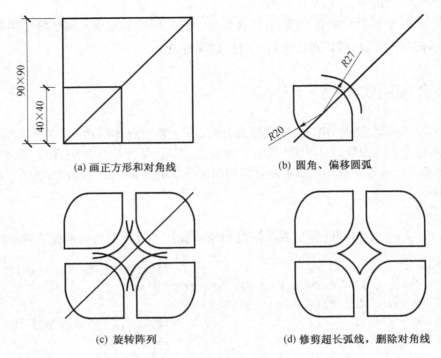

(a) 画正方形和对角线   (b) 圆角、偏移圆弧

(c) 旋转阵列   (d) 修剪超长弧线，删除对角线

图 5-45　绘制漏窗图案(一)

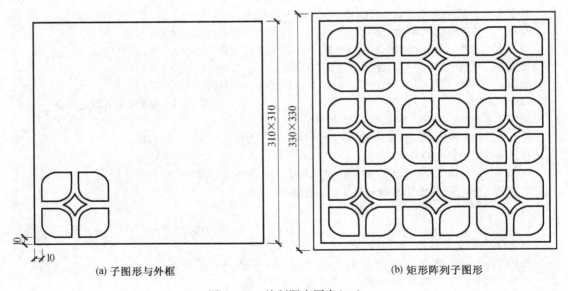

(a) 子图形与外框   (b) 矩形阵列子图形

图 5-46　绘制漏窗图案(二)

选择对象:

命令:

命令:_ offset　　　　　　　　　　　　　　　　　//偏移出如图 5－45b 所示 *R*20 圆弧

当前设置:删除源 = 否　图层 = 源　OFFSETGAPTYPE = 0

指定偏移距离或[通过(T)/删除(E)/图层(L)]〈15.0000〉:7　　　//偏移距离为 7

选择要偏移的对象,或[退出(E)/放弃(U)]〈退出〉:〈捕捉 关〉　　//关闭捕捉,便于选择偏移对象

指定要偏移的那一侧上的点,或[退出(E)/多个(M)/放弃(U)]〈退出〉:

命令:

命令:_ array　　　　　　　　　　　　　　　　　//旋转阵列图 5－45b 所示左下角图形

选择对象:指定对角点:找到 7 个　　　　　　　　　//窗选图 5－45b 所示左下角图形

选择对象:

指定阵列中心点:_ mid　　　　　　　　　　　　//捕捉斜线的中心作为阵列中心

命令:

命令:_ trim　　　　　　　　　　　　　　　　　//修剪图 5－45c 所示的四条偏移出的圆弧

当前设置:投影 = UCS,边 = 无

选择剪切边 …

选择对象或〈全部选择〉:指定对角点:找到 8 个　　//窗选四条圆弧,使其互为剪切边

选择对象:

选择要修剪的对象,或按住 Shift 键选择要延伸的对象,或[栏选(F)/窗交(C)/投影(P)/边(E)/删除(R)/放弃(U)]:　　　　　　　　　　　　　　//依次点击四偏移圆弧的超长部分

选择要修剪的对象,或按住 Shift 键选择要延伸的对象,或[栏选(F)/窗交(C)/投影(P)/边(E)/删除(R)/放弃(U)]:　　　　　　　　　　　　　　//回车,如图 5－45d 所示

命令:

命令:_ rectang　　　　　　　　　　　　　　　//画图 5－46a 所示 310×310 的正方形

指定第一个角点或[倒角(C)/标高(E)/圆角(F)/厚度(T)/宽度(W)]:〈捕捉 开〉

指定另一个角点或[面积(A)/尺寸(D)/旋转(R)]:@310,310

命令:_ array　　　　　　　　　　　　　　　　//矩形阵列

选择对象:指定对角点:找到 28 个　　　　　　　//窗选图 5－46a 所示左下角图形

选择对象:

命令:

命令:_ offset　　　　　　　　　　　　　　　　//偏移图 5－46a 所示 310×310 的正方形

当前设置:删除源 = 否 图层 = 源 OFFSETGAPTYPE = 0

指定偏移距离或[通过(T)/删除(E)/图层(L)]〈7.0000〉:10　　//偏移距离为 10

选择要偏移的对象,或[退出(E)/放弃(U)]〈退出〉:

指定要偏移的那一侧上的点,或[退出(E)/多个(M)/放弃(U)]〈退出〉:

至此,完成漏窗图案的绘图,如图 5－46b 所示。

5.5　实操练习题

5.5.1　问答题

1. 什么是选择集? 构造选择集的主要方法有哪些?
2. 什么是通用编辑? 可用于哪些对象?
3. 什么是夹点编辑? 可用于哪些对象?
4. 多线编辑的主要内容是什么?

5. 如何确定【缩放】命令的比例因子?

6. 在执行【修剪】命令和【延伸】命令时,系统允许使用哪几种对象选择方式?

7.【环形阵列】填充角度的正负是如何规定的?

8. 如何执行【分解】命令?

5.5.2 操作题

1. 应用【正多边形】、【圆弧】、【阵列】等命令,在【捕捉方式】下编辑绘制如图 5-47a 所示图形;应用【正多边形】、【偏移】、【修剪】等命令,在【捕捉方式】和【夹点】编辑(旋转复制)下绘制如图 5-47b 所示图形。

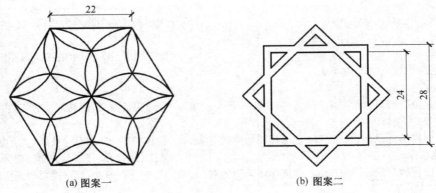

(a) 图案一　　　　　　　　　　　　(b) 图案二

图 5-47　图案绘制与编辑

2. 应用【矩形】、【圆】、【偏移】、【分解】、【修剪】、【阵列】等命令,按 1:1 的比例绘制如图 5-48a 所示的餐桌椅平面图、绘制如图 5-48b 所示的单扇门立面图。

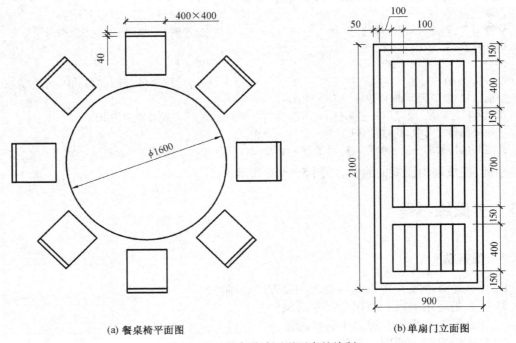

(a) 餐桌椅平面图　　　　　　　　　　　(b) 单扇门立面图

图 5-48　室内设计图形要素的绘制

116

3. 试应用所学的综合知识,按 1:1 的比例绘制如图 5－49 所示的工程图样。

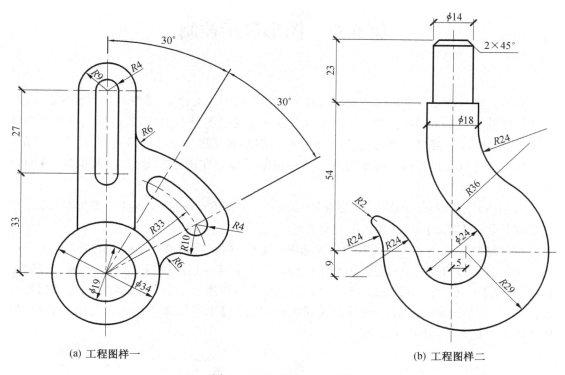

(a) 工程图样一

(b) 工程图样二

图 5－49　工程图样的绘制

第6章 图形显示控制

显示控制命令是计算机绘图实操过程中频繁使用的一类命令,熟练地使用这些命令,可提高绘图效率。AutoCAD 提供了许多显示命令来改变视图显示的状态,使得用户在绘图和读图时非常方便。需要注意的是,这些命令只对图形的观察起作用,而不影响图形的实际位置和尺寸。而且在执行这些命令时并不需要中断其他正在操作的命令,因此也叫"透明命令"。

常用的显示控制命令集成在【标准】工具条中,如图 6-1a 所示,包括【实时平移】、【实时缩放】、【窗口缩放】以及【缩放上一个】等。

窗口缩放(zoom)命令下面有十余种选项(图 6-1)。当用鼠标左键点击图 6-1a 中第三个按钮右下方的黑三角时会弹出如图 6-1b 中含的其他显示控制工具,这些显示控制工具在【缩放】工具栏中也可找到(图 6-1b)。它们都可以通过命令行窗口输入指令或直接点击【缩放】工具栏图标或通过下拉菜单【视图】→【缩放】来进行操作。下面先介绍图 6-1a 中 4 种显示控制工具的使用。

(a)【标准】工具栏中的显示控制命令   (b)【缩放】工具栏

图 6-1　显示控制工具栏

6.1　实时平移

实时平移是在不改变图形比例的情况下对图形的移动。该操作不改变窗口的比例,只是改变观察的部位。

【实时平移】可以通过以下几种方式来实现:

● 【标准】工具栏按钮:🖑。
● 命令行:pan 或 p。
● 下拉菜单:【视图】→【平移】,选择弹出的【实时】选项🖑(图 6-2)。
● 在绘图区单击右键,在弹出的快捷菜单中选择【平移】选项(图 6-3)。

当系统进入实时平移状态后,绘图区会出现一个小手的图案🖑,用户可以按住鼠标左键上下左右拖动,视图的显示区域就会随之实时平移。平移到合适位置后,按 Esc 键或者回车键,即可退出该命令。

注意:【平移】命令和【缩放】命令都是透明命令。所谓透明命令,就是当系统正在执行一个 AutoCAD 的命令,且尚未完成操作时,插入一个透明命令可以暂停原命令的执行,此时

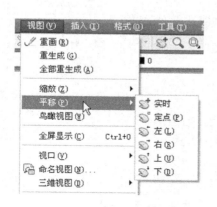

图 6-2　视图平移菜单

图 6-3　右键快捷菜单选择【平移】

系统转向执行透明命令,待执行完后,再恢复并继续原命令的执行。透明命令的使用不会中断原命令的操作。显然,透明命令不是一种操作命令,而是一种操作状态。

执行透明命令时,命令行中该透明命令前将显示前导符号"'",执行透明命令的当前行行首还会显示图符"〉〉"。

AutoCAD 为使用滚轮鼠标的用户提供一种更快捷的控制显示方法。滚动鼠标滚轮,则直接执行实时缩放功能。压下鼠标滚轮,则直接执行实时平移。

6.2　实时缩放

【实时缩放】是系统的默认选项。它可对图形进行连续无级地放大或缩小。

图形的【实时缩放】可以通过以下几种方式实现:

●【标准】工具栏按钮:。

●下拉菜单:【视图】→【缩放】,选择弹出的【实时】选项（图 6-4）。

●命令行:zoom 或 z,然后按两次 Enter 键。

执行【实时缩放】操作后在绘图区会出现一个如放大镜似的图案,按住鼠标左键向上（正上、左上、右上均可）移动将放大视图,向下（正下、左下、右下均可）移动将缩小视图,缩放合适后按下 Esc 键或 Enter 键即可退出视图的实时缩放。

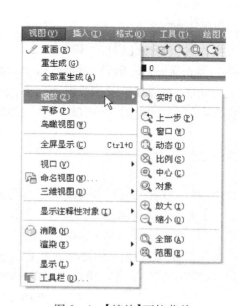

图 6-4　【缩放】下拉菜单

119

【实时缩放】模式下,在绘图区内单击鼠标右键会弹出一个快捷菜单,如图 6-5 所示,用户可选择该菜单中的命令进行操作。例如选择"平移",即可进行实时移动视图的操作。实际上,在执行图 6-5 菜单中的任一命令后,单击右键都会弹出如图 6-5 所示的菜单。因此,掌握该项操作可快捷地变换视图缩放的各种命令。

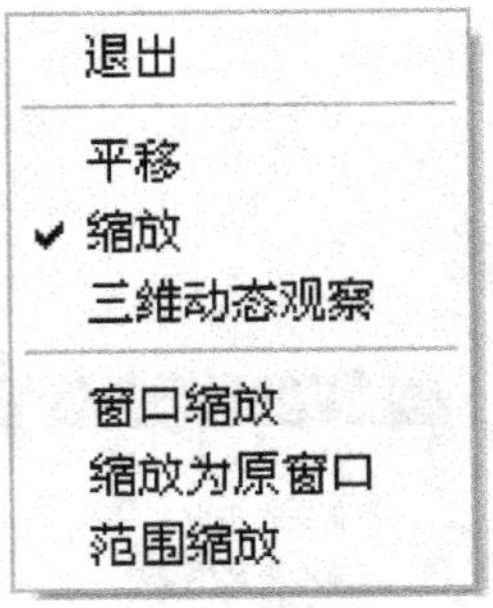

图 6-5 实时缩放模式下的右键快捷菜单

6.3 窗口缩放

【窗口缩放】功能准确地说实现的是窗口放大功能。当图形中某一部分需要局部放大观看的时候可以应用窗口放大方式。

【窗口缩放】可以通过以下几种操作来实现:

- 【标准】工具栏按钮: 。
- 下拉菜单:【视图】→【缩放】,选择弹出的【窗口】选项 (图 6-4)。
- 状态栏按钮: 。
- 命令行:zoom 或 z,再选择"W"选项。

窗口缩放是用于观察图形,且使用频率极高的一种方法。要求用户确定矩形观察口的两个对角点,再将矩形观察口内的图形放大到充满当前视图窗口。进行窗口缩放时,命令行会提示:

```
命令:'_ zoom
指定窗口的角点,输入比例因子 (nX 或 nXP),或者[全部(A)/中心(C)/动态(D)/范围(E)/上一
个(P)/比例(S)/窗口(W)/对象(O)]〈实时〉:_ W          //进行窗口缩放
指定第一个角点:                                      //给定窗口的第一个角点
指定对角点:                                          //给定窗口的另一个对角点
```

操作过程中按住鼠标左键以窗口方式选择需要局部放大的区域。例如图 6-6a 所示的某办公楼立面图,该图可以看到建筑立面的整体情况,但却不易看清细节。这时可以借助窗口放大功能,将待观察的细节框选出来,如图 6-6a 所示将建筑物左下入口处的门窗置于选择窗口内,回车即可看到该区域的放大图形,如图 6-6b 所示。

6.4 缩放上一个

在执行完视图缩放查看操作后,往往需要回复到前一次作图状态,这时可以使用【缩放上一个】命令使视图回退。实现视图回退的方法有:

- 【标准】工具栏按钮: 。
- 下拉菜单:【视图】→【缩放】,选择弹出的【上一步】选项 (图 6-4)。
- 命令行:zoom 或 z,再选择"P"选项。

执行以上操作,即可回到前一次图形缩放状态。例如将图 6-6a 中的图形利用窗口缩放成图 6-6b 中的图形后再执行【缩放上一个】的操作,即可返回到图 6-6a 的状态。

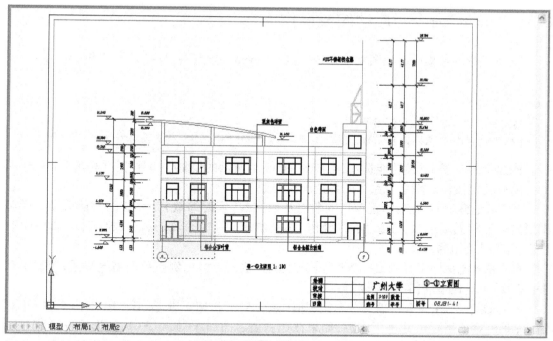

(a) 窗选放大区域

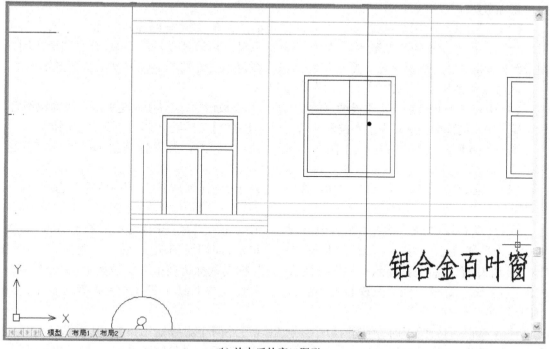

(b) 放大后的窗口图形

图 6-6　利用选择窗口放大图形

6.5 "zoom"命令对应的缩放操作

"zoom"命令是集成的视图缩放命令。执行"zoom"命令(或简令"z"),系统会提示:

命令:z
zoom
指定窗口的角点,输入比例因子(nX 或 nXP),或者
[全部(A)/中心(C)/动态(D)/范围(E)/上一个(P)/比例(S)/窗口(W)/对象(O)]〈实时〉:

该提示包含了 11 种功能选项,对应于图 6-1 所示的【缩放】工具栏、【标准】工具栏中的各缩放功能按钮。现就该命令的各选项说明如下:

(1)指定窗口的角点:指定窗口的角点从而实现【实时缩放】是系统的默认选项。可对图形进行连续无级地放大或缩小的操作(参见本章 6.2),等效于点击【标准】工具栏中的【实时缩放】按钮。

(2)输入比例因子(nX 或 nXP):该选项通过输入一个比例因子来缩放视图,等效于点击【缩放】工具栏中的【比例缩放】按钮。

执行该命令,在命令行输入一个比例值(如 0.5)并按回车键,图形将按该比例进行绝对缩放,即相对于实际尺寸进行缩放;如果在比例值后面加 X(如 0.5X),图形将进行相对缩放,即相对于当前显示图形的大小进行缩放;如果在比例值后面加 XP,则图形相对于图纸空间进行缩放。

(3)全部(A):利用全部缩放功能可以将当前的图形文件全部显示出来。如果全部图形均绘制在预先设置的绘图范围内,则在屏幕上只显示出该预设范围;如果有些图形绘制在预设绘图范围之外,执行该命令则也将绘制在绘图范围之外的图形在屏幕上全部显示出来。

该命令等效于点击【缩放】工具栏中的按钮。

(4)中心(C):该选项通过重设图形的显示中心和缩放倍数,使得在改变视图缩放的比例后,位于显示中心的部分仍保留在中心位置,等效于点击【缩放】工具栏中的【实时缩放】按钮。

图 6-7b 所示是指定中心点于图 6-7a 的门洞中心位置,并设置缩放比例为"4X"后的结果。

(5)动态(D):该选项可动态地缩放图形,等效于点击【缩放】工具栏中的【动态缩放】按钮。

执行【动态缩放】命令后,绘图区中出现一个中心带有"×"符号的矩形选择方框(此时的状态为平移状态),将"×"号移至目标部位并单击,即切换到缩放状态,此时矩形框中的"×"号消失,而在右边框显示一个方向箭头"→",拖动鼠标可调整方框的大小(即调整视口的大小)。调整好矩形框的位置和大小后,按回车键或右击鼠标即可放大查看方框中的细节图形,如图 6-8 所示。

注意:动态缩放图形时,绘图窗口中还会出现另外两个虚线矩形方框,其中蓝色方框表示图纸的范围,该范围是用"Limits"命令设置的绘图界限,或者是图形实际占据的区域,绿色方框表示当前在屏幕上显示出的图形区域。

(6)范围(E):利用范围缩放功能可以将当前的图形文件尽可能大地在屏幕上全部显示出来,不再受预先设置的绘图范围的影响。它等效于点击【缩放】工具栏中的【范围缩放】按钮

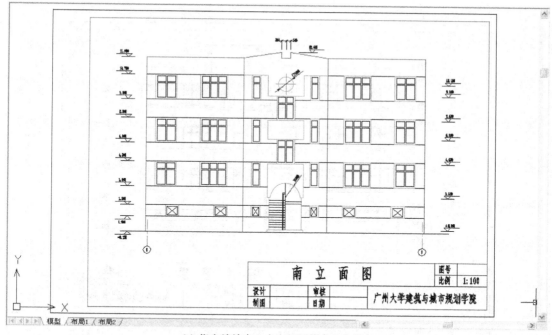

(a) 指定缩放中心点在门洞的中心位置

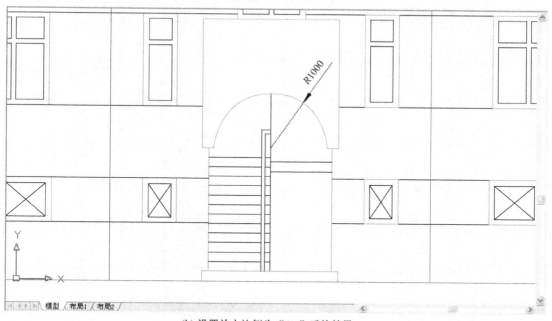

(b) 设置放大比例为"4X"后的效果

图 6-7　使用"中心(C)"选项缩放图形

。

　　【全部缩放】和【范围缩放】的区别就在于前者受预先设置的绘图范围影响,而后者不受此约束。例如将图 6-9a 中的图框和标题栏删掉,再执行【范围缩放】的命令,就会出现如

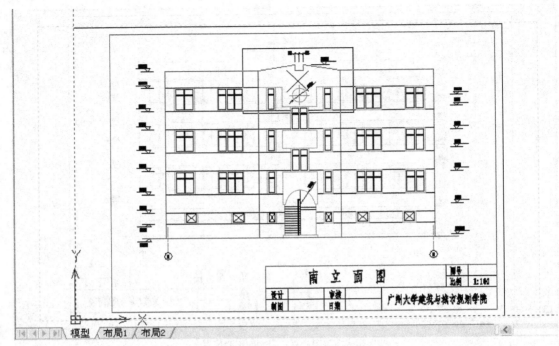

(a) 调整视口的大小和位置

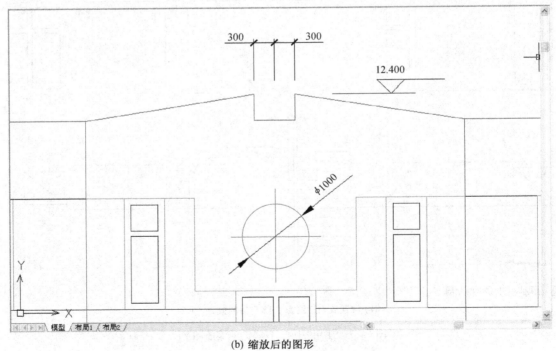

(b) 缩放后的图形

图 6-8　使用"动态(D)"选项缩放图形

图 6-9b 所示的效果。

　　【全部缩放】和【范围缩放】的共同之处是都可将全部图形对象显示在屏幕上,区别在于

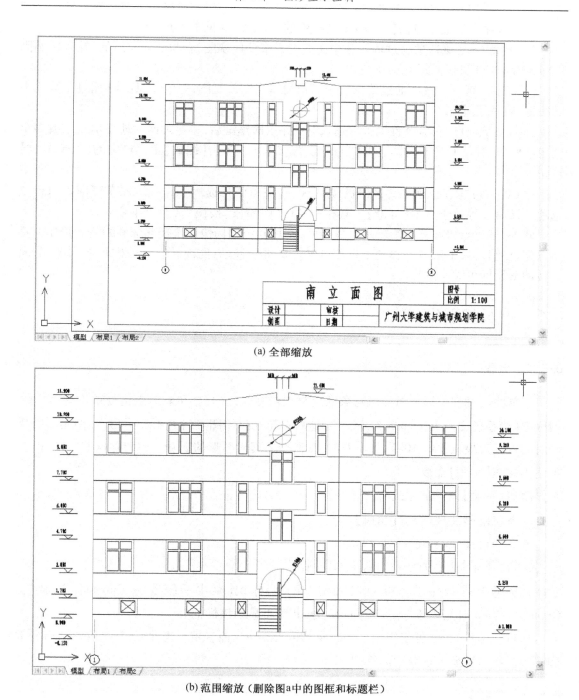

(a) 全部缩放

(b) 范围缩放（删除图 a 中的图框和标题栏）

图 6-9　【全部缩放】与【范围缩放】的对照

范围缩放能在最大范围内显示图形,因此在绘图过程中用得更多的是【范围缩放】。

　　如果当前正进行【实时缩放】和【实时平移】操作,单击鼠标右键,从快捷菜单中选择【范围缩放】(图 6-5),也会将图形文件尽可能大地在屏幕上全部显示出来。

　　(7)上一个(P):在命令行提示下输入"P"并按回车键后,系统将恢复上一次显示的图形视图。该命令等效于点击【标准】工具栏中的按钮 🔍（参见本章 6.4）。

（8）比例（S）：该选项通过输入一个比例因子来缩放视图，它与前面介绍的"输入比例因子（nX 或 nXP）"是等效的。

（9）窗口（W）：该选项通过给出一个矩形窗口来缩放视图，等效于点击【标准】工具栏中的按钮 🔍（参见本章 6.3）。

（10）对象（O）：在命令行提示下输入"O"并按回车键后，将尽可能大地显示一个或多个选定的对象，并使其位于绘图区的中心。该选项等效于点击【缩放】工具栏中的【对象缩放】按钮 🔍。

（11）实时："实时"选项为系统的默认选项，在命令行提示下直接按回车键即可执行该选项。该命令等效于点击【标准】工具栏中的【实时缩放】按钮 🔍（参见本章 6.2）。

此外，当计算机配置有滚轮双键鼠标时，则可利用鼠标快捷实现移屏和缩放的操作。具体操作过程是：按下滚轮并移动鼠标即可对屏幕进行移动；向前转动滚轮即可放大图形；向后转动滚轮即可缩小图形。

6.6 重画与重生成

6.6.1 重画

屏幕绘图过程中用户对图形对象的反复编辑修改，有时会在鼠标点击处留下许多"+"型标记（当系统变量 blipmode 为 on 时），这些标记在打印图形时并不显示出来，但是影响操作时的视觉效果（图 6 - 10a），如不及时清理，会有碍对图形的观看。要清除这些作图标记，可使用视图【重画】命令。

激活【重画】命令的方式有：

● 下拉菜单：【视图】→【重画】。

● 命令行：redraw 或 redrawall。

执行【重画】命令的结果如图 6 - 10b 所示。

在屏幕上是否显示鼠标点击处的"+"型标记，是由系统变量 Blipmode 控制的。Blipmode 为 on 时显示该标记，Blipmode 为 off 时不显示该标记。

执行视图重画时，可使用命令 redraw 或 redrawall。前者重画当前视窗中的视图，后者重画多视窗状态下所有视窗中的视图。

6.6.2 重生成

当计算机硬件配置较低时，为了提高图形对象的显示速度，AutoCAD 采用了虚拟屏幕技术。这种技术下的图形显示精度由系统变量 Viewres 决定。Viewres 的取值范围为 1 ～ 20 000，取值越大，图形显示越精确，但显示时的计算量也越大，处理时间也越长。反之，取值越小，显示计算量越小，显示就越快，越利于复杂对象的快速显示。

如果处理速度过慢,系统就会考虑降低显示精度。这时,AutoCAD 将一些曲线对象近似地用折线来替代表示,如将圆表示为多边形,将弧线表示为折线等(图 6 - 10b),且不同的显示比例又会有不同的视觉效果。需要注意的是,这里是指使用虚拟显示技术来"降低显示精度",加快显示速度,而不是降低图形的绘制精度。如果视图对象过分失真,可用"regen"命令重新生成图形。

【重画】操作往往不能消除上述显示误差。利用【重生成】命令则可以使它们按实际形状显示出来,如图 6 - 10c 所示。

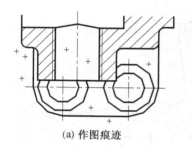
(a) 作图痕迹
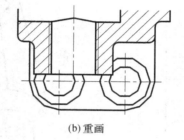
(b) 重画
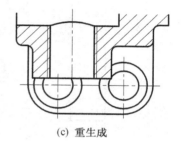
(c) 重生成

图 6 - 10　视图的重画与重生成

激活【重生成】命令的方式有:
- 下拉菜单:【视图】→【重生成】或【全部重生成】。
- 命令行:regen 或 regenall 或 re。

与视图重画一样,图形重生成也可以使用命令"regen"或"regenall"。前者重生成当前视窗中的视图,后者重生成多视窗状态下所有视窗中的视图。

视图重画与图形重生成是不同的概念。视图重画只是简单地清理屏幕,不重新进行视图的显示计算;图形重生成则是重新进行视图显示计算,调用数据库来刷新和重新显示图形,因而需要较多的处理时间。

一些视图缩放命令带有图形重生成功能。当使用 zoom、pan、view 等命令时,系统会同时执行图形重生成。

6.7　实操练习题

6.7.1　问答题

1. 控制屏幕显示缩放的主要方法有哪些?
2. 怎样进行局部缩放?
3. 怎样恢复上一次缩放?
4. 怎样进行实时缩放和实时平移? 怎样退出实时缩放和实时平移? 怎样在实时缩放和实时平移之间快速切换?
5. 什么是透明命令? 其实用意义是什么?

6.7.2 操作题

1. 试应用所学的综合知识,按 1:1 的比例绘制如图 6 – 11 所示的工程图样(要求在作图过程中刻意地应用本章所学的各种图形显示控制命令)。

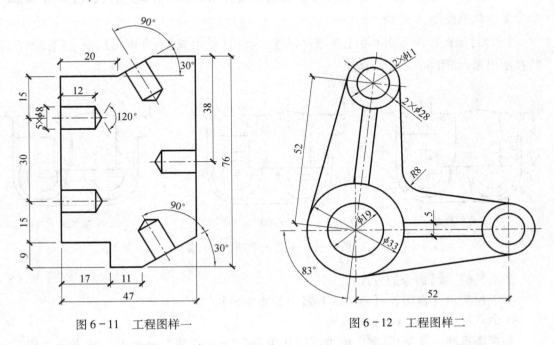

图 6 – 11 工程图样一   图 6 – 12 工程图样二

2. 试综合应用所学的知识,按 1:1 的比例绘制如图 6 – 12 所示的工程图样(要求在作图过程中刻意地应用本章所学的各种图形显示控制命令)。

3. 试利用 AutoCAD 提供的示例图形文件,练习本章所学的各种图形显示控制命令查看其细节。

第7章 图案填充、面域与表格

应用前面讲述的绘图命令和编辑命令,用户可以绘制出一些工程图样,但还不能方便快捷地满足全部专业图的要求。本章介绍【图案填充】,帮助用户将选择的材料图例填充到指定的区域内,以便清晰地表达剖面结构关系和各种工业材质的类型。本章还将介绍如何在 AutoCAD 中将封闭的图形创建为面域,并通过面域的布尔运算生成一些复杂的图形,还可以对面域作进一步的处理,以得到三维实体。用户还可设置、修改表格样式,插入表格,以补充和完善图形中不便于表达出的内容,使图形更清晰、更完整、更专业。

7.1 图案填充

重复绘制某些图案以填充图样中的一些指定区域,从而突显该区域的特征,这种填充操作称为图案填充。图案填充的应用相当广泛。例如,在绘制工程图样时,经常需要在断面区域内绘制构件的材料图例符号(机械图称之为"剖面线")。【图案填充】可以帮助用户将选择的图案填充到指定的封闭区域内。

激活【图案填充】命令的方法有:

- 下拉菜单:【绘图】→【图案填充】。
- 【绘图】工具栏按钮:▨。
- 命令行:bhatch 或 bh 或 hatch。

执行上述命令后,系统会弹出如图 7 - 1 所示的【图案填充和渐变色】对话框。该对话框有【图案填充】、【渐变色】两个选项卡。如果要填充渐变色,则选择【渐变色】选项卡来对渐变色样式及配色进行设置。

7.1.1 图案填充

【图案填充】选项卡是用来设置填充图案的类型、图案、角度、比例等特性。对话框中各功能选项的含义为:

1. 类型和图案

(1)【类型】:单击【类型】下拉列表,有"预定义"、"用户定义"、"自定义"三种图案填充类型。

预定义:AutoCAD 已经定义的填充图案。

用户定义:基于图形的当前线型创建直线图案。

自定义:按照填充图案的定义格式定义自己需要的图案,文件的扩展名为". pat"。

(2)【图案】:单击【图案】下拉列表,罗列了 AutoCAD 已经定义的填充图案的英文名称。对于初学者来说,这些英文名称不易记忆与区别。这时,可以单击后面的▨按钮,系统会弹

图 7-1 【图案填充和渐变色】对话框

出如图 7-2 所示的【填充图案选项板】对话框。对话框将填充图案分成四类,分别列于 4 个选项卡当中。其中,【ANSI】是美国国家标准学会建议使用的填充图案;【ISO】是国际标准化组织建议使用的填充图案;【其他预定义】是世界许多国家通用的或传统的符合多种行业标准的填充图案;【自定义】是由用户自己绘制定义的填充图案。【ANSI】、【ISO】和【其他预定义】三类填充图案,在选择"预定义"类型时才能使用。

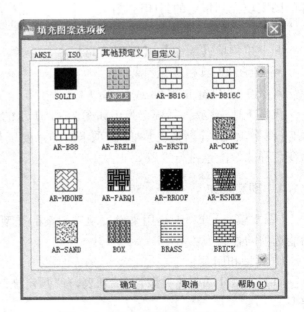

图 7-2 【填充图案选项板】对话框

【样例】:【样例】显示框用来显示选定图案的图样,它呈现图样的预览效果。在显示框中单击一下,也可以调用如图 7-2 所示的【填充图案选项板】对话框。

【自定义】:只有选择"自定义"类型时才能使用,在显示框中显示自定义图案的图样。

2. 角度和比例

(1)【角度】:该选项是用来设置图案的填充角度。在【角度】下拉列表中选择需要的角度或填写任意角度。

（2）【比例】：该选项是用来设置图案的填充比例。在【比例】下拉列表中选择需要的比例或填写任意数值。比例值大于 1，填充的图案将放大，反之则缩小。

（3）【相对图纸空间】：该选项用于相对图纸空间单位缩放填充图案。

（4）【双向】：该选项可以使"用户定义"类型图案由一组平行线变为相互正交的网格。只有选择"用户定义"类型时才能使用该项。

（5）【间距】：在【间距】编辑框中填写用户定义的填充图案中直线之间的距离。只有选择"用户定义"类型时才能使用该项。

（6）【ISO 笔宽】：该选项是基于用户选定的笔宽来缩放 ISO 预定义图案。只有选择"预定义"类型，并且选择 ISO 中的图案时才能使用该项。

3. 图案填充原点

可以设置图案填充原点的位置，因为许多图案填充需要对齐边界上的某一个点。

（1）【使用当前原点】：可以使当前的原点（0,0）作为图案填充原点。

（2）【指定的原点】：可以通过指定点作为图案填充原点。

4. 边界

在边界区域，有【添加：拾取点】、【添加：选择对象】等按钮。

（1）【添加：拾取点】：通过光标在填充区域内任意位置单击，从而令 AutoCAD 系统自动搜索并确定填充边界。方法为单击【添加：拾取点】左侧的 按钮，根据命令行提示在图案填充区域内的任意位置单击来确定填充边界。

（2）【添加：选择对象】：通过拾取框选择对象，并将其作为图案填充的边界。方法为单击【添加：选择对象】左侧的 按钮，根据命令行提示选择对象来确定填充边界。

（3）【删除边界】：该选项可以对封闭边界内检验到的孤岛执行忽略样式。方法为在使用【添加：拾取点】确定填充边界后，单击【删除边界】左侧的 按钮，【边界图案填充】对话框暂时消失，在绘图区域选择孤岛边界，回车后重现【边界图案填充】对话框，然后单击 确定 按钮，则孤岛予以忽略。

（4）【查看选择集】：单击【查看选择集】左侧的 按钮，【图案填充和渐变色】对话框暂时消失，在绘图区域显示已选择的图案填充边界，如果检查所选边界无误，回车后又会出现【图案填充和渐变色】对话框，然后单击 确定 按钮进行图案填充。

5. 选项及其他功能

（1）【继承特性】：单击 按钮，可以将已填充图案的特性赋予指定的边界。单击 按钮，用户可以在已填充的图案中单击，再单击需要填充的边界即可实现特性继承。

（2）【绘图顺序】：绘图顺序是指在绘图时，重叠对象都以它们的创建顺序显示，即新创建的对象在已创建对象之前。该选框可以更改填充图案的显示和打印顺序。如果将图案填充"置于边界之后"，可以更容易地选择图案填充边界。

【注释性】是将图案定义为可注释性对象；【关联】就是修改其边界时，填充的图案随之更新，否则填充图案相对边界是独立的；【创建独立的图案填充】所创建的图案填充是独立的。

（3） 预览 按钮：单击 预览 按钮，【图案填充和渐变色】对话框暂时消失，在绘图区域可以对图案填充效果进行预览，如果不满意可以使用光标单击填充图案或按 Esc 键返回到【图案填充和渐变色】对话框进行修改。

在进行图案填充、拾取点的确定、填充区域时要注意两个问题,一是边界图形必须封闭,若不封闭 AutoCAD 会给出如图 7-3 所示的提示;二是边界不能够重复选择,若重复选择 AutoCAD 会给出如图 7-4 所示的提示。当填充区域不封闭的时候,可以先做辅助线把区域封闭起来,待填充完毕后,删除辅助线即可。

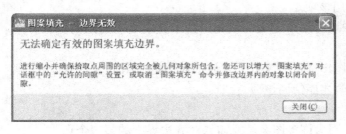

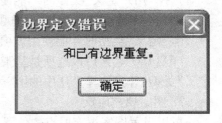

图 7-3 【图案填充-边界无效】警告框　　　　图 7-4 【边界定义错误】警告框

单击【图案填充和渐变色】对话框右下角的"更多选项"按钮，可以展开对话框,在【允许的间隙】文本框中(图 7-7)用户可以在此输入一个数值,如果未封闭区域的间隙小于该数值,系统可以认为它是封闭的,仍然可以进行图案填充。

用户可以通过选择对象的方法选择填充区域(使用选择对象按钮)。图 7-5 显示了两者的区别。

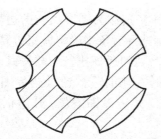

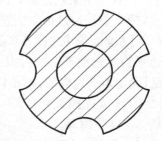

(a)在内外图形之间选择"拾取点"　　　(b)使用选择对象按钮选择外围边界

图 7-5 拾取点和选择对象的区别

7.1.2 复杂填充

进行图案填充时,如果遇到较大的填充区域内包含有一个或者多个较小的封闭区域,这些区域被称为"岛",AutoCAD 提供了岛解决方案,使用户可以自己决定哪些岛要填充,哪些岛不要填充。

1. 删除边界

例如要完成如图 7-6 所示的图案填

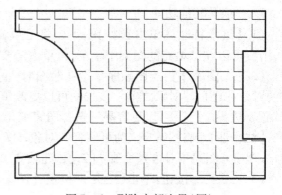

图 7-6 删除内部边界(圆)

充,就要忽略外形轮廓内部的小圆形"岛"(即边界),该操作过程如下。

```
命令:_ bhatch
拾取内部点或[选择对象(S)/删除边界(B)]:正在选择所有对象…      //在小圆和复合边界之间
单击鼠标
正在选择所有可见对象…
正在分析所选数据…
正在分析内部孤岛…
拾取内部点或[选择对象(S)/删除边界(B)]:B                    //选择"删除边界"的操作
选择对象或[添加边界(A)]:                                  //点击小圆圆周
选择对象或[添加边界(A)/放弃(U)]:
拾取或按 Esc 键返回到对话框或⟨单击右键接受图案填充⟩:        //预览、回车、结束
```

2. 孤岛检测

单击【图案填充和渐变色】对话框右下角"更多选项"按钮 ⟩,可以展开如图 7－7 所示的对话框。其中有孤岛检测选项,这里 AutoCAD 提供了处理多重区域剖面线常用到的 3 种选项。系统缺省的设置为【普通】。

图 7－7　展开的【图案填充和渐变色】对话框

在孤岛检测中,有"普通"、"外部"、"忽略"3 种显示样式。图 7－8 形象地表达了这三种设置的区别。这三种显示样式的具体表述为:

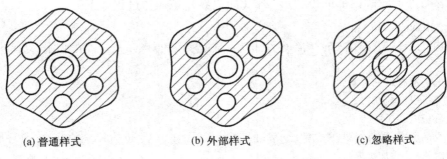

(a) 普通样式   (b) 外部样式   (c) 忽略样式

图 7 - 8   三种孤岛填充样式的区别

【普通】:该选项是从外部边界向内填充图案,如果碰到岛边界,填充断开,直到再碰到内部的另一个岛边界为止,又开始填充。对于嵌套的岛,采用填充与不填充的方式交替进行。

【外部】:该选项仅填充最外层的区域,而内部的所有岛都不填充。

【忽略】:该选项忽略内部所有的岛。

只有了解了它们之间的区别,才能在图案填充过程中根据具体情况进行有效的设置。

需要说明的是,以普通样式填充时,如果填充区域内有文字、尺寸标注一类的特殊对象,且在选择填充边界时也选择了它们,则在填充时,图案在这类对象处会自动断开,使得这些对象更加清晰,如图 7 - 9b 所示。显然,这一特性正好符合我国的制图标准。

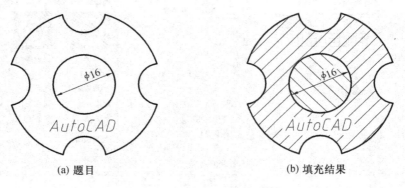

(a) 题目   (b) 填充结果

图 7 - 9   包含特殊对象的填充

3. 使用【选项】

在【图案填充和渐变色】对话框中有一个【选项】区,如图 7 - 7 所示,用于控制填充图案和填充边界的关系以及多区域填充是否独立。

如果选择【关联】,当填充区域被修改时,填充图案也会随着填充边界的变化而自动更新(图 7 - 10b 是在关联状态下,用夹点编辑拉伸图 7 - 10a 中上顶点的结果);如果不选择【关联】,当填充区域被修改时,填充图案不会发生变化(图 7 - 10c 是在不关联状态下,用夹点编辑拉伸图 7 - 10a 中上顶点的结果)。

当一次填充多个区域时,系统认定它们是一个整体。而选择【创建独立的图案填充】选项,可以使每个填充图案相对独立。它们可用于单独选择,也不随边界的修改更新图案的填充。

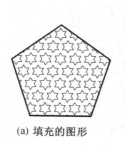

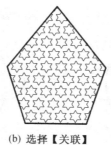

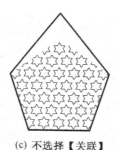

(a) 填充的图形　　　　　(b) 选择【关联】　　　　　(c) 不选择【关联】

图 7-10 【关联】的使用

*7.2 面域

面域是一种具有封闭边界的平面区域。面域总是以线框的形式显示,所以从外观来看,面域和一般的封闭线框没有区别,但从本质上看,面域是一种面对象,除了包括封闭线框外,还包括封闭线框内的平面,所以可以对面域进行交、并、差的布尔运算。

AutoCAD 可以将封闭的线框转换为面域。这些封闭的线框可以是圆、椭圆、封闭的二维多段线或封闭的样条曲线等单个对象,也可以是由圆弧、直线、二维多段线、椭圆弧、样条曲线等对象构成的复合封闭对象。

在创建面域时,如果将系统变量 Delobj 的值设置为 1,在完成面域后,系统会自动删除封闭线框;如果将其值设置为 0,在完成面域后,系统则不会删除封闭线框。

激活【面域】命令的常用方法有:

- 下拉菜单:【绘图】→【面域】。
- 【绘图】工具栏或功能区面板按钮: 。
- 命令行:region。

执行该命令后,系统提示选择对象,然后将所选对象转换成面域。如果所选对象不是封闭的区域,系统会在命令行提示"已创建 0 个面域",即没有创建面域。

面域是一个平面整体,可以对其进行复制、旋转、移动、阵列等操作。如果要将其转换成线框图,可通过分解工具 将其分解即可。

另外,用户还可以对面域进行"并集""差集""交集"等布尔运算。

7.2.1 面域的布尔运算

布尔运算是数学中的一种逻辑运算,可以对实体和共面的面域进行剪切、添加以及获取交叉部分等操作,而对于普通的线框和未形成面域的复合线的线框,则无法执行布尔运算。

1. 面域求和

利用【并集】工具可以合并两个面域,即创建两个面域的和集。打开并单击【实体编辑】工具栏中的【并集】按钮 ,按住 Ctrl 键依次选取要进行合并的面域对象,右击或按 Enter 键即可将多个面域对象并为一个面域,如图 7-11 所示。

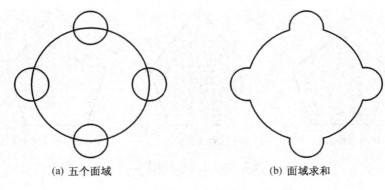

(a) 五个面域　　　　　　　　　　　(b) 面域求和

图 7 - 11　面域求和

2. 面域求差

利用【差集】工具可以将一个面域从另一个面域中去除，即两个面域的求差。单击【实体编辑】工具栏中的【差集】按钮⚬，先选取被切除的面域，然后点击并选取要去除的面域，右击或按 Enter 键，即可执行面域求差操作，如图 7 - 12 所示。

3. 面域求交

单击【实体编辑】工具栏中的【交集】按钮⚬实现面域求交，利用此工具可以获取两个面域之间的公共部分面域，即交叉部分面域。依次选取两个相交面域，并右击鼠标即可，如图 7 - 13 所示。

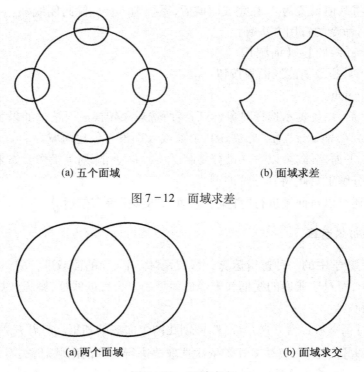

(a) 五个面域　　　　　　　　　　　(b) 面域求差

图 7 - 12　面域求差

(a) 两个面域　　　　　　　　　　　(b) 面域求交

图 7 - 13　面域求交

7.2.2　面域在工程图样中的应用

例 7 - 1　试运用【面域】和布尔运算等知识,按 1:1 的比例绘制如图 7 - 14d 所示的地漏图形。

绘图步骤:

(1)画中心线,并捕捉其交点为圆心,画直径为 100 mm 的圆;然后画一个 5 mm × 120 mm 的矩形,将矩形的中心与圆心对齐(图 7 - 14a)。

(2)将所画 5 mm × 120 mm 的矩形分两次进行矩形阵列(一次向左,一次向右),设置阵列间距为 10 mm,阵列结果如图 7 - 14b 所示。

(3)将圆和所有矩形创建为 10 个面域,然后通过下拉菜单【修改】→【实体编辑】→【差集】,对面域进行【差集】运算。运算时选择圆作为要从中减去的面域,选择 9 个矩形作为要减去的面域,得到如图 7 - 14c 所示的图形。

(4)将布尔运算后的面域图形(除中心线以外)旋转 -45°,完成作图(图 7 - 14d)。

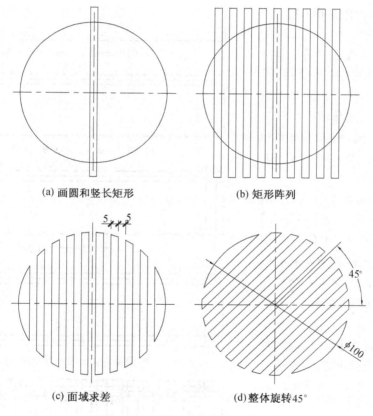

(a) 画圆和竖长矩形　　　　　　　(b) 矩形阵列

(c) 面域求差　　　　　　　(d) 整体旋转45°

图 7 - 14　面域在地漏绘制中的应用

例 7 - 2　试利用【面域】和布尔运算等知识,按 1:1 的比例绘制如图 7 - 15 所示的电子器件图形。

绘图步骤:

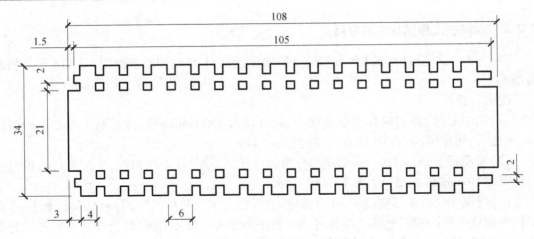

图 7－15　面域在电气图形绘制中的应用

（1）利用【矩形】命令，绘制 108 mm × 21 mm 的矩形（图 7－16a）；

（2）激活【矩形】命令，单击【对象捕捉】工具栏中的【捕捉自】按钮，将图 7－16a 中的点 A 作为偏移基点，输入偏移值@1.5,2；再用相对坐标方式，输入对角坐标@105,2，绘制出 105 mm × 2 mm 的矩形（图 7－16b）；

（3）激活【矩形】命令，单击【对象捕捉】工具栏中的【捕捉自】按钮，将图 7－16a 中的点 A 作为偏移基点，输入偏移值@3,6.5；再用相对坐标方式，输入对角坐标@4,－34，绘制出 4 mm × 34 mm 的矩形（图 7－16c）；

（4）激活【镜像】命令，以大矩形左右两侧中点的连线作为镜像线，镜像出第二个 105 mm × 2 mm 的矩形（图 7－16d）；

（5）激活【阵列】命令，选择 1 行 17 列的矩形阵列方式，输入列间距 6，选择左侧 4 mm × 34 mm 的矩形作为阵列对象，阵列结果如图 7－16e 所示。

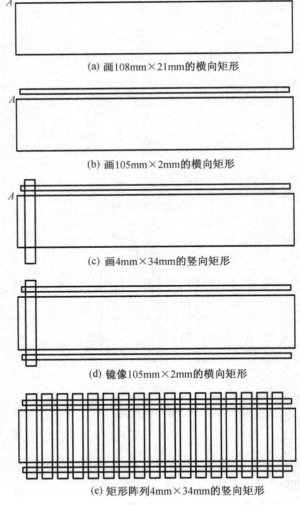

(a) 画108mm×21mm的横向矩形

(b) 画105mm×2mm的横向矩形

(c) 画4mm×34mm的竖向矩形

(d) 镜像105mm×2mm的横向矩形

(e) 矩形阵列4mm×34mm的竖向矩形

图 7－16　电气图形的绘制步骤

（6）激活【面域】命令,在绘图区中框选全部图形,单击鼠标右键,此时系统提示已创建了 20 个面域。

（7）单击【实体编辑】工具栏中的【并集】按钮 ◎,然后在绘图区中框选全部面域,单击鼠标右键,此时系统将 20 个面域合并成一个面域,如图 7 – 15 所示。

*7.3　插入表格

在产品设计过程中,表格主要用来展示与图形相关的标准、数据、材料和装配等信息内容,根据不同类型的工程图样(如机械图、建筑图、电路图等),其对应的制图标准也不相同,这就需要设计符合产品要求的表格样式,并利用表格功能快速、清晰、方便地反映出设计思想及创意。

早期的 AutoCAD 版本中,没有提供专门绘制及编辑表格的功能,需要设计人员用【直线】命令绘制表格,然后再对每个单元格进行文字输入。且表格一旦画好,编辑和修改也很麻烦。为此,AutoCAD 2005 以后的版本增加了创建表格的功能,用户可以使用【插入表格】对话框方便地创建表格、向表中添加文字或块、添加单元以及调整表格的大小,还可以修改单元内容的特性,例如类型、样式和对齐等。

利用 AutoCAD 2010 可以创建表格,可以从 Microsoft Excel 中直接复制表格,并将其作为 AutoCAD 对象粘贴到图形中,也可以从外部直接导入表格对象,还可以输出表格数据。

7.3.1　创建新的表格样式

表格样式控制表格的外观,用于保证标准字体、颜色、文本、高度和行距。可以使用默认的表格样式,也可以根据需要自定义表格样式。

激活【表格样式】的基本方法有:
- 下拉菜单:【格式】→【表格样式】。
- 命令行:tablestyle,打开【表格样式】对话框(图 7 – 17)。

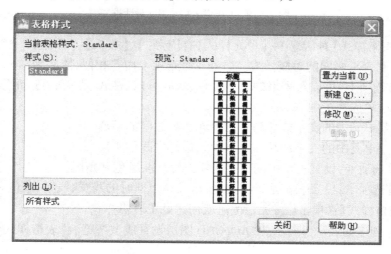

图 7 – 17　【表格样式】对话框

【表格样式】对话框的【样式】显示框中显示所有可选的样式,在【预览】显示框中显示选中样式的预览效果。使用右侧的编辑按钮,可以将所选表格样式置为"当前样式"或者"新建表格样式",或者对已有样式进行"修改"和"删除"。

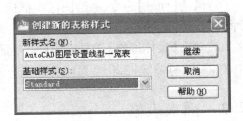

图 7-18 【创建新的表格样式】对话框

单击 新建(N)... 按钮,弹出【创建新的表格样式】对话框,如图 7-18 所示,在【新样式名】处输入新的表格样式名称,选好基础样式,单击 继续 按钮,弹出【新建表格样式】对话框,如图 7-19 所示。

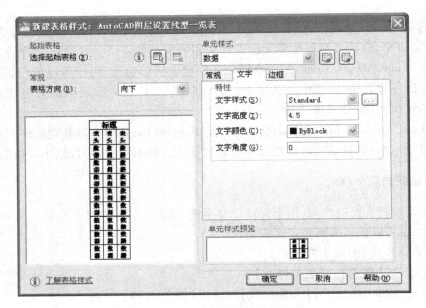

图 7-19 【新建表格样式】对话框

在【新建表格样式】对话框中,【单元样式】有【标题】、【表头】、【数据】3 个选项,可以设置表格中数据和表头标题的对应样式。另外 3 个选项卡内容相似,依次为:

●【常规】选项卡:可以对表格的填充颜色、对齐方向、格式、类型、页边距等特性进行设置。对齐方式通常选择正中。

水平:设置单元中的文字或块与左右单元边界之间的距离。

垂直:设置单元中的文字或块与上下单元边界之间的距离。

●【文字】选项卡:设置表格中的文字的样式、高度、颜色和角度。

●【边框】选项卡:设置表格是否有边框,以及有边框时的线宽、线型、颜色和间距等。

设置好表格样式后,单击 确定 按钮就创建好了表格样式。

例 7-3 创建如表 7-1 所示的"AutoCAD 图层设置线型一览表"表格样式。

绘图步骤:

(1)选择下拉菜单【格式】→【表格样式】,单击 新建(N)... 按钮;出现【创建新的表格样式】

表 7-1　AutoCAD **图层设置线型一览表**

AutoCAD图层设置线型一览表				
图层名称	颜色	线型	线宽 (mm)	显示
粗实线	白	实线	0.5	是
细实线	黄	实线	0.09	是
中心线	红	点画线	0.09	是
尺寸	蓝	实线	0.09	是
文字	洋红	实线	0.09	是

对话框,在【新样式名】处输入"AutoCAD 图层设置线型一览表",如图 7-18 所示,然后单击 继续 按钮;弹出【新建表格样式:AutoCAD 图层设置线型一览表】对话框,如图 7-19 所示。

(2)在【新建表格样式:AutoCAD 图层设置线型一览表】对话框中,【表格方向】选区选择"向下",则令表格由上到下排列。

在【单元样式】选区,用户可以分别设置【标题】、【表头】、【数据】选项的特性。

在【标题】选项卡中,【常规】默认,【文字】将字高设为 6,【边框】线宽和线型选择随层(实际工程制图的标题文字字高可设置为 600,这是由于专业图多采用 1:1 的比例绘制,而采用 1:100 的比例出图,这样 600 的字高出图后就是 6 mm 高了。"表头"和"数据"的字高设置与此相同)。

在【表头】选项卡中,【常规】默认,【文字】将字高设为 4.5,【边框】线宽和线型选择随层。

在【数据】选项卡中,【常规】默认,【文字】将字高设为 4.5,【边框】线宽和线型选择随层。

(3)单击 确定 按钮,退出【新建表格样式】对话框,这时在【表格样式】对话框中的样式列表中已经出现了新建立的"AutoCAD 图层设置线型一览表"样式,选择该样式,并将其置为当前,然后单击 关闭 按钮,关闭【表格样式】对话框。

7.3.2　编辑表格样式

当单击图 7-17【表格样式】对话框的 修改(M)... 按钮时,系统会弹出如图 7-20 所示的【修改表格样式:AutoCAD 图层设置线型一览表】对话框。单击【数据】选项卡,根据卡中的选项内容对数据单元格进行设置。

可以在修改表格样式对话框中,对表格样式进行修改设置。

如果单击图 7-17 中的 删除(D) 按钮,可以删除选定的表格样式。

7.3.3　插入表格

执行插入表格的方法:

● 下拉菜单:【绘图】→【表格】。

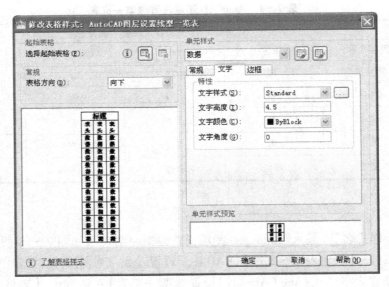

图 7-20 【修改表格样式】对话框

- 【绘图】工具栏或功能区面板按钮：▦。
- 命令行：table。

执行上述命令后,系统会弹出如图 7-21 所示的【插入表格】对话框。

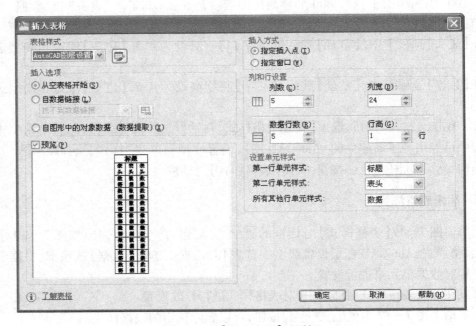

图 7-21 【插入表格】对话框

在【表格样式】选区,单击下拉列表,列表中提供了所有的表格样式,同时,在该选区的显示框中可以看到当前表格样式的图样。

在【插入选项】选区,选择"从空表格开始"可以创建一个空的表格;选择"自数据链接"可以从外部导入数据来创建表格;选择"自图形中的对象数据"选项,可以从可输出的表格或外部文件的图形中提取数据来创建表格。

在【插入方式】选区,选【指定插入点】按钮可以在绘图窗口中的某点插入固定大小的表格;选择【指定窗口】按钮可以在绘图窗口中通过拖动表格边框来创建任意大小的表格。

在【列和行设置】选项中,可以改变列数、列宽、行数、行高等(这里要提醒用户特别注意的是,数据行高的待输入单位是"行",而不是传统意义上的长度单位,通常输入"1"即可)。

设置好插入表格对话框后单击 确定 按钮,即可按照选定插入方式插入表格。

图 7-22　表格右键快捷菜单

7.3.4　修改、编辑表格

1. 编辑表格

插入表格之后,还可以对其进行修改和编辑。选中整个表格或某个表格单元单击鼠标右键,出现如图 7-22 所示的快捷菜单,可对表格进行剪切、复制、平移、缩放、粘贴等简单操作。

选中表格的任意一条边框线单击,则整个表格线条亮显,在表格的四周、标题行上将出现许多夹点,可以拖动这些夹点来编辑表格的总长、总宽、总高、列宽等。如果将光标停留在某个夹点上少许时间,系统还会显示该夹点的含义,以便执行操作,如图 7-23 所示。

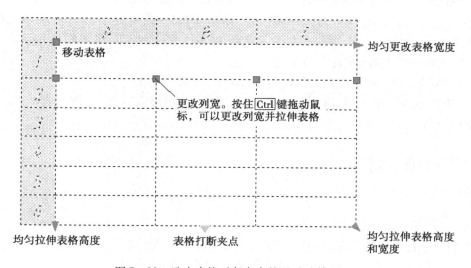

图 7-23　选中表格时各夹点的显示及其含义

值得一提的是,表格底部中间的三角夹点"表格打断夹点"可以将包含大量数据的表格打断成主要或次要的表格片断,可以使表格覆盖图形中的多列或操作已创建不同的表格部分。

2. 编辑表格单元

在表格中任意单元格内单击鼠标左键,系统会出现如图 7-24 所示的【表格】工具栏,可以对表格进行诸如插入(删除)行、插入(删除)列、合并(取消)单元、背景填充、单元边框特性、对齐、锁定表格、数据格式、插入块(字段或公式)等一系列编辑。

图 7-24 【表格】工具栏

如果在任意单元格内双击鼠标左键,则出现如图7-25所示的【文字格式】对话框,可以对表格里面的文字等内容进行编辑。

图 7-25 【文字格式】对话框

注意:要选择多个连续的单元,可以按住鼠标左键在欲选择的单元上拖动,也可以按住 Shift 键并在欲选择的单元内点击鼠标左键,从而同时选中两个单元以及它们之间的所有单元。

例 7-4 在任一工程图样中,插入表7-1所示的 AutoCAD 图层设置线型一览表。

操作步骤如下:

(1)单击下拉菜单【绘图】→【表格】或者【绘图】工具栏按钮■来启动【插入表格】对话框。

(2)在【插入表格】对话框中,插入选项"从空表格开始",插入方式选择"指定插入点",5 列、列宽 24mm,5 行、行高 1 行,其余默认("标题"的文字高度为 6,"表头"和"数据"的文字高度为 4.5),如图 7-21 所示。设置完成后,单击 确定 按钮,在屏幕上指定插入位置,屏幕上就出现一个表格,如表 7-1 所示。

(3)必要时,可利用夹点调整编辑列宽(本例无该步操作)。

(4)依次双击各单元格,输入对应的标题、表头、数据等内容,即完成如表 7-1 所示的表格创建与插入。

7.4 实操练习题

7.4.1 问答题

1. 如何进行图案的填充? 使用图案填充的方法有哪些?

2. 如何创建面域? 面域可以简单地理解为封闭的平面图形吗?

3. 如何设置及插入表格?

4. 表格对象与一般图线绘制的表格有哪些不同?

7.4.2 操作题

1. 试应用本章所学的图案填充知识,按 1:1 的比例绘制如图 7-26 所示的条形基础详图。

2. 试应用本章所学的面域知识,按 1:1 的比例绘制如图 7-27 所示的平面图形。

3. 试应用本章所学的表格知识,绘制编辑如表 7-2 所示的门窗统计表。

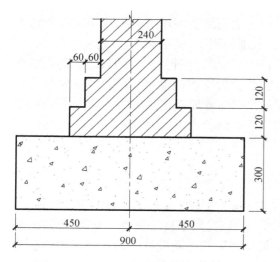

图 7-26 图案填充的应用作图

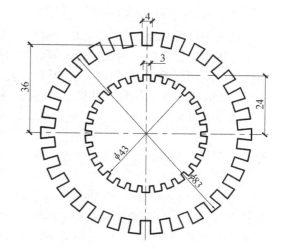

图 7-27 面域的应用作图

表 7-2 门窗统计表

门窗统计表		
编号	门窗洞尺寸	数量
M1	900 × 2 100	4
M2	800 × 2 100	2
C1	1 500 × 2 700	3
C2	2 400 × 2 700	2
CM1	4 500 × 2 700	1
CM2	4 700 × 2 100	1

第8章　图层与对象特性

按照制图国家标准的规定,工程图样中不同用途的图线需要用不同的线型和线宽来表示。在使用计算机绘图时,要想得到符合标准的、清晰的图形,就必须对图线的颜色、线型、线宽等属性进行设置。为此,AutoCAD 向用户提供了"图层"这种强有力的管理工具。本章向读者介绍图层的设置,如建立新图层、设置当前层、设置图层的颜色、线型、线宽以及是否关闭、是否冻结、是否锁定某些图层等;介绍图层的组织与管理,如图层的切换、重命名、删除以及图层的显示控制等,以便于用户高效地统筹图形对象。

8.1　图层及其特性的设置

图层就像是叠放在一起的多层透明胶片,每张"胶片"上可绘制不同的对象,AutoCAD 称之为"图层"。如果要使某图层上的对象不显示、不被选择、不被编辑或不打印,可根据需要将该图层关闭、冻结、锁定或设为不打印,这就像从多层的透明胶片中抽掉受保护的胶片一样。可见,图层是组织和管理图形对象的有效手段,也是提高绘图效率和绘图质量的基本保证。AutoCAD 中图层的数量没有限制,但为了简便起见,工程绘图中的图层数量不宜过多。

一幅完整的工程图样由若干个图层完全对齐、重叠在一起形成。例如,绘制建筑平面图时,可以把轴线、墙体、门窗、文字与尺寸标注分别画在不同的图层上,如果要修改墙体的线宽,只要修改墙体所在图层的线宽即可,而不必逐一地修改每一道墙体。同时,还可以关闭、解冻或锁定某一图层,使得该图层不在屏幕上显示或不能对其进行修改。

AutoCAD 2010 中的所有图形对象都具有图层、颜色、线型和线宽 4 个基本属性。用户可以使用不同的图层、不同的颜色、不同的线型和线宽绘制不同的对象,这样就可以方便地控制对象的显示和编辑,从而提高绘制复杂图形的效率和准确性。

为了便于识别和控制图层,可根据需要为每一个图层对象设置不同的颜色、线型、线宽、打印样式,控制其是否打印,以及用文字来描述图层的含义,这些被称为图层特性。图层特性可使用系统默认值,也可以单独地为每一个图层指定特性。同时,图层上的对象可以服从层特性(称为随层,ByLayer),也可以服从图块特性(称为随块,ByBlock),还可以在这些特性以外另行指定对象特性,如颜色、线型、线宽等。

图层具有以下一些特性:

- 层名:每一个图层都有自己的名字,以便查找。
- 颜色、线型、线宽:每个图层都可以设置自己的颜色、线型、线宽。
- 图层的状态:可以对每个图层进行打开和关闭、冻结和解冻、锁定和解锁的操作。

8.2　创建和设置图层

创建和设置图层都可以在【图层特性管理器】对话框中完成,【图层特性管理器】对话框还可以完成许多图层管理工作,如删除图层、设置当前图层、设置图层的特性及控制图层的状态,还可以通过创建过滤器,将图层按名称或特性进行排序,也可以手动将图层组织为图层组,然后控制整个图层组的可见性。

启动【图层特性管理器】对话框的方法有:

- 下拉菜单:【格式】→【图层】。
- 【图层】工具栏或功能区面板按钮:📚。
- 命令行:layer。

执行上述命令后,屏幕弹出如图 8-1 所示【图层特性管理器】对话框。在该对话框中有两个显示窗格:左边为树状图,用来显示图形中图层和过滤器的层次结构列表;右边为列表图,显示图层和图层过滤器及其特性和说明。如果在树状图中选定了某一个图层过滤器,则列表图仅显示该图层过滤器中的图层。

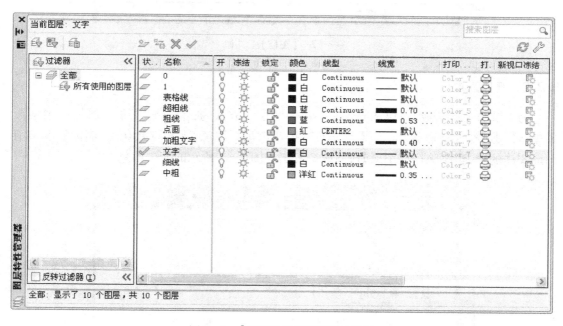

图 8-1　【图层特性管理器】对话框

8.2.1　新建图层

在默认情况下 AutoCAD 只能自动创建一个图层,即图层 0。如果用户要使用图层来管理自己的图形,就必须先创建新图层。

单击【图层特性管理器】对话框中的 📚 按钮,在列表图中"0 图层"的下面会显示一个新图层。在【名称】栏填写新图层的名称,图层名可以使用包括字母、数字、空格以及 Microsoft

Windows 和 AutoCAD 未作它用的特殊字符命名。图层名应便于查找和记忆。填好名称后回车或直接关闭对话框即可。

如果对图层名不满意,还可以重新命名,方法是:

单击【图层特性管理器】中该图层的层名,此时的层名会亮显。然后再单击层名(或使用 F2 快捷键)使之处于编辑状态,重新填写层名即可。

在【名称】栏的前面是【状态】栏,用不同的图标来显示每个图层的状态类型,如图层过滤器、所用图层、空图层或当前图层,其中 ✔ 图标表示当前图层。

要新建一个图层与已有图层的特性相同或相近时,可以使用"与指定图层相同的特性创建新图层"的方法。方法为:先单击指定的图层,该图层会亮显,然后单击 ➤ 按钮,新建的图层将具有与指定图层相同的特性。

"0 图层"是系统默认的图层,不能对其重新命名。同时,也不能对依赖外部参照的图层重新命名。

为了便于对图层进行管理,常在任意工具栏上单击右键,选中图层,则打开了【图层】工具栏,如图 8-2 所示。

图 8-2 【图层】工具栏

8.2.2 删除图层

为了节省系统资源,可以删除多余不用的图层。方法为:单击不用的一个或多个图层,再单击【图层特性管理器】对话框上方的 ✖ 按钮即可。注意,不能删除 0 层、当前层和含有图形实体的层,当删除这些图层时,系统会发出如图 8-3 所示的警告信息。

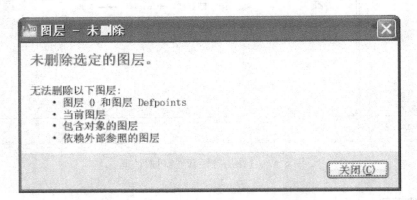

图 8-3 【图层-未删除】警告框

8.2.3 设置当前图层

所有的 AutoCAD 绘图工作只能在当前层进行。如当需要画粗实线时,必须先将"粗实线"图层设为当前层。设置当前图层的方法有:

●在【图层特性管理器】对话框的列表图区单击某一图层,再单击右键选择快捷菜单中的【置为当前】选项;【图层特性管理器】对话框中【当前图层:】的显示框中显示该图层名,其状态栏中呈现当前层图标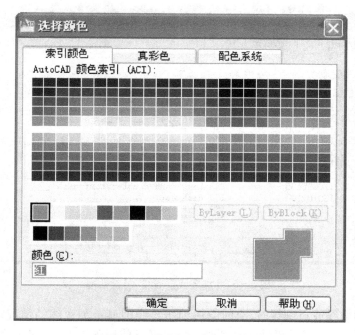。

●在【图层特性管理器】对话框的列表图区双击某一图层,其状态栏中呈现当前层图标。

●在绘图区域选择某一图形对象,然后单击【图层】工具栏按钮,系统则会将该图形对象所在的图层设为当前图层。

●单击【图层】工具栏中图层列表框的按钮,选择列表中一图层单击将其置为当前图层。

●单击【图层】工具栏中的按钮,可以将上一个当前层恢复到当前图层。

已经冻结的图层不能置为当前层。

8.2.4　设置图层的颜色、线型和线宽

用户在创建新图层后,应对每个图层设置相应的颜色、线型和线宽。

1. 设置图层的颜色

单击某一图层列表的【颜色】栏,会弹出如图 8-4 所示的【选择颜色】对话框,选择一种颜色,然后单击　确定　按钮。

图 8-4　【选择颜色】对话框

2. 设置图层的线型

要对某个图层进行线型设置,则单击该图层的【线型】栏,会弹出如图 8-5 所示的【选择线型】对话框。默认情况下,系统只给出连续实线(continuous)这一种线型。如果需要其

149

他线型,可以单击 加载(L)... 按钮,弹出如图 8-6 所示的【加载或重载线型】对话框,从中选择需要的线型,然后单击 确定 按钮返回【选择线型】对话框,此时所选线型已经显示在【已加载的线型】列表中。然后选中该线型再单击 确定 按钮即可。

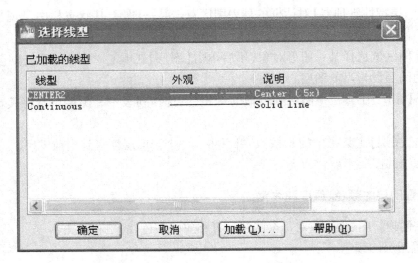

图 8-5 【选择线型】对话框

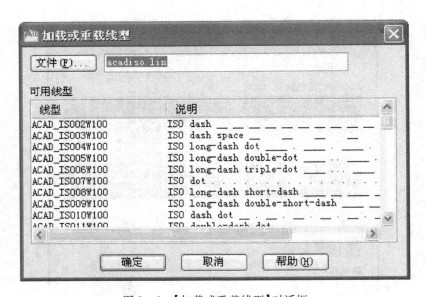

图 8-6 【加载或重载线型】对话框

用户在绘制虚线或点画线时,有时会遇到所绘线型显示为实线的情况。这是由于该线型的显示比例因子设置不合理所致。为此,用户可以使用如图 8-7 所示的【线型管理器】对话框对其进行调整。

调用【线型管理器】对话框的方法有:
- 下拉菜单:【格式】→【线型】。
- 命令行:linetype。

● 在【对象特性】工具栏的【线型控制】下拉列表中选择"其他"。

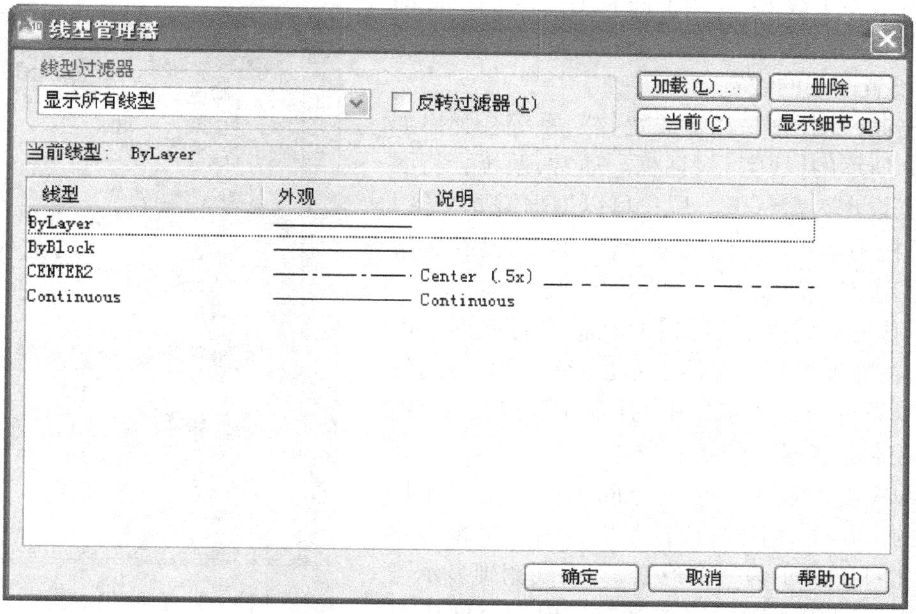

图 8-7　【线型管理器】对话框

在【线型管理器】对话框选中需要调整的线型,点击 显示细节(D) 按钮,在下方的【详细信息】选区会显示线型的名称和线型样式。其中【全局比例因子】和【当前对象缩放比例】编辑框中显示的是系统当前的设置值,用户可以对其进行修改。【全局比例因子】适用于显示所有线型的全局缩放比例因子;【当前对象缩放比例】适用于新建的线型,其最终的缩放比例是全局缩放比例因子与该对象缩放比例因子的乘积。当【全局比例因子】均取 1,【当前对象缩放比例】分别取 1、2、3,利用 Hidden2(虚线)线型绘制矩形线框时,用户会发现它们之间的显示效果是不同的,如图 8-8 所示。

(a) 当前对象缩放比例 =1　　(b) 当前对象缩放比例 =2　　(c) 当前对象缩放比例 =3

图 8-8　比例因子对线型显示效果的影响

在【线型管理器】对话框的右上角还有 4 个功能按钮,其作用分别为: 加载(L)... 按钮与【选择线型】对话框中的相应按钮功能相同; 删除 按钮可以删除指定的线型; 当前(C) 按钮可以将指定的线型置为当前线型; 显示细节(D) 按钮可以将【将线型的详细信息】选区内容显示出来。

如果只改变线型的全局比例因子,也可以在命令行中直接输入 Ltscale 命令,在提示下,输入数据作为比例因子。

修改虚线或点画线的比例,还可以用夹点先选择所需要修改的图线,然后点击【标准工具栏】中的【特性】按钮，打开【特性】对话框（图8-9），在【线型比例】选框中直接修改即可。

3. 设置图层的线宽

单击某一图层列表的【线宽】栏，系统会弹出如图8-10所示的【线宽】对话框。通常，系统会将图层的线宽设定为默认值。用户可以根据需要在【线宽】对话框中选择合适的线宽，然后单击 确定 按钮完成图层线宽的设置。

利用【图层特性管理器】对话框设置好图层的线宽后，在屏幕上不一定能显示出该图层图线的线宽。可以通过按下状态栏中的【显示隐藏线宽】按钮 来控制是否显示图线的线宽。

图线宽度的显示在模型空间和图纸空间布局是不同的。在模型空间，线宽是以像素宽度来显示的，0值的线宽显示为一个像素，其他线宽则显示与其真实单位值成比例的像素宽度。模型空间中显示的线宽不随缩放比例而变化，不论将图形放大或缩小，其线宽的显示是相同的。在图纸空间布局中，线宽是以实际单位显示的，并且随缩放比例而变化。

要想使对象的线宽在模型空间显示得更大些或更小些，用户还可以通过如图8-11所示的【线宽设置】对话框调整其显示比例。应注意的是，显示比例的修改并不影响线宽的打印值。调用【线宽设置】对话框的方法有：

• 下拉菜单：【格式】→【线宽】。

• 命令行：lweight。

拖动【线宽设置】对话框中【调整显示比例】的滑块，然后单击 确定 按钮，可以改变模型空间线宽的显示大小。在【列出单位】选区，通常选择"毫米"作为显示单位。【显示线宽】单选框与状态栏中的 按钮功能相同。

调用【线宽设置】对话框，也可以利用下拉菜单【工具】→【选项】→【用户系统配置】选项卡，单击 线宽设置(L)... 按钮。

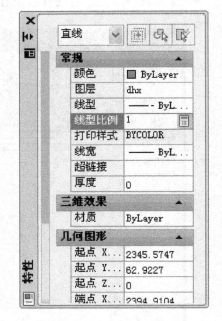

图8-9 【特性】对话框

图8-10 【线宽】对话框

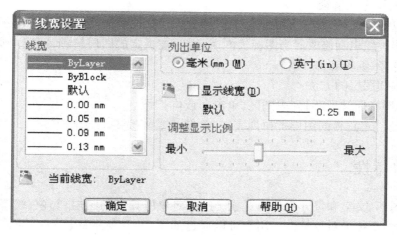

图 8-11　【线宽设置】对话框

8.2.5　图层的打开和关闭、冻结和解冻、锁定和解锁

在【图层特性管理器】对话框的列表图区,有【开】、【冻结】、【锁定】三栏项目,它们分别控制图层在屏幕上能否显示、编辑、修改与打印。

对于每一个新建的图层,系统默认的初始状态是打开、非冻结、未锁定、黑(白)色、线宽默认、可打印。

1. 图层的打开和关闭

该项可以打开和关闭选定的图层。当图标为 ♀ 时,说明图层被打开,它是可见的,并且可以打印;当图标为 ♀ 时,说明图层被关闭,它是不可见的,并且不能打印。

打开和关闭图层的方法:
● 在【图层特性管理器】列表图区,单击 ♀ 或 ♀ 按钮。
● 在【图层】工具栏的图层下拉列表中,单击 ♀ 或 ♀ 按钮,如图 8-12 所示。

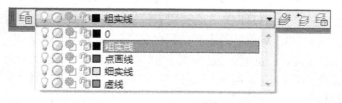

图 8-12　图层工具栏的图层下拉列表

2. 图层的冻结和解冻

该项可以冻结和解冻选定的图层。当图标为 ❄ 时,说明图层被冻结,图层不可见,不能重生成,并且不能进行打印;当图标为 ☼ 时,说明图层未被冻结,图层可见,可以重生成,也可以进行打印。

由于冻结的图层不参与图形的重生成,可以节约图形的生成时间,提高计算机的运行速度。因此,对于绘制较大、较复杂的图样,暂时冻结不需要的图层是十分有必要的。

冻结和解冻图层的方法:
● 在【图层特性管理器】列表图区,单击 ❄ 或 ☼ 按钮。
● 在【图层】工具栏的图层下拉列表中,单击 ❄ 或 ☼ 按钮。

不能冻结当前图层。

3. 图层的锁定和解锁

该项可以锁定和解锁选定的图层。当图标为 🔒 时,说明图层被锁定,图层可见,但图层上的对象不能被编辑和修改。当图标为 🔓 时,说明被锁定的图层解锁,图层可见,图层上的对象可以被选择、编辑和修改。

锁定和解锁图层的方法:

- 在【图层特性管理器】列表图区,单击 🔒 或 🔓 按钮。
- 在【图层】工具栏的图层下拉列表中,单击 🔒 或 🔓 按钮。

8.3   对象特性

所有的图形、文字和尺寸都称为对象。这些对象所具有的图层、颜色、线型、线宽、坐标值、大小等属性都称为对象特性。用户可以通过如图 8-9 所示的【特性】对话框来显示选定对象或对象集的特性,并修改任何可以更改的特性。

8.3.1   工具栏

利用【对象特性】工具栏,可以快捷地对当前图层上的图形对象的颜色、线型、线宽、打印样式进行设置或修改。【对象特性】工具栏如图 8-13 所示。

图 8-13   【对象特性】工具栏

在【对象特性】工具栏中, ▢ ByLayer 为颜色控制列表框;左起的第二个列表框 ——— ByLayer 为线宽控制列表框;左起第三个列表框 ——— ByLayer 为线型控制列表框;最右列表框 BYCOLOR 为打印样式控制列表框。

通常,在【对象特性】工具栏的四个列表框中,均采用随层控制选项,也就是说,在某一图层绘制图形对象时,图形对象的特性应采用该图层设置的特性。当然,利用【对象特性】工具栏也可以随时改变当前图形对象的特性,而不使用当前图层的特性。

不建议用户在【对象特性】工具栏中对图形对象进行修改,这样不利于图层对象的统一管理。

8.3.2   【特性】选项板

启动【特性】选项板的方法有:

- 下拉菜单:【修改】→【特性】。
- 【标准】工具栏按钮:▤。
- 命令行:properties。
- 快捷菜单:选中对象后单击右键选择快捷菜单中的"特性"选项或双击图形对象【特性】选项板(图 8-14)。

图 8-14   【特性】选项板

8.3.3　显示对象特性

首先,在绘图区域选择对象,然后使用上述方法启动【特性】选项板。如果选择的是单个对象,则【特性】选项板显示的内容为所选对象的特性信息,包括基本、几何图形或文字等内容(图 8-14);如果选择的是多个对象,在【特性】选项板上方的下拉列表中显示所选对象的个数和对象类型,如图 8-15 所示。选择其中需要显示的对象,这时【特性】选项板中显示的才是该对象的特性信息;如果同时选择多个相同类型的对象,如选择了两个圆,则【特性】选项板中的几何图形信息栏显示为" ＊多种＊",如图 8-16 所示。

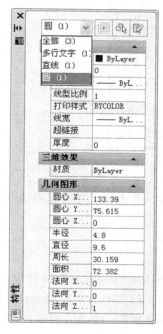

图 8-15　选择多个对象下拉列表

图 8-16　选择相同类型对象的信息显示

在【特性】选项板的右上角还有 3 个功能按钮,它们分别具有下述功能。

(1)▦按钮:用来切换 PICKADD 系统变量的值。当按钮图形为①时,只能选择一个对象,如果使用窗选或交叉窗选同样可以一次选择多个对象,但只选中最后一次执行窗选或交叉窗选选择的对象;当按钮图形为▦时,可以选择多个对象。两个按钮图形可以通过鼠标单击进行切换。

(2)▣按钮:用来选择对象。单击该按钮,【特性】选项板暂时消失,选择需要的对象;单击右键,按 Enter 键或空格键结束选择,返回【特性】选项板,在选项板中显示所选对象的特性信息。

(3)▣按钮:用来快速选择对象。单击该按钮,弹出如图 8-17 所示的【快速选择】对话框。用户可以通过该对话框在指定范围内,按给定条件快速筛选符合条件的对象。在【应用到】下拉列表中选择应用范围;在【对象类型】下拉列表中选择对象的类型;在【特性】列表中选择对象的特性;还可以用【运算符】和【值】来进一步精确地选择需要选择的对象。最后单击 确定 按钮完成快速选择,同时在【特性】选项板中显示所选对象的特性信息。

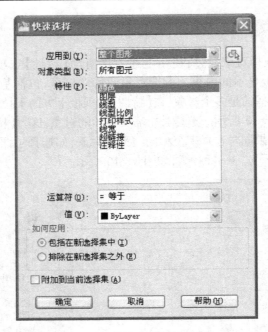

图 8－17 【快速选择】对话框

还可以选中对象后单击右键选择快捷菜单中的【快速选择】选项或单击下拉菜单【工具】→【快速选择】来调用【快速选择】对话框。

8.3.4 修改对象特性值

利用【特性】选项板还可以修改选定对象或对象集的任何可以更改的特性值。当选项板显示所选对象的特性时,可以使用标题栏旁边的滚动条在特性列表中滚动查看,然后单击某一类别信息,在其右侧可能会出现不同的显示,如下拉箭头 ▾ 、可编辑的编辑框、▣ 按钮或 ✕ 按钮。

可以使用下列方法修改【特性】选项板中的特性值:

- 单击右侧的下拉箭头 ▾ ,从列表中选择一个值。
- 直接输入新值并回车。
- 单击 ▣ 按钮,并在对话框中修改特性值。
- 单击 ✕ 按钮,使用定点设备修改坐标值。

在完成上述任何操作的同时,修改将立即生效,用户会发现绘图区域的对象随之发生变化。如果要放弃刚刚进行的修改,在【特性】选项板的空白区域单击鼠标右键,选择【放弃】选项即可。

8.3.5 对象特性的匹配

将一个对象的某些或所有特性复制到其他对象上,在 AutoCAD 中被称为对象特性的匹配。可以进行复制的特性类型包括(但不仅限于)颜色、图层、线型、线型比例、线宽、打印样式等。这样,用户在修改对象特性时,就不必逐一修改,可以借用已有对象的特性,使用【特性匹配】命令将其全部或部分特性复制到指定对象上。

AutoCAD 的特性匹配████按钮是一种非常有用的工具,它相当于 Word 中的格式刷,单击后鼠标呈现████样式,当我们想把某个对象的特性赋予其他对象,特别是赋予多个对象时,用该工具非常方便快捷。

启动【特性匹配】命令的方法有:

- 下拉菜单:【修改】→【特性匹配】。
- 【标准】工具栏按钮:████。
- 命令行:matchprop 或 painter。

执行上述命令后,命令行提示:

命令:'_ matchprop	//执行【特性匹配】命令
选择源对象:	//选择源对象
当前活动设置:　颜色 图层 线型 线型比例 线宽 厚度 打印样式 标注 文字 填充图案 多段线 视口 表格材质 阴影显示 多重引线	//显示当前选定的特性匹配设置
选择目标对象或[设置(S)]:	//选择目标对象
选择目标对象或[设置(S)]: 设置】对话框,或回车结束选择	//继续选择目标对象或输入"S"调用【特性设置】对话框

其中,源对象是指需要复制其特性的对象;目标对象是指要将源对象的特性复制到其上的对象;【特性设置】对话框是用来控制要将哪些对象特性复制到目标对象,哪些特性不复制。在系统默认情况下,AutoCAD 将选择【特性设置】对话框中的所有对象特性进行复制。如果用户不想全部复制,可以在命令行提示"选择目标对象或[设置(S)]:"时,输入"S"回车或单击右键选择快捷菜单的【设置】选项,调用如图 8-18 所示的【特性设置】对话框来选择需要复制的对象特性。

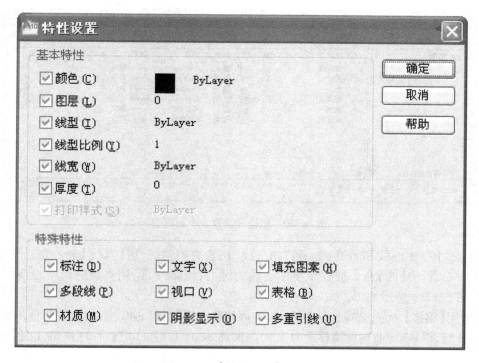

图 8-18　【特性设置】对话框

在该对话框的【基本特性】选区和【特殊特性】选区中勾选需要复制的特性选项,然后单击 确定 按钮即可。

8.4 综合应用实例

例8-1 试参照表8-1设置图层,综合应用【偏移】、【阵列】、【特性匹配】等知识,按1:1的比例绘制如图8-19所示的平面图形。

表8-1 图层设置

名称	颜色	线型	线宽
粗实线	蓝色	Continuous	0.5 mm
细实线	黑色	Continuous	默认
虚线	红色	Hidden2	默认
点画线	红色	Center2	默认
尺寸	黑色	Continuous	默认

绘图步骤:

(1)首先,点击【图层】工具栏中的按钮 ,打开【图层特性管理器】,创建满足表8-1要求的粗实线、细实线、虚线、点画线、尺寸5个图层,如图8-20所示。

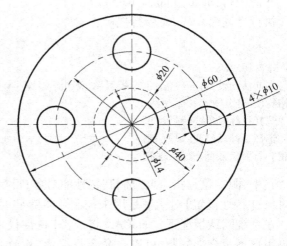

图8-19 工程图样示例

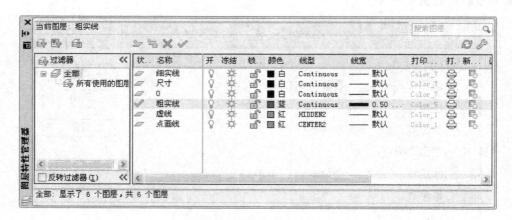

图8-20 创建并设置5个新图层

(2)画十字中心线和φ60圆。将"粗实线"层置为当前层,用【直线】命令在正交方式下画十字中心线;用【圆】命令捕捉十字中心线为圆心,画φ60圆;用夹点编辑中心线的端点,得到如图8-21a所示图形。

(3)用【偏移】命令,选择偏移量为10,向内偏移φ60圆,得φ40圆;保持偏移量不变,向内偏移φ40圆,得φ20圆;选择偏移量为3,向内偏移φ20圆,得φ14圆,作图结果如图8-21b所示。

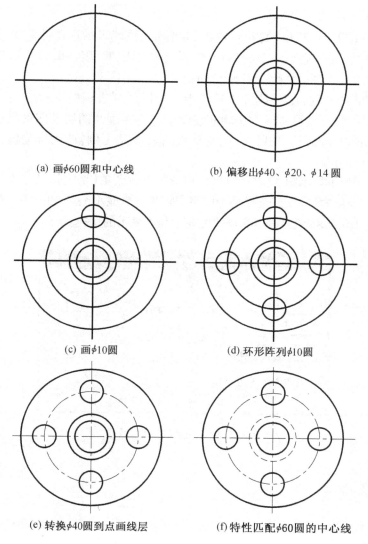

(a) 画ϕ60圆和中心线　　　(b) 偏移出ϕ40、ϕ20、ϕ14 圆

(c) 画ϕ10圆　　　　　　　(d) 环形阵列ϕ10圆

(e) 转换ϕ40圆到点画线层　　(f) 特性匹配ϕ60圆的中心线

图 8 - 21　工程图样的绘图步骤

　　(4)以 ϕ40 圆与竖直线的交点为圆心,用【圆】命令,画一个 ϕ10 的圆(图8 - 21c);用【阵列】命令,选择【环形阵列】方式,【项目总数】为 4,【旋转角度】为 360°,以十字中心线交点作为旋转中心、ϕ10 圆作为旋转对象,旋转阵列后得到如图 8 - 21d 所示结果。

图 8 - 22　图层的转换

　　(5)选中 ϕ40 圆周,在【图层】工具栏中单击图层列表框的下拉箭头 ▼,选中下拉列表中的点画线图层(图 8 - 22),这时,就将 ϕ40 圆由粗实线图层转变为点画线图层的图形对象,同时具有该图层的特性;双击 ϕ40 圆周,打开【特性】对话框,将【线型比例】改为合适值,

修改后的图形如图 8 - 21e 所示(不含中心线的变化)。

(6)单击【标准】工具栏中的【特性匹配】按钮，系统提示选择源对象，选择 ϕ40 圆周作为源对象，这时鼠标变成小刷子的形状，并伴有拾取框，用拾取框拾取正交的中心线，则中心线就具有了点画线的特性(图 8 - 21e)。

(7)选中 ϕ20 的圆周，在【图层】工具栏中单击图层列表框的下拉箭头，选中下拉列表中的虚线图层，这时，就将 ϕ20 圆由粗实线图层转变为虚线图层的图形对象，同时具有该图层的特性；双击 ϕ20 圆周，打开【特性】对话框，将【线型比例】改为合适值，修改后的最后结果如图 8 - 21f 所示。

(8)当屏幕图形不显示图线实际宽度时，可选择下拉菜单【格式】→【线宽】，打开【线宽设置】对话框，单击 显示线宽(D) 按钮选择是否按照实际线宽来显示图形，如图 8 - 23 所示。此外，通过单击状态栏上的按钮也可以实现线宽显示与不显示的切换。

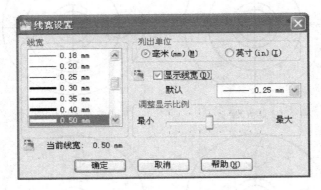

图 8 - 23 【线宽设置】对话框

8.5 实操练习题

8.5.1 问答题

1. 简述利用【图层特性管理器】对话框可以完成哪些图层管理工作。
2. 如何创建图层？创建图层的主要设置内容有哪些？
3. 为对象指定线宽与为图层设置线宽有何不同？它们对对象的影响是什么？
4. 对比图层在打开和关闭、冻结和解冻、锁定和解锁的状态下，它们的性质有何异同。
5. 什么是 0 线宽，其输出宽度如何控制？
6. 如何快速切换图层？
7. 如何调用【特性】选项板？

8.5.2 操作题

1. 先按表 8 - 2 所示设置图层，然后按 1:1 的比例绘制如图 8 - 24 所示的涡轮机叶片图。

表 8-2　涡轮机叶片图的图层设置

名称	颜色	线型	线宽
粗实线	蓝色	Continuous	0.5 mm
中心线	红色	Center2	默认
尺寸	黑色	Continuous	默认
细实线	黑色	Continuous	默认

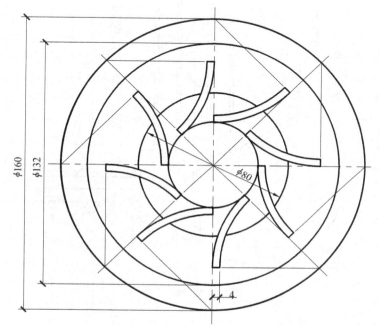

图 8-24　涡轮机叶片图

2. 先按表 8-3 所示要求设置图层,然后用 1:20 的比例绘制如图 8-25 所示的楼梯详图,未知尺寸自定(提示:可采用 1:1 的比例绘图,完成后再按指定的比例缩小)。

表 8-3　楼梯详图的图层设置

名称	颜色	线型	线宽
粗实线	蓝色	Continuous	0.5 mm
中心线	红色	Center2	默认
细实线	黑色	Continuous	默认
尺寸	黑色	Continuous	默认
中粗	洋红色	Continuous	0.3 mm

3. 试用 1:1 的比例绘制图 8-26 所示三视图(尺寸数值从图中量取,单位 mm,取整),要求图层设置合理,线型符合制图国家标准。

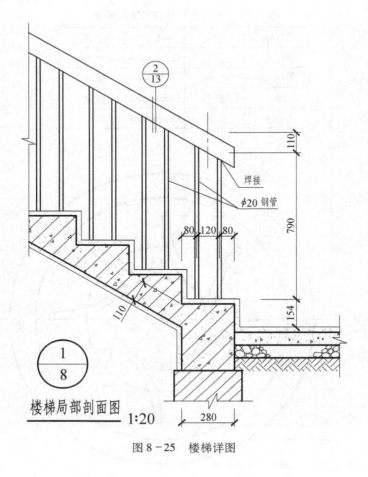

图 8-25　楼梯详图

图 8-26　三视图的绘制

第9章　图块与设计中心

在工程设计中,有很多图形元素都需要大量地重复使用。如机械图的表面粗糙度,土建图的标高、楼梯、门窗,室内设计图的家具、配景等。这些可多次重复使用的图形可以定义为图块,简称块。块是一组图形对象的集合,在图形中作为一个整体来使用。在 AutoCAD 中使用块,可以显著地减小图形文件的大小,也便于图形的管理和编辑修改。如果为图块添加了属性,则应用块时,可显示与图块相关联的属性值,这为参数、名称和其他文字标注提供了方便。动态块是 AutoCAD 2010 的新增功能,它在块中增加了形状、位置、缩放和图样等变量,插入后可根据需要进行快速地变换,既可提高绘图效率,又能减少块图形文件的数量。

AutoCAD 设计中心类似于 Windows 资源管理器,可执行图形、块、图案填充和其他图形内容的访问等辅助操作。它可在同时打开的图形文件之间拖动有关内容实现插入,简化作图过程;也可通过从内容显示窗口把一个图形文件拖动到绘图区以外的任何位置的方式打开图形文件。

9.1　图块的概念

图块是用一个块名集成的多个图形对象(包括文本)实体的总称。在一个图块中,各图形实体均有各自的图层、线型、颜色等特征,但 AutoCAD 总是把图块作为一个单独的、完整的对象来处理。用户可以根据实际需要,将图块按给定的缩放比例和旋转角度插入到指定的任一位置,也可以对整个图块进行复制、移动、缩放、阵列等处理。

在 AutoCAD 中,图块的主要作用是:

(1)便于创建图形库,提高绘图效率:如果将绘图过程中经常使用的某些图形定义成图块,并保存在磁盘中,就形成一个图形库。当需要某个图块时,将其插入图中,就把一个复杂的图形变成由多个图块拼凑而成的图形,避免了大量的重复工作,从而提高绘图效率,确保绘图的质量。

(2)便于图形修改:在现实的工程绘图中,经常需要对已有的图形进行反复的修改和润色。如果在当前的图形中修改或更新一个已定义的图块,AutoCAD 会自动地更新图中插入的所有该图块。

(3)节省存储空间:图形文件的每一个实体都有特征参数,如图层、线型、颜色、坐标等。用户保存所处理的图形,也就是让 AutoCAD 把图中所有的实体的特征参数保存在磁盘中。利用插入图块功能既能满足工程图纸的要求,又能减少存储空间。因为图块作为一个整体单元,在每次插入时,AutoCAD 只需保存该图块的特征参数(如图块名、插入点坐标、缩放比例、旋转角度等),而不需要保存该图块的每一个实体的特征参数。特别是绘制比较复杂的图形时,利用图块就会节省大量的存储空间。

（4）便于添加属性：有些常用的图块虽然图形相似，但每次插入的技术参数不尽相同。如：机械图中表面粗糙度符号及其附带的粗糙度值，土建图中标高符号及其附带的标高值等。AutoCAD 允许用户为块创建某些文字属性，属性是一个变量，是从属于图块的文本信息。属性是图块中不可缺少的组成部分。它可以根据用户的需要每次输入不同的值，这就大大丰富了块的内涵，使块更加实用。

（5）交流方便：用户可以把常用的块保存起来，与别的用户交流使用。

9.2　块的创建

要使用块，首先需要建立块。

AutoCAD 提供了两种创建块的方法。一种是使用 block 命令通过【块定义】对话框创建内部块；另一种是使用 wblock 命令通过【写块】对话框创建外部块。前者是将块储存在当前图形文件中，只能是本图形文件调用或使用设计中心共享。后者是将块写入磁盘保存为一个图形文件，所有的 AutoCAD 图形文件都可以调用。

9.2.1　内部块的创建（block 命令）

启动 block 命令创建内部块的方法有：

- 下拉菜单：【绘图】→【块】→【创建】。
- 【绘图】工具栏按钮 。
- 命令行：block 或 b。

执行上述命令后，系统弹出如图 9-1 所示的【块定义】对话框。通过该对话框可以对每个块定义都应包括的块名、一个或多个对象、用于插入块的基点坐标值和所有相关的属性数据进行设置。

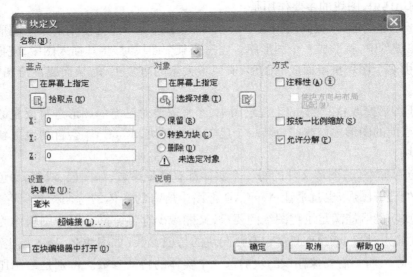

图 9-1　【块定义】对话框

【块定义】对话框中各选项的含义为:

•【名称】编辑框:在【名称】编辑框中输入块的名称。如果输入的名称与已有块的名称相同,在结束块定义单击【块定义】对话框的 确定 按钮时,系统会给出如图 9 - 2 所示的提示。

图 9 - 2　【块-未修改】警示框

•【基点】选区:【基点】选区用来指定基点的位置。基点是指插入块时,光标附着在图块上的那个位置。指定基点的方法有两种:一种是使用该选区的 按钮,单击该按钮,对话框临时消失,用光标捕捉要定义为块的图形中的某个点作为插入基点,然后单击 确定 按钮(这是一种常用方法);另一种是在该选区的【X】、【Y】和【Z】文本框中分别输入坐标值确定插入基点,其中 Z 坐标通常设为 0。

插入点虽然可以定义在任何位置,但插入点是插入图块时的定位点,所以在拾取插入点时,应选择一个在插入图块时能把图块的位置准确确定的特殊点。

•【对象】选区:【对象】选区用来选择组成块的图形对象。两个按钮的功能分别为:单击 按钮,对话框临时消失,用拾取框选择要定义为块的图形对象,选择完后返回【块定义】对话框;也可以用 按钮进行快速选择。

该选区下方的 3 个单选框的含义为:

【保留】:创建块以后,所选对象依然保留在图形中。

【转换为块】:创建块以后,所选对象转换成图块格式,同时保留在图形中。

【删除】:创建块以后,所选对象从图形中删除。

•【方式】选区:【方式】选区用来设置块的显示方式。其中,【注释性】是将块设为注释性对象;【按统一比例缩放】是指是否设置块对象按统一的比例进行缩放;【允许分解】复选框用来设置块对象是否允许被分解。

•【设置】选区:指定从 AutoCAD 设计中心拖动块时,【设置】选区用以设置缩放块的单位。例如,这里设置拖放单位为"毫米",将被拖放到的图形单位设置为"米"(在【图形单位】对话框中设置),则图块将缩小 1000 倍被拖放到该图形中。通常选择"毫米"选项,还可以单击 超链接(L)... 按钮插入超链接。

•【说明】编辑框:【说明】编辑框用来填写与块相关联的说明文字。

例 9 - 1　试将图 9 - 3 所示的图形创建为块,名称为"单位窗平面图"。

绘图步骤:

首先,在绘图区域按给定的尺寸 1:1 绘制一个如图 9 - 3 所示的单位窗平面图,然后执行 block 命令,弹出如图 9 - 1 所示的【块定义】对话框。

设置【块定义】对话框的各选项：

在【名称】编辑框中输入块的名称"单位窗平面图"；选择该图的左下角点作为基点，单击【对象】选区的圆按钮，选择图9-3中的4条横线，并选中【转换为块】选项；在【方式】选区选择【允许分解】，在【设置】选区选择块单位为"毫米"。

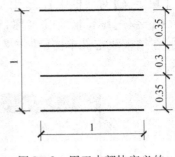

图 9-3　用于内部块定义的
单位窗平面图

【块定义】对话框设置好之后，单击 ▭确定▭ 按钮完成内部块的创建操作，同时绘图区域原先的图形已经变成一个图块。这时再打开【块定义】对话框，在【名称】下拉列表中已添加了"单位窗平面图"的名称。

选择【保留】选项或【转换为块】选项创建块后，选定的对象从外表上看没什么变化，但用鼠标单击就会发现变化，选择【保留】选项创建块后，选定的对象之间仍是独立的，也就是说用户可以单独对其中的某个对象进行编辑，如移动、复制等。但选择【转换为块】选项创建块后，选定的对象转化为块的属性，成为不可分割的整体，不能单独选中某一个对象进行编辑。

9.2.2　外部块的创建（wblock 命令）

除了使用上述的 block 命令创建内部块之外，用户还可以使用 wblock 命令来创建外部块，相当于建立了一个单独的图形文件，保存在磁盘中，任何 AutoCAD 图形文件都可以调用，这对于协同工作的设计成员来说特别有用。

启动 wblock 命令创建块的方法有：

● 命令行：wblock 或 w。

执行上述命令后，系统弹出如图9-4所示的【写块】对话框。通过该对话框可以完成外部块的创建。下面介绍该对话框中常用功能选区的含义。

●【源】选区：用来指定需要保存到磁盘中的块或块的组成对象。选区有 3 个单选框，含义分别为：

【块】：如果将已定义过的块保存为图形文件，选中该单选框。选中以后，【块】的下拉列表可用，从中选择已有块的名称。一旦选中该单选框，【基点】选区和【对象】选区不可用。

【整个图形】：绘图区域的所有图形都将作为块保存起来。选中该单选框后，【基点】选区和【对

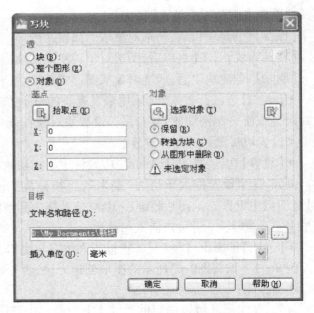

图 9-4　【写块】对话框

166

象】选区不可用。

【对象】:用拾取框来选择组成块的图形对象。

• 【基点】选区:该选区的内容及其功能与【块定义】对话框中的完全相同。

• 【对象】选区:该选区的内容及其功能与【块定义】对话框中的完全相同。单击◙按钮,用拾取框选择要定义为块的图形对象,结束后返回【写块】对话框。同时还需选择【保留】、【转换为块】和【从图形中删除】选项。

• 【目标】选区:该选区的选择框为"文件名和路径"。

【文件名和路径】:用来指定外部块的保存路径和文件名。系统会给出默认的保存路径和文件名,显示在下面的显示框中。也可以单击显示框后面的◻按钮,由用户来指定文件名和保存路径。在【文件名】编辑框中输入块的名称(图9-5),单击 保存(S) 按钮返回【写块】对话框,在【文件名和路径】显示框中显示图形文件的保存路径(图9-4)。

【插入单位】:指定从 AutoCAD 设计中心将图形文件作为块插入到其他图形文件中进行缩放时使用的单位。

图9-5　【浏览图形文件】对话框

例9-2　试将图9-6所示图形定义为外部块,名称为"标高符号"。

绘图步骤:

首先,在绘图区域按 1:1 的比例绘制一个如图 9-6 所示的标高符号,然后执行 wblock 命令,弹出【写块】对话框。

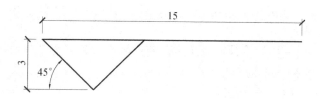

图9-6　用于外部块定义的标高符号

在【写块】对话框中,将【源】选项设为【对象】,单击◙按钮,用光标捕捉标高符号的三角形尖点,并单击确定基点;单击【对象】选区的◙按钮,用拾取框选择要标高图形的 3 条直线,结束后返回【写块】对话框,选中【转换为块】复选项;在【文件名和路径】中设置好要保存的路径,并给定名称"标高符号"(图9-4),【插入单位】选择"毫米"选项。单击 确定 按钮完成标高符号块的创建。

9.3 块的插入

块的插入是使用 insert 命令来实现的。启动 insert 命令的方法有:

● 下拉菜单:【插入】→【块】。

●【绘图】工具栏按钮: 🔁。

● 命令行:insert 或 i。

执行上述命令后,系统弹出如图9-7所示的【插入】对话框。对话框中各选项的含义为:

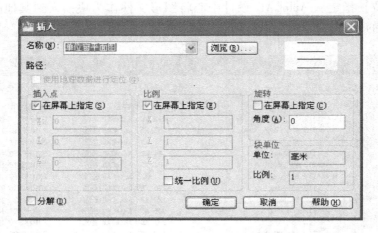

图9-7 【插入】对话框

●【名称】下拉列表:用来选择需要插入的块。

【名称】:在【名称】下拉列表中选择内部块,或者单击后面的 浏览(B)... 按钮通过指定路径选择外部块或外部的图形文件。

【路径】:当选择外部块时,将显示外部块保存的路径。

●【插入点】选区:指定块在图形中的插入位置。

【插入点】选项:指定块在图形中的插入位置。

【在屏幕上指定】复选框:是指用鼠标在屏幕上单击一点确定插入的位置,通常勾选该复选框。

【X】、【Y】、【Z】编辑框:只有在不勾选【在屏幕上指定】复选框时才可用。在编辑框中输入插入点的坐标。

●【比例】选区

【在屏幕上指定】复选框:用鼠标在屏幕上指定比例因子,或者通过命令行输入比例因子。

【X】、【Y】、【Z】编辑框:只有在不勾选【在屏幕上指定】复选框时才可用。适用于已知X、Y、Z方向缩放的比例因子,在它们相应的编辑框中输入3个方向的比例因子。Z方向通

168

常设定为 1。应注意的是,X、Y 方向比例因子的正负将影响图块插入的效果。当 X 方向的比例因子为负时,图块以 Y 轴为镜像线进行插入;当 Y 方向的比例因子为负时,图块以 X 轴为镜像线进行插入,如图 9-8 所示。

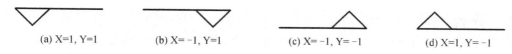

　　(a) X=1, Y=1　　　　　　(b) X=-1, Y=1　　　　　　(c) X=-1, Y=-1　　　　　(d) X=1, Y=-1

图 9-8　比例因子的正负对图块插入效果的影响

【统一比例】复选框:当 3 个方向的比例因子完全相同时,勾选该复选框。

●【旋转】选区

【在屏幕上指定】复选框:用鼠标在屏幕上指定旋转角度,或者通过命令行输入旋转角度。

【角度】编辑框:在编辑框中输入旋转角度值。

例 9-3　试在如图9-9a所示的建筑平面图(局部)中,插入内部块"单位窗平面图"(创建单位窗平面图的过程见例9-1)。

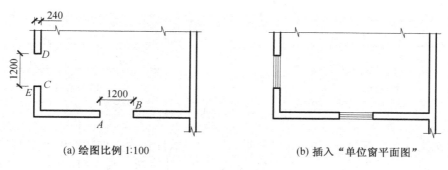

　　　(a) 绘图比例 1:100　　　　　　　　　　　(b) 插入"单位窗平面图"

图 9-9　插入内部块的实例

　　绘图步骤:

命令:_ insert	//执行【插入块】命令,在【名称】下
拉列表中选择"单位窗平面图";在【插入点】选区勾选【在屏幕上指定】复选框,在【缩放比例】选区勾选	
【在屏幕上指定】复选框;在【旋转】选区的【角度】编辑框中输入 0,单击 ▢确定 按钮	
指定插入点或[基点(B)/比例(S)/X/Y/Z/旋转(R)]:	//捕捉插入点 A
输入 X 比例因子,指定对角点,或[角点(C)/XYZ(XYZ)]⟨1⟩:	//捕捉点 B,完成水平窗的插入
命令:	
INSERT	//执行【插入块】命令,在【旋转】选
区的【角度】编辑框中输入 90,其他设置与前面相同	
指定插入点或[基点(B)/比例(S)/X/Y/Z/旋转(R)]:X	//输入 X,回车
指定 X 比例因子⟨1⟩:	//捕捉点 C
指定第二点:	//捕捉点 D
指定插入点或[基点(B)/比例(S)/X/Y/Z/旋转(R)]:Y	//输入 Y,回车
指定 Y 比例因子⟨1⟩:	//捕捉点 C
指定第二点:	//捕捉点 E
指定插入点或[基点(B)/比例(S)/X/Y/Z/旋转(R)]:	//捕捉点 C,完成垂直窗的插入

从本例题中可以看出,当旋转角度设置为 90°时,块参照的 X、Y 方向也旋转了 90°,也就是说块参照的 X、Y 方向始终与块创建前的方向一致。还可以使用 minsert 命令插入阵列形式的块,它是【插入块】命令 insert 和【阵列】命令 array 的组合,用户可以自行尝试。

9.4　分解图块

分解图块可以使其还原成定义前的各自独立状态。在 AutoCAD 中,分解图块可以使用【修改】工具栏中的【分解】工具 来实现,它可以分解块参照、填充图案和标注等对象。

1. 分解特殊的块对象

特殊的块对象包括带有宽度特性的多段线和带有属性的块两种类型。

带有宽度特性的多段线被分解后将转换成宽度为 0 的图线,且分解后相应的信息也将丢失(图 9-10)。

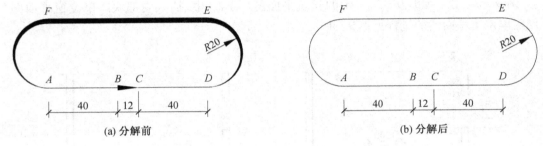

$$\text{(a) 分解前} \qquad \text{(b) 分解后}$$

图 9-10　多段线的分解

当块定义中包含有属性(如名称和数据)定义时,属性作为一种特殊的文本对象也被一同插入。此时,若分解这类带有属性的块,则块中的属性将恢复到先前的属性定义状态,即在屏幕上只显示属性标记,而丢失块在插入时指定的属性值。

2. 分解块参照中的嵌套对象

在分解包含嵌套块和多段线的块参照时,一次只能分解一层,逐层深入。这是因为最高一层的块参照被分解,而内部的嵌套块或多段线仍然保留其块特性或多段线特性。只有在它们已处于最高层时,才能被分解。

9.5　带属性的块的创建与插入

为了增强图块的通用性,AutoCAD 允许用户为图块附加一些文本信息,我们把这些文本信息称之为属性(Attribute)。在插入有属性的图块时,用户可以根据具体情况,通过属性来为图块设置不同的文本信息。对那些经常用到的图块来讲,利用属性尤为重要。块的属性是包含在块定义中的对象,用来存储字母、数字型数据,属性值可预定义也可以在插入块时由命令行指定。要创建一个带属性的块,应该经历两个过程:先定义块的属性;再将属性和组成块的图形对象一起选中创建成一个带属性的块。

9.5.1　定义块的属性

属性是与块相关联的文字信息。属性定义是创建属性的样板,它指定属性的特性及插入块时系统将显示什么样的提示信息。定义块的属性是通过【属性定义】对话框来实现的。

启动【属性定义】对话框的方法有以下几种：

- 下拉菜单：【绘图】→【块】→【定义属性】。
- 命令行：attdef 或 att。

执行上述命令后,系统会出现如图 9-11 所示的【属性定义】对话框。该对话框包含 4 个选区和 1 个复选框。

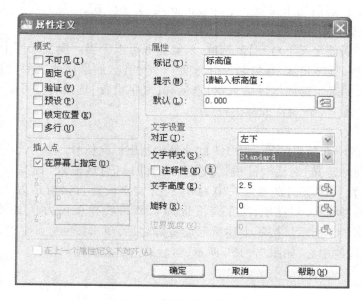

图 9-11　【属性定义】对话框

- 【模式】选区：用来设置与块相关联的属性值选项。其中,可选项有 6 个,介绍如下：

【不可见】：插入块时不显示、不打印属性值。

【固定】：插入块时属性值是一个固定值,以后在【特性】选项板中不再显示该类别的信息,将无法修改。通常不勾选此项。

【验证】：插入块时提示验证属性值的正确与否。

【预设】：插入块时不提示输入属性值,系统会把【属性】选区的【默认值】编辑框中的值作为默认值。

【锁定位置】：用于固定插入块的坐标位置。

【多行】：使用多段文字作为块的属性值。

- 【属性】选区：用来设置属性数据。其中有 3 个编辑框。

【标记】编辑框：输入汉字或字母都可以,用来标识属性,必须填写不能空缺,否则单击 ⬛确定 按钮时,系统会给出如图 9-12所示的提示。

【提示】编辑框：输入汉字或字母都可以,用来作为插入块时命令行的提示语句。

【默认】编辑框：用来作为插入块时属性的默认值。该编辑

图 9-12　【标记】编辑框
　　　　　空缺提示

171

框后有▣按钮,单击▣按钮,弹出【字段】对话框,使用该对话框插入一个字段作为属性的全部或部分值。

　　●【插入点】选区:用来指定插入的位置。该选区有 1 个选择项和 3 个编辑框。

　　【在屏幕上指定】:是指用鼠标在屏幕上单击一点确定插入的位置,通常勾选该选项。

　　【X】、【Y】、【Z】编辑框:只有在不勾【在屏幕上指定】选项时才可用。在编辑框中输入插入点的坐标。

　　●【文字设置】选区:用来设置文字的对正方式、文字样式、高度和旋转角度。该选区的【注释性】选项用于确定是否将属性作为注释性对象。

　　●【在上一个属性定义下对齐】复选框:该复选框可以令当前属性采用上一个属性的文字样式、文字高度和旋转角度,且另起一行与前一个对齐。如果在此之前没有创建过属性,该复选框不可用;如果勾选此框,【插入点】选区和【文字设置】选区均不可用。

　　例 9－4　定义一个带属性的标高符号。

　　绘图步骤:

　　首先,参照图 9－6 给出的尺寸按 1:1 的比例绘制出标高符号。

　　然后设置【属性定义】对话框:【模式】选区不选;【标记】区输入"标高值",【提示】区输入"请输入标高值:",【默认】选项输入"0.000";在【文字设置】区,对正方式选择"左下"选项,文字样式选择"standard"选项,文字高度设为 2.5,旋转角度设为 0;设置好的【属性定义】对话框如图 9－11 所示。按照上述情形设置好之后,单击 确定 按钮,用光标捕捉标高符号上面水平线的中心,如图 9－13b 所示,然后单击确定属性的位置。

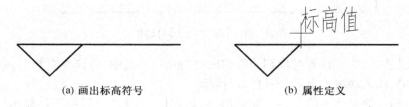

(a) 画出标高符号　　　　　　　　　　　(b) 属性定义

图 9－13　带属性的标高符号

　　定义好了块的属性以后,就可以定义带属性的块了。如果对属性不满意,还可以对其进行编辑。

9.5.2　与块相关联之前属性定义的编辑

　　在将属性定义与块相关联之前,可以使用【编辑属性定义】对话框(图 9－14)对其进行编辑。

　　用下列命令可以编辑属性定义中的文字。

　　●下拉菜单:【修改】→【对象】→【文字】→【编辑】。

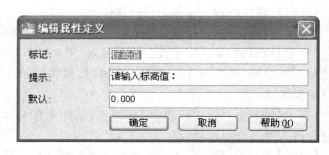

图 9－14　【编辑属性定义】对话框

- 【文字】工具栏按钮：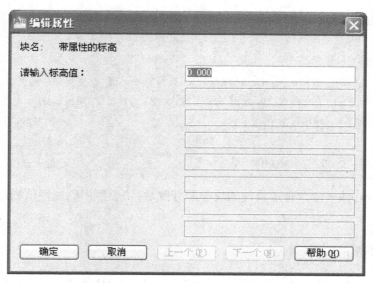。

- 命令行：ddedit。

执行上述命令后，命令行提示：

命令：_ ddedit　　　　　　　　　　　　　　//执行编辑命令

选择注释对象或[放弃(U)]：　　　　　　　//拾取需要编辑的属性(图 9 - 13b 中的"标高值"字符)，弹出如图 9 - 14 所示的【编辑属性定义】对话框，在该对话框中修改属性的标记、提示文字和默认值，完成编辑后单击 确定 按钮退出对话框

选择注释对象或[放弃(U)]：　　　　　　　//继续选择需要编辑的属性，或回车结束命令

9.5.3　带属性块的创建

属性创建好之后，就可以使用 block 命令或 wblock 命令创建带属性的块。这里，依然以带属性的标高符号为例介绍创建带属性块的操作步骤。

（1）启动 block 命令，弹出如图 9 - 1 所示的【块定义】对话框，在【名称】编辑框中输入"带属性的标高"。

（2）点击【基点】选区的 按钮，用光标捕捉标高符号中三角形下方的尖点，并单击确定块的插入点。

（3）点击【对象】选区的 按钮，使用窗选的方式选择整个标高符号图形和标高属性（命令行提示找到 4 个对象），回车返回【块定义】对话框，同时选择【转换为块】单选框。这时，名称右边会出现块的预览图。

- 在【方式】选区勾选【允许分解】复选框。

- 在【设置】→【块单位】下拉列表中选择"毫米"选项。

- 单击 确定 按钮，弹出如图 9 - 15 所示的【编辑属性】对话框，单击 确定 按钮，

图 9 - 15　【编辑属性】对话框

对话框消失,原标高图形和属性在绘图区域转换为标有 0.000 的标高符号块。

应注意,如果在【块定义】对话框的【对象】选区勾选【保留】或【删除】选框,再单击【块定义】对话框的 **确定** 按钮时,不会出现【编辑属性】对话框。

在创建带属性块的时候,还可以选择多个属性,使块同时具有多个属性。选择属性的顺序将决定插入块时提示属性信息的顺序。

9.5.4 插入带属性的块

插入带属性的块时,除了有前面讲过的插入块的过程,还得给块指定属性值。

例 9-5 将上例创建的带属性的标高图块插入到图 9-16 所示位置,并赋予如图所示的属性值。

绘图步骤:

在命令行输入 insert 命令激活插入块的动作后,命令行提示:

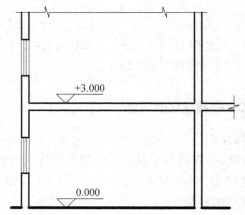

图 9-16　插入带属性的标高块

命令:_ insert　　　　　　　　　　　　　　　//启动【插入块】命令,弹出【插入】
对话框,名称区选择"带属性的标高",并在屏幕上指定插入点和比例
　指定插入点或[基点(B)/比例(S)/X/Y/Z/旋转(R)]:_ nea 到　//捕捉室内首层地面线上的最近点
　输入 X 比例因子,指定对角点,或[角点(C)/XYZ(XYZ)]⟨1⟩:　//回车默认
　输入 Y 比例因子或⟨使用 X 比例因子⟩:　　　　　　　　//回车默认
　输入属性值
　请输入标高值:⟨0.000⟩:　　　　　　　　　　　　　//回车默认
　命令:
　INSERT
　指定插入点或[基点(B)/比例(S)/X/Y/Z/旋转(R)]:_ nea 到　//捕捉二层地面线上的最近点
　输入 X 比例因子,指定对角点,或[角点(C)/XYZ(XYZ)]⟨1⟩:　//回车默认
　输入 Y 比例因子或⟨使用 X 比例因子⟩:　　　　　　　　//回车默认
　输入属性值
　请输入标高值:⟨0.000⟩:+3.000　　　　　　　　　　//输入新值"+3.000"

如果使用 expolde 命令将带属性的块参照分解后,块参照中的属性值则还原为原始属性定义值。

9.5.5 块与图层的关系

块可以由绘制在若干图层上的图形对象组成。AutoCAD 将各个元素的图层、颜色、线型

和线宽属性保存在块的定义中,插入块时,块中图形元素属性遵循如下约定:

(1)当块中元素的颜色、线型和线宽属性设置为随层,并且绘制在 0 图层上时,插入后,块中元素按当前层的颜色、线型和线宽属性设置;

(2)当块中元素的颜色、线型和线宽属性设置为随层,并且绘制在其他图层上时,插入后,如果当前图形有与其相同的图层,则块中该层上的对象绘制在同名图层上,并按图中该层的属性设置;如果当前图形没有与其相同的图层,则块中该对象绘制在原层上,并给当前图形增加相应的层;

(3)当块中元素的颜色、线型和线宽属性设置为随块,块插入后块中对象按当前层的颜色、线型和线宽属性设置;

(4)如果块被插入在一个冻结的图层中,则块不显示在屏幕上。

*9.6　设计中心

AutoCAD 设计中心类似于 Windows 资源管理器,可执行图形、块、图案填充和其他图形内容的访问等辅助操作,并在图形之间复制和粘贴其他内容,从而使设计者更好地管理外部参照、块参照和线型等图形内容。这种操作不仅可简化绘图过程,而且可通过网络资源共享来服务当前产品设计。

9.6.1　设计中心窗口

在 AutoCAD 2010 中,单击【标准】工具栏中的【设计中心】按钮▦,即可打开【设计中心】窗口,如图 9 - 17 所示。

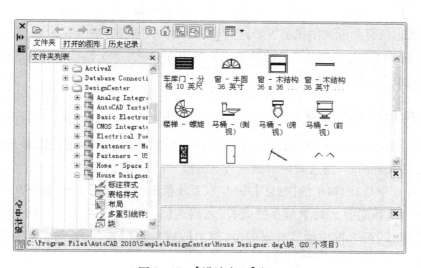

图 9 - 17　【设计中心】窗口

该【设计中心】窗口包含了一组工具按钮和选项卡,这些按钮和选项卡的含义及设置方法如下。

1. 选项卡

在设计中心中,可以在 3 个选项卡之间进行切换,各选项卡含义为:

文件夹:该选项卡显示设计中心的资源,包括显示计算机或网络驱动器中文件和文件夹的层次结构。可将设计中心内容设置为本计算机、本地计算机或网络信息。要使用该选项卡调出图形文件,可指定文件夹列表框中的文件路径(包括网络路径),右侧将显示图形信息。

打开的图形:该选项卡显示当前已打开的所有图形,并在右方的列表框中显示包括图形中的块、图层、线型、文字样式、标注样式和打印样式。单击某个图形文件,然后单击列表中的一个定义表,可以将图形文件的内容加载到内容区域中。

历史记录:该选项卡中显示最近在设计中心打开的文件列表,双击列表中的某个图形文件,可以在【文件夹】选项卡的树状视图中定位此图形文件,并将其内容加载到内容区域。

2. 按钮

在【设计中心】窗口中,要设置对应选项卡中树状视图与控制板中显示的内容,可以单击窗口上方的按钮执行相应的操作,各按钮的含义为:

加载按钮 ⌗ :使用该按钮通过桌面、收藏夹等路径加载图形文件。单击该按钮弹出【加载】对话框,在该对话框中按照指定路径选择图形,将其载入当前图形中。

搜索按钮 ⌕ :用于快速查找图形对象。

收藏夹按钮 ▦ :通过收藏夹来标记存放在本地硬盘和网页中常用的文件。

主页按钮 ⌂ :将设计中心返回到默认文件夹,选择专用设计中心图形文件加载到当前图形中。

树状图切换按钮 ▤ :使用该工具打开/关闭树状视图窗口。

预览按钮 ▦ :使用该工具打开/关闭选项卡右下侧窗格。

说明按钮 ▦ :打开或关闭说明窗格,以确定是否显示说明窗格内容。

视图按钮 ▦▾ :用于确定控制板显示内容的显示格式,单击该按钮将弹出一个快捷菜单,可在该菜单中选择内容的显示格式。

9.6.2 设计中心【查找】功能

使用设计中心的【查找】功能,可在弹出的【搜索】对话框中快速查找图形、块特征、图层特征和尺寸样式等内容,将这些内容插入当前图形,可辅助当前设计。

单击【设计中心】窗口中的【搜索】按钮 ⌕ ,系统弹出【搜索】对话框,如图 9 - 18 所示。

在该对话框指定搜索对象所在的盘符,然后在【搜索文字】列表框中输入搜索对象名称,在【位于字段】列表框中输入搜索类型,单击【立即搜索】按钮,即可执行搜索操作。另外,还可以选择其他选项卡设置不同的搜索条件。

将【图形】选项卡切换到【修改日期】选项卡,可指定图形文件创建或修改的日期范围。默认情况下不指定日期,需要在此之前指定图形修改日期。

切换到【高级】选项卡可指定其他搜索参数。

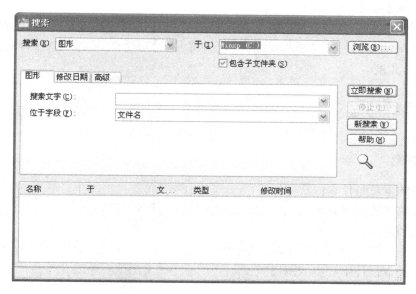

图 9 - 18　【搜索】对话框

9.6.3　插入设计中心图形

使用 AutoCAD 设计中心最终的目的是在当前图形中调入块、引用图像和外部参照,并且在图形之间复制块、图层、线型、文字样式、标注样式以及用户定义的内容等。也就是说,根据插入内容类型的不同,对应插入设计中心图形的方法也不相同。

1. 插入块

通常情况下执行插入块操作可根据设计需要确定插入方式。

自动换算比例插入块:选择该方法插入块时,可从设计中心窗口中选择要插入的块,并拖动到绘图窗口。移到插入位置时释放鼠标,即可实现块的插入操作。

常规插入块:采用插入时,确定插入点、插入比例和旋转角度的方法插入块特征,可在【设计中心】窗口中选择要插入的块,然后用鼠标右键将该块拖到绘图区后释放鼠标,此时将弹出一个快捷菜单,选择【插入块】选项,即可弹出【插入块】对话框,可按照插入块的方法确定插入点、插入比例和旋转角度,将该块插入到当前图形中。

2. 复制对象

复制对象就在控制板中展开相应的块、图层、标注样式列表,然后选中某个块、图层或标注样式并将其拖到当前图形,即可获得复制对象效果。

如果按住右键将其拖入当前图形,此时系统将弹出一个快捷菜单,通过此菜单可以进行相应的操作。

3. 以动态块形式插入图形文件

要以动态块形式在当前图形中插入外部图形文件,只需要通过右键快捷菜单,执行【块编辑器】命令即可,此时系统将打开【块编辑器】窗口,用户可以通过该窗口将选中的图形创建为动态图块。

4. 引入外部参照

从【设计中心】窗口选择外部参照,用鼠标右键将其拖到绘图窗口后释放,在弹出的快捷菜单中选择【附加为外部参照】选项,弹出【外部参照】对话框,可以在其中确定插入点、插入比例和旋转角度。

9.7 实操练习题

9.7.1 问答题

1. 图块的本质是什么?
2. 内部块与外部块有何区别? 如何创建内部图块和外部图块?
3. 如何插入图块?
4. 设计中心中的图块的绘图单位是什么?
5. 如何插入设计中心中的图块?

9.7.2 操作题

1. 试将如图 9 - 19 所示的定位轴线符号(土建图用)和表面粗糙度符号(机械图用)按给定的尺寸 1:1 地定义为带属性的块(不确定的尺寸自拟)。

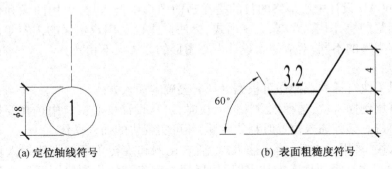

(a) 定位轴线符号　　　　　　　　　　　(b) 表面粗糙度符号

图 9 - 19　定位轴线符号和表面粗糙度符号

2. 试绘制如图 9 - 20 所示的各种图形,将它们创建为外部块,然后在其他的图形中插入它们。

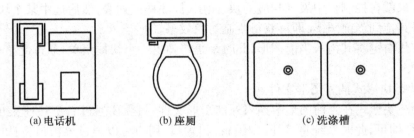

(a)电话机　　　　　(b) 座厕　　　　　(c) 洗涤槽

图 9 - 20　绘制电话机、座厕、洗涤槽

3. 试采用 1∶100 的比例画出图 9 – 21(不明细部尺寸可自拟;亦可根据教学进度,忽略若干细节)。要求:①自拟图案填充阳台和庭院;②将标高符号创建成外部块并插入;③将定位轴线圆创建为内部块并插入(插入点为象限点);④将窗创建为内部块(块尺寸可采用图中墙厚×窗宽 = 2.4 mm×10 mm),变比逐个插入各窗;⑤运用设计中心,将该中心目录下的文件 house designer. dwg、home-space planner. dwg 中的以上指定块(以及其他的家居合适块)以常规方式插入到该平面图中的合适位置(如将坐厕和洗脸池放到卫生间中,将餐台放置在餐厅中,将沙发置于客厅中,将床置于卧室等),并调整为合适的比例。

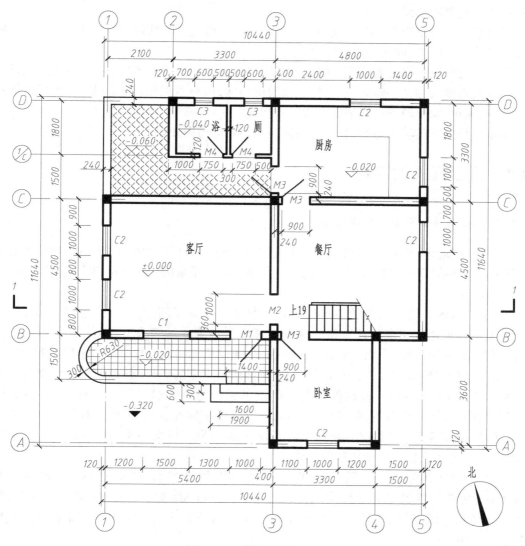

图 9 – 21　某住宅建筑平面图

第10章　文本与尺寸标注

文本(Text)是按一定格式书写的文字,包括数字、字母和汉字。文本是工程图样重要的组成部分,它包括图样说明、文字注释、尺寸标注、标题栏、会签栏等。图样中的封面、扉页、设计说明等也都需要使用文字。

尺寸也是工程图样的有机组成部分。当绘制的图样大小与实际标注尺寸不一致时,尺寸标注值优先于图样,即所谓的"指令性最强"。

显然,一张完整的工程图样,图形绘制、文字书写、尺寸标注三大内容缺一不可。AutoCAD 具有强大的文字输入、尺寸标注及编辑功能,用户可以根据不同专业、不同图样的各种要求,简单、快捷地进行文字输入和尺寸标注。

本章介绍文本的输入与编辑、尺寸的标注与编辑等相关知识。

10.1　文字样式的设定

10.1.1　AutoCAD 使用的文字类型

与一般 Windows 应用软件只能使用系统字体不同,AutoCAD 中可以使用两种类型的文字,分别是 AutoCAD 专用的形字体(矢量字)和 Windows 系统的 TrueType 字体(点阵字)。

1. 形字体

早期在 DOS 环境下工作的 AutoCAD 用编译形字体来书写中文文字,它是由 Autodesk 公司开发的一种用线划来描述字符轮廓的字体。形字体的后缀为". shx",简称 shx 字体。这种字体具有字形简单、占用计算机资源少、打印速度快等特点。形字体有小字体和大字体之分,小字体用于标注西文,大字体用于标注亚洲语言文字。shx 字体前面带有 图标。从形字体诞生以来,一些第三方软件开发商提供了大量的中文形字体,如 Hztxt. shx、Shz. txt等。形字体从外形方面分辨,除等线体、仿宋体等常用字体外,还有简繁两种样式和空心的楷体、宋体、黑体等。形字体文件使用方便,用户只需将形字体文件添加到 AutoCAD 的字库目录(fonts),即可在设计中使用这些字体。

在 AutoCAD 2000 以后,系统提供了中文专用的形字体 gbenor. shx、gbeitc. shx 和 gbcbig. shx,解决了在没有第三方形字体的机器上的 AutoCAD 文字出现问号或乱码的问题。这种形字体符合国家制图标准对字型的要求,占用计算机系统资源少,是工程制图优先使用的字体(图 10-1)。

2. TrueType 字体

TrueType 字体(简称 TTF 字体)是由微软公司和 Apple 公司共同研制、在 Windows 操作系统环境下使用的字体,常见的有宋体、黑体、楷体、仿宋体等。TrueType 字体可被任何以 Windows 为平台的应用软件所使用,用 TTF 字体标注中文,一般不会出现中文显示乱码的现

1234567890 AaBbCcDdEeFfGg 工程制图教程

1234567890 AaBbCcDdEeFfGg 工程制图教程

1234567890 AaBbCcDdEeFfGg 工程制图教程

图 10-1　形字体书写示例

象。每一个 TTF 字体名称的左边都带有 **T** 图标。AutoCAD 同样可使用 TTF 字体,如图 10-2 所示。TTF 字体的特点是字形美观,但占用计算机资源较多、出图速度慢,且 TTF 字体不符合国标工程制图用字要求,因此工程制图一般情况下不推荐使用 TTF 字体。TTF 字体多用于对字体有特殊要求的情形,例如设计图标、图纸封面、标题栏等。

1234567890 AaBbCcDdEeFfGg 工程制图教程

1234567890 AaBbCcDdEeFfGg 工程制图教程

1234567890 AaBbCcDdEeFfGg 工程制图教程

图 10-2　TTF 字体书写示例

　　工程图样中输入的文字必须符合国家标准。制图标准中规定的文字样式:汉字为长仿宋体,字体宽度约等于字体高度的 2/3,常用字体高度有 10 mm、7 mm、5 mm、3.5 mm、2.5 mm 等 5 种,汉字高度一般不小于 3.5 mm。字母和数字可写为直体或斜体,若字符采用斜体字时,字头须向右倾斜,且与水平基线成 75°。

　　因此,在用 AutoCAD 进行文字输入之前,应该先定义一个文字样式(系统有一个默认样式 Standard),然后再使用该样式输入文本。在输入文字时,用户是使用 AutoCAD 提供的当前文字样式进行输入的,该样式已经设置了文字的字体、字号、倾斜角度、方向及其他特征,输入的文字将按照这些设置在屏幕上显示。当然,像其他的功能工具一样,AutoCAD 允许用户设置自己喜欢和需要的文字样式,并可将其置为当前样式进行文字输入。

　　用户可以定义多个文字样式,不同的文字样式用于满足不同的书写要求。要修改文本格式时,不需要逐个文本修改,而只要对该文本的样式进行修改,就可以改变使用该样式书写的所有文本的格式。

10.1.2　创建文字样式

　　文字样式的创建是通过【文字样式】对话框完成的。

　　启动【文字样式】对话框的方法有:

　　●下拉菜单:【格式】→【文字样式】。

　　●【样式】工具栏按钮:🅰。

●【文字】工具栏按钮：（图10-3）。

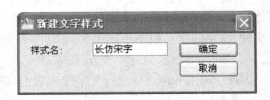

图10-3 【文字】工具栏

●命令行：style。

执行上述命令后，系统会弹出如图10-4所示的【文字样式】对话框。AutoCAD 中文字样式的缺省设置是标准样式（Standard）。这一种样式如不能满足工程技术人员的使用要求，用户可以根据需要创建一个新的文字样式。

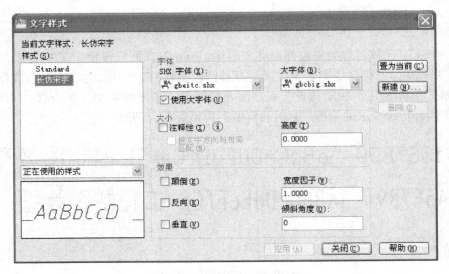

图10-4 【文字样式】对话框

下面以工程制图中使用的"长仿宋字"样式为例，讲述文字样式的设置。

（1）执行下拉菜单【格式】→【文字样式】，弹出如图10-4所示的【文字样式】对话框。在【样式】选项中显示的是当前所应用的文字样式。每次新建文档时，AutoCAD 默认的文字样式是"Standard"，用户可以在此基础上，修改新建文字样式。

图10-5 【新建文字样式】对话框

（2）单击 新建(N).... 按钮：弹出如图10-5所示的【新建文字样式】对话框。在该对话框的【样式名】编辑框中填写新建的文字样式名，如填写"长仿宋字"。然后单击 确定 按钮，返回【文字样式】对话框。这时，在【文字样式】对话框的【样式】选项中已经增加了"长仿宋字"样式名。

（3）【字体】选区：用来设置所用字体。

①字体名：在【字体】的下拉列表中显示了所有的 TrueType 字体和 AutoCAD 字体。

在这里，字体选区选用"gbeitc. shx"，大字体选区选用"gbcbig. shx"，兼顾了中西文的字形字样要求。

②字体样式：用来选择字体的样式。

使用 TrueType 字体定义文字样式时,在【字体】下拉列表中选择一种 TrueType 字体,这时【使用大字体】的复选框不可用,在【样式】下拉列表中默认为常规。

使用 shx 字体定义文字样式时,在【字体】下拉列表中选择一种 shx 字体,再选中【使用大字体】复选框,这时,【字体】下拉列表变为【shx 字体】列表,【样式】下拉列表变为【大字体】列表。选中其中的 gbcbig. shx 大字体,它是 Autodesk 公司专为中国用户开发的字体,"gb"代表"国家标准","c"代表"Chinese"——中文,要是用 shx 字体显示中文,必须选择 gbcbig. shx 大字体。如果遇到中英文字体高度和宽度不一致的问题时,用户可以在【shx 字体】列表中选择 gbenor. shx(控制英文直体)或 gbeitc. shx(控制英文斜体,中文不斜体)来解决。

(4)【大小】选区。

注释性复选框:是指设定文字是否为注释性对象。

高度:用来设置字体的高度。通常将字体高度设为 0,这样,在单行文字输入时,系统会提示输入字体的高度。

(5)【效果】选区:用来设置字体的显示效果。包括颠倒、反向、垂直、宽度因子和倾斜角度。通过勾选相应的选框来进行设置,同时在预览框中显示效果。

颠倒:倒置显示字符。

反向:反向显示字符。

垂直:垂直对齐显示字符。这个功能对 TrueType 字体不可用。

宽度因子:默认值是 1。如果输入值大于 1,则文本宽度加大,否则宽度减小。

倾斜角度:字符向左右倾斜的角度,以 Y 轴正向为角度的 0 值,顺时针为正。字符倾斜角度的范围必须在 $-85°\sim 85°$ 之间。默认值是 0。

本选区全部取默认值。

设置好以后,在图 10 - 4 所示的【文字样式】对话框左下角处,会出现指定文字的预览效果。

完成了上述的文字样式设置,单击 应用(A) 按钮,系统保存新创建的文字样式。然后退出【文字样式】对话框完成一个新文字样式的创建。

(6) 删除(D) 按钮:用来删除不用的文字样式。单击 删除(D) 按钮,系统会显示如图 10 - 6 所示的提示。其中正在使用的样式和"Standard"样式不能被删除。

(7) 置为当前(C) 按钮:将某种样式置为当前使用。

当某种字体样式设置完成后,就会显示在【样式】工具栏上的文字样式下拉列表中,如图 10 - 7 所示,以供用户方便地进行文字样式的切换,在这里也可把某种字体样式设为当前样式。单击【文字样式管理器】按钮 可以快速地打开【文字样式】对话框,进行文字样式定义。

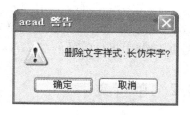

图 10 - 6　删除文字样式的提示

图 10 - 7　【样式】工具栏

也可以通过执行 text 或 mtext 命令,在命令行选择"样式(s)"选项,通过输入样式名来作为当前样式。

需要说明的是,本例设计的"长仿宋字"样式并未在【文字样式】对话框的【效果】选区设置【宽度因子】、【倾斜角度】,也未将【字体】直接设置为"仿宋–GB2312",但书写效果却同时兼顾了制图标准的中西文要求(图 10 – 8),这是因为该字体已内定了这些参数,从而直接满足我国的制图标准。

1234567890 AaBbCcDdEeFfGg 工程制图教程

图 10 – 8 "长仿宋字"样式书写效果

10.1.3 修改文字样式

在【文字样式】对话框中,显示了所有已创建的文字样式。用户可以随时修改某种已有的文字样式,并将所有使用这种样式输入的文字特性同时进行修改;也可以只修改文字样式的定义,使它只对以后使用这种样式输入的文字起作用,而对修改之前使用该样式输入的文字不起作用。

在【样式】列表中选择需要修改的文字样式,并在【文字样式】对话框的【字体】选区和【效果】选区进行修改,如果修改了其中任何一项,对话框中的 应用(A) 按钮就会被激活。如果先单击 应用(A) 按钮,系统会将更新的样式定义保存,同时更新所有使用这种样式输入的文字的特性,然后退出【文字样式】对话框;如果在修改完某一文字样式后先单击 置为当前(C) 按钮,屏幕上会弹出如图 10 – 9 所示的系统提示,单击 是(Y) 按钮就可以保存当前样式的修改

图 10 – 9 样式修改的提示框

并退出对话框,但此时系统只是保存更新的样式定义,并不修改之前使用该样式输入的文字特性。

多行文字编辑器仅显示 Microsoft Windows 能够识别的字体。由于 Windows 不能识别 AutoCAD 的 shx 字体,所以在选择 shx 或其他非 TrueType 字体进行编辑时,AutoCAD 在多行文字编辑器中提供等效的 TrueType 字体。

10.2 单行文字

AutoCAD 提供了两种文字输入的方式:单行文字输入和多行文字输入。

所谓的单行文字输入,并不是用该命令每次只能输入一行文字,而是输入的文字每一行单独作为一个实体对象来处理。相反,多行文字输入就是不管输入几行文字,AutoCAD 都把它作为一个实体对象来处理。

10.2.1 单行文字的输入

单行文字的每一行就是一个单独的整体,不可分解,只能具有整体特性,不能对其中的

字符设置另外的格式。单行文字除了具有当前使用文字样式的特性外,还具有其他的特性,具体包括:内容、位置、对齐方式、字高、旋转角度等。

执行【单行文字】输入命令的方法有:

- 下拉菜单:【绘图】→【文字】→【单行文字】。
- 【文字】工具栏按钮:**AI**。
- 命令行:text 或 dtext。

执行上述命令后,命令行提示:

```
命令:_ dtext                                              //执行【单行文字】输入命令
当前文字样式:"长仿宋字"　文字高度:2.5000　注释性:否  //显示当前文字样式信息
指定文字的起点或[对正(J)/样式(S)]:                   //指定文字起点
指定高度〈2.5000〉:100                                 //输入文字高度
指定文字的旋转角度〈0〉:40                             //输入文字旋转角度
输入文字:                                             //输入文字,回车结束命令
```

在命令行提示"指定文字的起点或[对正(J)/样式(S)]:"时,如果输入"J"则选择【对正】选项,可以用来指定文字的对齐方式;如果输入"S"则选择【样式】选项,可以用来指定文字的当前输入样式。

10.2.2　特殊符号的输入

在使用单行文字输入时,常常需要输入一些特殊符号,如直径符号"φ",角度符号"°"等。根据当前文字样式所使用的字体不同,特殊符号的输入分为用 TTF 字体输入特殊字符和用 shx 字体输入特殊字符两种情况。

1. 用 TTF 字体输入特殊字符

如果当前的文字样式使用的是 TTF 字体,就可以使用 Windows 提供的软键盘进行输入。任选一种输入法,例如智能 ABC 输入法,系统弹出如图 10－10 所示的输入法状态条。在按钮■上,单击鼠标右键,出现右键快捷菜单,如图 10－11

图 10－10　智能 ABC 输入法状态条

所示。此时如果选择【希腊字母】,就会出现如图 10－12 所示的软键盘。软键盘的用法与硬键盘一样,在需要的字母键上单击鼠标,就可以输入对应的字母。

✔ P C 键盘	标点符号
希腊字母	数字序号
俄文字母	数学符号
注音符号	单位符号
拼　音	制表符
日文平假名	特殊符号
日文片假名	

图 10－11　键盘快捷菜单

图 10－12　软键盘

2. 用 shx 字体输入特殊字符

如果当前样式使用的字体是 shx 字体，并且勾选了如图 10－4 所示的【使用大字体】复选框，依然可以使用上述软键盘进行输入；如果没有勾选【使用大字体】复选框，就不能用上述方法输入特殊符号，因为输入的符号 AutoCAD 系统不认，显示为“?”。这时可以使用 AutoCAD 提供的控制码输入，控制码由两个百分号（%%）后紧跟一个字母构成。表 10－1 中列出的是 AutoCAD 中常用字符的控制码。

表 10－1　AutoCAD 常用特殊字符控制码

控制码	功　能
%%o	打开或关闭上划线方式
%%u	打开或关闭下划线方式
%%d	“度”符号“°”
%%p	“正、负”符号“±”
%%c	“直径”符号“ϕ”

例 10－1　使用控制码，完成如图10－13所示的文本输入。

Ø25　　±0.000　　60%　　AutoCAD教程

图 10－13　特殊符号的输入举例

绘图步骤：

```
命令：_dtext                                        //执行【单行文字】输入命令
当前文字样式："长仿宋字" 文字高度：100.0000 注释性：否    //显示当前文字样式和文字高度
指定文字的起点或[对正(J)/样式(S)]：                   //单击一点作为文字的起点
指定文字高度〈100.0000〉：5                           //输入文字高度 5
指定文字的旋转角度〈0〉：                              //回车默认文字旋转角度为 0
输入文字：                                           //%%u%%o%%c25%%o%%u
     %%p0.000     60%     %%uAutoCAD 教程%%u
输入文字：                                           //回车结束命令
```

10.2.3　单行文字的编辑与修改

用户既可以编辑已输入的单行文字内容，也可以修改单行文字对象的特性。

1. 编辑单行文字的内容

对单行文字的编辑有以下几种方法：

- 下拉菜单：【修改】→【对象】→【文字】→【编辑】，这时命令行提示“选择注释对象或［放弃(U)］：”，用拾取框选择要进行编辑的单行文字，文字就处于可编辑状态，这时，直接输入修改后的文字即可。
- 命令行：ddedit 或 ed。
- 在绘图区域选中单行文字对象，单击右键选择快捷菜单中的【编辑】选项，作用与方法同上。

- 双击单行文字对象,用同样的方法来编辑文字。

2. 修改单行文字特性

除了编辑单行文字的内容,用户还可以通过【特性】选项板来修改文字的样式、高度、对正方式等特性。选中文字对象,单击右键选择快捷菜单中的【特性】选项,屏幕上将弹出【特性】选项板,在选项板中修改对象的特性。同时单击选项板中【文字】的【内容】类别,还可以对内容进行编辑。

10.3　多行文字

多行文字可以包含任意多个文本行和文本段落,并可以对其中的部分文字设置不同的文字格式。整个多行文字作为一个对象处理,其中的每一行不再为单独的对象。

多行文字可以使用【explode】命令进行分解,分解之后的每一行均是一个单独的单行文字对象。

【多行文字】输入命令用于输入内部格式比较复杂的多行文字。

10.3.1　多行文字的输入

执行【多行文字】输入命令的方法有:

- 下拉菜单:【绘图】→【文字】→【多行文字】。
- 【文字】工具栏或【绘图】工具栏按钮:**A**。
- 命令行:mtext 或 mt。

执行上述命令后,命令行提示:

> 命令:_ mtext 当前文字样式:"长仿宋字" 文字高度:100 注释性:否　　　　//执行【多行文字】输入命令,并显示系统当前文字样式信息
>
> 指定第一角点:　　　　　　　　　　　　　　　　　　　　　//指定第一角点
>
> 指定对角点或[高度(H)/对正(J)/行距(L)/旋转(R)/样式(S)/宽度(W)/栏(C)]://指定第二角点或选择相应选项

如果在上述命令行提示下,直接指定第二个角点,屏幕会弹出如图 10-14 所示的多行文字编辑器。指定的两个角点是文字输入边框的对角点,用来定义多行文字对象的宽度。

多行文字编辑器由上面的【文字格式】工具栏和下面的内置多行文字编辑窗口组成。多行文字编辑窗口类似于 Word 等文字编辑工具,用户对它的使用应该比较熟悉。

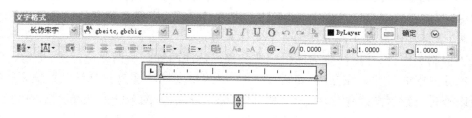

图 10-14　多行文字编辑器与【文字格式】工具栏

10.3.2 多行文字的编辑与修改

用户可以使用下面介绍的方法对多行文字进行编辑与修改。当光标位于多行文字编辑器中时,也常会用到右键快捷菜单完成对多行文字的相关操作。

● 下拉菜单:【修改】→【对象】→【文字】→【编辑】,这时命令行提示"选择注释对象或[放弃(U)]:",用拾取框选择要进行编辑的多行文字,屏幕将弹出如图 10-14 所示的多行文字编辑器与【文字格式】工具栏。在多行文字编辑器中重新填写需要的文字,然后单击 确定 按钮。这时,命令行继续提示"选择注释对象或[放弃(U)]:",可以连续执行多个文字对象的编辑操作。

● 命令行:ddedit 或 ed。

● 在绘图区域选中多行文字对象,单击右键选择快捷菜单中的【编辑多行文字】选项,命令行的提示与操作依然同上。

● 双击多行文字对象,也可以用同样的方法来编辑文字。但是这种方法只能执行一次编辑操作,如果要编辑其他多行文字对象需要重新双击对象。

10.4 尺寸标注样式

工程图样中的图形用来表示设计对象的形状,尺寸标注用来表示设计对象的大小和各组成部分之间的相对位置关系,是制造、施工的重要依据。

尺寸标注与文字输入相类似,在进行尺寸标注之前,先要设置标注样式以满足不同专业、不同图样的要求。

标注样式用来控制标注的外观,如箭头样式、文字位置和尺寸公差等。在同一个 AutoCAD 文档中,可以同时定义多个不同的命名样式。修改某个样式后,就可以自动修改所有用该样式创建的对象。

绘制不同的工程图,需要设置不同的尺寸标注样式,要系统地了解尺寸设计和制图的知识,请用户参考有关机械制图或建筑制图的国家规范和行业标准,以及其他相关的资料。

10.4.1 尺寸标注的组成

一个完整的尺寸标注由尺寸界线、尺寸线、尺寸文本和尺寸起止符号(也称为尺寸箭头,制图标准规定:土建图为倾斜 45°的中粗实线,机械图为箭头)4 部分组成,称为尺寸要素,如图 10-15 所示(图中圆(弧)的尺寸界限为圆周(弧);角度的尺寸界限可以是角度的两条边;按照制图的国家标准规定,即便是土建图,其直径、半径和角度的尺寸起止符号都应该是箭头)。标注以后这 4 部分作为一个实体来处理。

在工程制图中,尺寸标注分为原位标注和移出标注两种。所谓原位标注,是指利用图样线作为尺寸界限的尺寸标注方法,如图 10-15 中的角度标注和直径标注;移出标注是指在图样线以外另行绘制图线作为尺寸界限的尺寸标注方法,如图 10-15 中的其他标注。

工程制图尺寸标注量很大,为了保持图面清晰起见,主要采用移出标注,仅在局部采用原位标注。

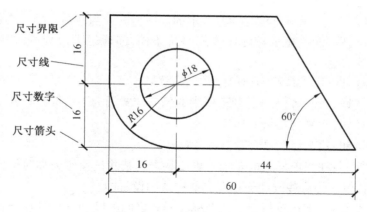

图 10 - 15　尺寸标注的组成

10.4.2　新建标注样式

调用标注样式的方法如下：

- 下拉菜单：【标注】→【标注样式】。
- 【标注】工具栏按钮：（图 10 - 16）。
- 下拉菜单：【格式】→【标注样式】。

图 10 - 16　【标注】工具栏

执行以上命令，系统弹出【标注样式管理器】对话框（图 10 - 17）。

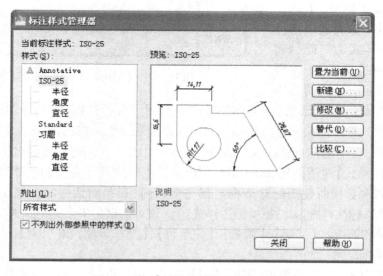

图 10 - 17　【标注样式管理器】对话框

该对话框中各控件的功能为：

● 【样式】列表框：显示所有满足筛选要求的标注样式。当前标注样式会加亮显示。

● 【列出】列表框：设置显示标注样式的筛选条件，即通过下拉列表的选项来控制【样式】列表框中的显示范围。

● 【预览】显示框：用来预览当前标注样式的效果。

● 置为当前(U) 按钮：用来将【样式】列表框中的已有样式置为当前标注样式。

● 新建(N)... 按钮：用来创建新的标注样式。

● 修改(M)... 按钮：用来修改已创建的标注样式。

● 替代(O)... 按钮：在当前样式的基础上更改某个或某些设置作为临时标注样式，来代替当前样式的使用，但不将这些改动保存在当前样式的设置中。

● 比较(C)... 按钮：用来比较指定的两个标注样式之间的区别，也可以查看一个标注样式的所有标注特性。

当采用无样板方式打开一个新的文件时，系统通常会提供默认标注样式。采用公制测量单位时，默认的标注样式为 ISO-25，这是我国采用的单位；采用英制测量单位时，默认的标注样式为 Standard。

一般说来，系统默认的尺寸标注样式 ISO-25 不完全符合我国的制图标准，为此用户在使用前，必须在此基础上进行修改来创建需要的尺寸标注样式。新的标注样式是在【标注样式管理器】对话框中创建完成的。

在【标注样式管理器】对话框中，单击 新建(N)... 按钮，弹出如图 10-18 所示的【创建新标注样式】对话框。在该对话框的【新样式名】编辑框中填写新的标注样式名，如图填写"土建"。在【基础样式】下拉列表中选择以哪一个标注样式为基础创建新标注样式。在【用于】下拉列表中选择新的标注样式的适用

图 10-18 【创建新标注样式】对话框

范围，如选择"直径标注"选项，新的标注样式只能用于直径的标注；如果勾选注释性复选框，则用这种样式标注的尺寸成为注释性对象。单击 继续 按钮，弹出如图 10-19 所示的【新建标注样式：土建】对话框，该对话框的标题栏中加入了新建样式的名称。

【新建标注样式】对话框是 AutoCAD 2010 设置或修改尺寸变量的主要界面，除新建尺寸样式外，编辑和替代所使用的对话框与其完全相同（只是对话框的标题由"新建标注样式"改变为"编辑标注样式"或"替换标注样式"）。该对话框由 7 个标签式选项卡组成，分别是【线】、【符号和箭头】、【文字】、【调整】、【主单位】、【换算单位】和【公差】。

1. 设置线样式

在【新建标注样式】对话框中，使用【线】选项卡，可以设置尺寸线和延伸线的格式和位置（图 10-19）。

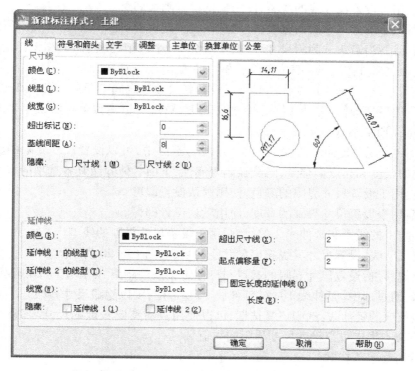

图 10-19　【新建标注样式:土建】对话框

（1）尺寸线。在"尺寸线"选区中,可以设置尺寸线的颜色、线宽、超出标记以及基线间距等属性(图 10-20)。下面具体介绍其各选项的含义。

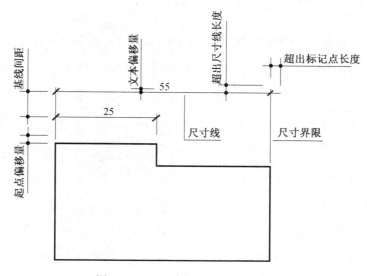

图 10-20　尺寸标注的变量图解

• 颜色:用于设置尺寸线的颜色,使用默认设置随块即可。

191

- 线型:用于设置尺寸线的线型,使用默认设置随块即可。
- 线宽:用于设置尺寸线的宽度,使用默认设置随块即可。
- 超出标记:当箭头选为斜尺寸界线、建筑标记、小标记、完整标记和无标记时才可用,是指尺寸线超过尺寸界线的距离(通常不选),如图 10-20 所示。
- 基线间距:进行基线尺寸标注时可以设置各尺寸线之间的距离,如图 10-20 所示。
- 隐藏:通过选择【尺寸线 1】或【尺寸线 2】复选框,可以隐藏第 1 段或第 2 段尺寸线及其相应的箭头(通常不选)。

(2)延伸线。在"延伸线"(又名"尺寸界限")选区中,可以设置尺寸界限的颜色、线宽、超出尺寸线的长度和起点偏移量,隐藏控制等属性,下面具体介绍其各选项的含义。

- 颜色:用于设置尺寸界限的颜色,使用默认设置即可。
- 线宽:用于设置尺寸界限的宽度,使用默认设置即可。
- 延伸线 1 的线型和延伸线 2 的线型:用于设置尺寸界限的线型。
- 超出尺寸线:设置尺寸界线超出尺寸线的量,如图 10-20 所示。
- 起点偏移量:设置尺寸界限的起点与标注定义点的距离,如图 10-20 所示。
- 隐藏:通过选中【延伸线 1】或【延伸线 2】复选框,可以隐藏尺寸界限。
- 固定长度的延伸线:选中该复选框,可以使用具有特定长度的尺寸界限标注图形,其中在"长度"文本框中可以输入尺寸界限的数值。

2. 设置符号箭头样式

在【新建标注样式】对话框中,使用【符号和箭头】选项卡可以设置箭头、圆心标记弧长符号和半径折弯的格式与位置,如图 10-21 所示。

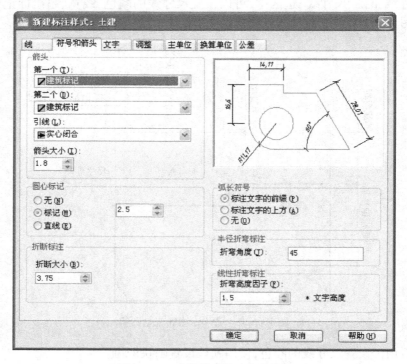

图 10-21 【符号和箭头】选项卡

（1）箭头

【第一个】下拉列表：设置尺寸线的箭头类型。当改变第一个箭头的类型时，第二个箭头将自动改变以同第一个箭头相匹配。

【第二个】下拉列表：当两端箭头类型不同时，也可设置尺寸线的第二个箭头。

【引线】：设置引线箭头。

【箭头大小】：设置箭头的大小。

（2）圆心标记

在 AutoCAD 中可以单击【标注】工具栏上的【圆心标记】按钮 ⊕，迅速对圆或弧的中心进行标记。用此命令之前，可以在【圆心标记】选项区设置圆心标记的样式，如【标记】、【直线】和【无】。其中，选中【标记】单选按钮可对圆或圆弧绘制圆心标记；选中【直线】单选按钮，可对圆或圆弧绘制中心线；选中【无】单选按钮，则没有任何标记，如图 10－22 所示。当选中【标记】或【直线】单选按钮时，可以在"大小"文本框中设置圆心标记的大小。

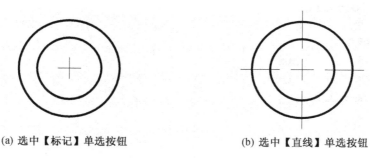

(a) 选中【标记】单选按钮　　　　　(b) 选中【直线】单选按钮

图 10－22　圆心标记类型

（3）弧长符号

在"弧长符号"选区中可以设置弧长符号显示的位置，包括"标注文字的前缀"、"标注文字的上方"和"无"3 种方式，如图 10－23 所示。

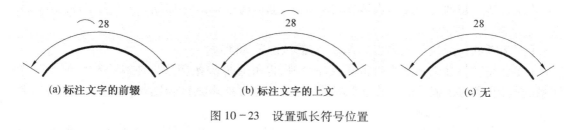

(a) 标注文字的前辍　　　　　(b) 标注文字的上文　　　　　(c) 无

图 10－23　设置弧长符号位置

（4）半径折弯

在"半径折弯标注"选区的"折弯角度"文本框中，可以设置标注圆弧半径时标注线的折弯角度大小。

（5）折断标注

在"折断标注"选区的"折断大小"文本框中，可以设置标注折断时标注线的长度大小。

（6）线性折弯标注

在"线性折弯标注"选项区域的"折弯高度因子"文本框中，可以设置折弯标注打断时折弯线的高度大小。

3. 设置文字样式

在【新建标注样式】对话框中可以使用【文字】选项卡设置标注文字的外观、位置和对齐方式,如图 10－24 所示。

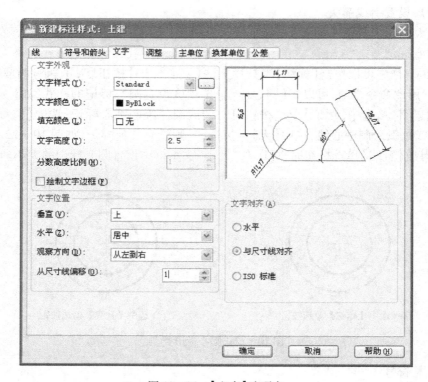

图 10－24 　【文字】选项卡

(1)【文字外观】选区

【文字样式】:通过下拉列表选择文字样式,也可通过单击▭按钮打开【文字样式】对话框设置新的文字样式。

【文字颜色】:通过下拉列表选择颜色,默认设置为随块。

【文字高度】:在文本框中直接输入高度值,也可通过▣按钮增大或减小高度值。需要注意的是,选择的文字样式中的字高应设为零(不能为具体值),否则在【文字高度】文本框中输入的值对字高无影响。

【分数高度比例】:设置相对于标注文字的分数比例。仅当在【主单位】选项卡上选择"分数"作为【单位格式】时,此选项才可用。在此处输入的值乘以文字高度,可确定标注分数相对于标注文字的高度。

【绘制文字边框】:在标注文字的周围绘制一个边框。

(2)【文字位置】选区

【垂直】:控制标注文字相对尺寸线的垂直位置。通常选择"上方"选项。

【水平】:控制标注文字相对于尺寸线和尺寸界线的水平位置。通常选择"上方"选项。

【从尺寸线偏移】:用于确定尺寸文本和尺寸线之间的偏移量,如图 10－24 所示。

（3）【文字对齐】选区

【水平】:无论尺寸线的方向如何,尺寸数字的方向总是水平的。

【与尺寸线对齐】:尺寸数字保持与尺寸线平行。

【ISO 标准】:当文字在尺寸界线内时,文字与尺寸线对齐。当文字在尺寸界线外时,文字水平排列。

4. 设置调整样式

在【新建标注样式】对话框中可以使用【调整】选项卡设置标注文字的位置、尺寸线、尺寸箭头的位置,如图 10－25 所示。

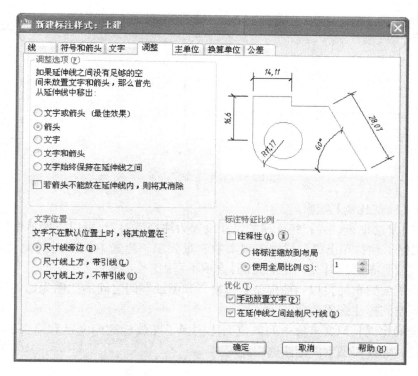

图 10－25　【调整】选项卡

（1）【调整选项】选区

当尺寸界线的距离很小不能同时放置文字和箭头时,应进行下述调整:

【文字或箭头(最佳效果)】:AutoCAD 根据最好的效果将文字或箭头放在延伸线之外。

【箭头】:首先移出箭头。

【文字】:首先移出文字。

【文字和箭头】:文字和箭头都移出。

【文字始终保持在延伸线之间】:不论延伸线之间能否放下文字,文字始终在延伸线之间。

【若箭头不能放在延伸线内,则将其消除】:若延伸线内只能放下文字,则消除延伸线。

（2）【文字位置】选区

设置标注文字从默认位置(由标注样式定义的位置)移动到标注文字的位置。此项在编辑标注文字时起作用。

【尺寸线旁边】:编辑标注文字时,文字只可移到尺寸线旁边(图 10 - 26a)。

【尺寸线上方,带引线】:编辑标注文字时,文字移动到尺寸线上方时加引线。通常选择该项(图 10 - 26b)。

【尺寸线上方,不带引线】:编辑标注文字时,文字移动到尺寸线上方时不加引线(图 10 - 26c)。

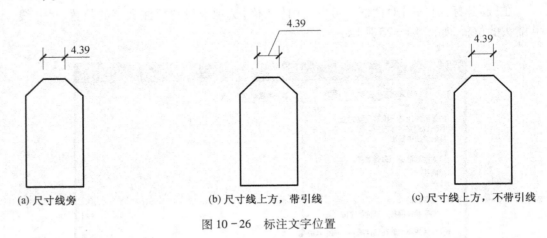

(a) 尺寸线旁　　　　　　(b) 尺寸线上方,带引线　　　　　(c) 尺寸线上方,不带引线

图 10 - 26　标注文字位置

(3)【标注特征比例】选区

【注释性】复选框:选中后,将标注的尺寸设置为注释性对象,可以方便地根据出图比例来调整注释比例,使打印出的图样中各项参数满足要求。当选中【注释性】复选框时,后面的【将标注缩放到布局】和【使用全局比例】选项不可用。

【将标注缩放到布局】:以当前模型空间视口和图纸空间之间的比例为比例因子缩放标注(如在图纸空间标注选用此项)。

【使用全局比例】:以文本框中的数值为比例因子缩放标注的文字和箭头的大小,但不改变标注的尺寸值(模型空间标注选用此项)。

(4)【优化】选区

【手动放置文字】:进行尺寸标注时标注文字的位置不确定,需要通过拖动鼠标单击来确定。

【在延伸线之间绘制尺寸线】:不论延伸线之间的距离大小,延伸线之间必须绘制尺寸线。通常选择该项。

5. 设置标注单位样式

在【新建标注样式】对话框中可以使用【主单位】选项卡设置主单位的格式与精度等属性,如图 10 - 27 所示。

(1)线性标注

线性标注选区用来设置线性标注的单位格式、精度、小数分隔符,以及尺寸文字的前缀与后缀。

【单位格式】下拉列表:用于设置标注文字的单位格式,可供选择的有小数、科学、建筑、工程、分数和 Windows 桌面等格式,工程制图中常用格式是小数。

【精度】下拉列表:用于确定主单位数值保留几位小数,这里选择精度为 0。

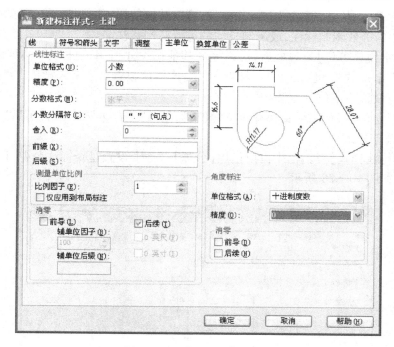

图 10 - 27　【主单位】选项卡

【分数格式】:当【单位格式】采用分数格式时,用于确定分数的格式,有 3 个选择:水平、对角和非堆叠。

【小数分隔符】:当【单位格式】采用小数格式时,用于设置小数点的格式。

【前缀】:输入指定内容,在标注尺寸时,会在尺寸数字前面加上指定内容,如输入"%%c",则在尺寸数字前面加上"φ"这个直径符号,这在标注非圆视图上圆的直径非常有效。

【后缀】:输入指定内容,在标注尺寸时,会在尺寸数字后面加上指定内容,注意前缀和后缀可以同时加。

(2)【测量单位比例】

设置线性标注测量值的比例因子。AutoCAD 按照此处输入的数值放大标注测量值。例如,如果画了一条 200 个绘图单位长的线,直接默认标注,会标注 200。如果此线表示 100 mm 长,则在此处设置测量单位比例为 0.5,AutoCAD 会在标注时自动标注为 100。

(3)【消零】

该选项用于控制前导零和后续零是否显示。选择【前导】,用小数格式标注尺寸时,不显示小数点前的零,如小数 0.500 选择【前导】后显示为.500。选择【后续】,用小数格式标注尺寸时,不显示小数后面的零,如小数 0.500 选择【后续】后显示为 0.5。

(4)【角度标注】

此选项区用来设置角度标注的单位格式与精度以及消零的情况,设置方法与【线性标注】的设置方法相同,一般【单位格式】设置为"十进制度数",【精度】为"0"。

6. 设置换算单位样式

在【新建标注样式】对话框中可以使用【换算单位】选项卡设置单位格式。

在 AutoCAD 2010 中,通过换算标注单位,可以转换使用不同测量单位制的标注,通常是显示英制标注的等效米制标注,或米制标注的等效英制标注。

选中【显示换算单位】复选框后,对话框的其他选项才可用,可以在"换算单位"选项区域中设置换算单位的"单位格式"、"精度"、"换算单位倍数"、"舍入精度"、"前缀"及"后缀"等,方法与设置主单位的方法相同。

在"位置"选区中,可以设置换算单位的位置,包括"主值上"和"主值下"两种方式。

7. 设置公差样式

在【新建标注样式】对话框中可以使用【公差】选项卡设置是否标注公差,以及以何种方式进行标注,如图 10 - 28 所示。

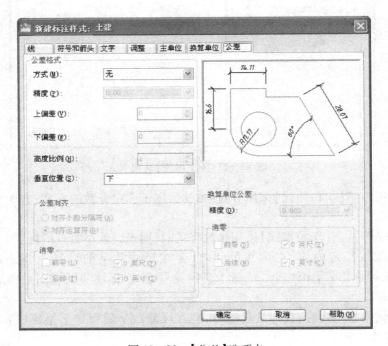

图 10 - 28　【公差】选项卡

在【公差格式】选区中可以设置公差的标注格式,其中部分选项的功能说明如下:

● 【方式】:确定以何种方式标注公差,如图 10 - 29 所示。

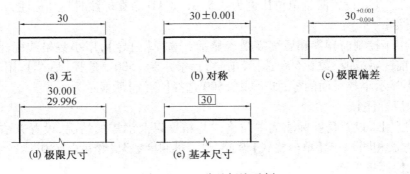

图 10 - 29　公差标注示例

- 【上偏差和下偏差】：设置尺寸上偏差、下偏差。
- 【高度比例】：确定公差文字的高度比例因子。确定后，AutoCAD 将该比例因子与尺寸文字高度之积作为公差文字的高度。
- 【垂直位置】：确定公差文字相对于尺寸文字的位置，包括"上"、"中"、"下"3 种方式。
- 【换算单位公差】：当标注换算单位时，可以设置换算单位精度和是否消零。

例 10 - 2　试根据建筑制图的国家标准，新建一个名为"土建"的标注样式。

绘图步骤：

单击【标注】工具栏中的【标注样式】按钮 ，打开【标注样式管理器】对话框（图 10 - 17），单击 新建(N)... 按钮，打开【创建新标注样式】对话框，输入新样式名"土建"，选择基础样式为"ISO - 25"，单击 继续 按钮（图 10 - 18）。

在【线】选项卡中设置：基线间距 8，超出尺寸线 2，起点偏移量 2 ，其余选项默认，如图 10 - 19 所示。

在设置【符号与箭头】选项卡中设置：箭头形式设为"建筑标记"，箭头大小设置为 1. 8，其余选项默认，如图 10 - 21 所示。

在设置【文字】选项卡中设置：文字高度 2. 5，从尺寸线偏移 1，文字与尺寸线对齐，其余选项默认，如图 10 - 24 所示。

在设置【调整】选项卡中设置：调整选项设为"箭头"，文字位置设为"尺寸线旁"，标准特性比例使用全局比例设为"1"，优化勾选"在延伸线之间绘制尺寸线"，其余选项默认，如图 10 - 25 所示。

在设置【主单位】选项卡中设置：线性标注的小数分隔符选". "（句号），精度设为 0，测量单位的比例因子设为 1，其余选项默认，如图 10 - 27 所示。

单击 确定 按钮，完成设置。

10. 4. 3　设置当前标注样式

在进行尺寸标注的时候，总是使用当前标注样式标注。

将已有标注样式置为当前样式的方法：

- 在【标注样式管理器】对话框的【样式】显示框中选中已有标注样式，然后单击 置为当前(C) 按钮。
- 在【标注样式管理器】对话框的【样式】显示框中选中已有标注样式，单击右键选择快捷菜单中的"置为当前"选项，如图 10 - 30 所示。
- 在【标注】工具栏或【样式】工具栏的【标注样式控制】下拉列表中，选择其中一种标注样式并单击将其置为当前，如图 10 - 31 所示。

图 10 - 30　【样式】快捷菜单　　　　图 10 - 31　【标注】工具栏的【标注样式控制】下拉列表

10.4.4　修改标注样式

利用【标注样式管理器】可以修改已创建的标注样式。

在【标注样式管理器】对话框的【样式】显示框中选中一个标注样式,如选择"土建"样式,然后单击 修改(M)... 按钮,弹出【修改标注样式:土建】对话框(该对话框与【新建标注样式:土建】对话框的内容完全一样),在对话框的各选项卡中进行修改,以弥补创建新标注样式时的过失,然后单击 确定 按钮返回【标注样式管理器】对话框,再单击 关闭 按钮退出对话框,完成标注样式的修改操作。

例 10-1 建立的尺寸样式虽满足土建类线性尺寸的标注,但从【标注样式管理器】对话框中的缩略示意图可知,其直径、半径、角度的标注并不符合我国的建筑制图标准,为此要再次利用【标注样式管理器】对话框来修改新创建的标注样式"土建"。

在【标注样式管理器】对话框的【样式】显示框中选中一个标注样式,如选择"土建"样式作为当前样式,然后单击 新建(N)... 按钮,弹出【创建新标注样式】对话框(该对话框与【新建标注样式:土建】对话框的内容完全一样),在该对话框中选择基础样式为"土建",用于选"直径标注",然后单击 继续 按钮返回【标注样式管理器】对话框,打开【符号与箭头】选项卡,设第一个箭头为"实心闭合",则第二个箭头也随之变化;打开【调整】选项卡,优化选区选"手动放置文字","在尺寸界线之间绘制尺寸线"。单击 确定 按钮返回【标注样式管理器】对话框(图 10-32,显然,预览框中的直径标注示意图已得到了很好的修正)。此时样式列表框中土建标注样式出现了下一级尺寸样式"直径",再单击 关闭 按钮退出对话框,完成标注样式的修改操作。

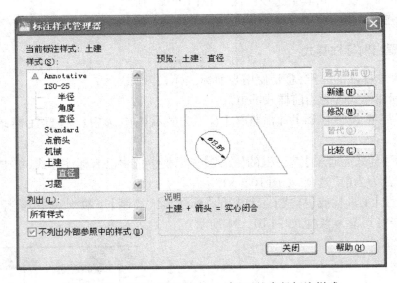

图 10-32　修改"标注样式:土建"下的直径标注样式

同理,可为土建标注样式逐一修改半径(只改【符号与箭头】选项卡中的箭头为"实心闭合")、角度(改【符号与箭头】选项卡中的箭头为"实心闭合";改【文字】选项卡中的文字对齐方式为"水平")等标注。完成后,【标注样式管理器】对话框中的样式列表框中出现土建标注样式的下一级尺寸样式,如图 10-33 所示。

10.4.5　替代、删除标注样式

1. 替代标注样式

替代标注样式只是临时在当前标注样式的基础上做部分调整,并替代当前样式进行尺寸标注。它并不是一个单独的新样式,同时所作的部分调整也不保存在当前样式中。当替代标注样式被取消后,当前标注样式的设置不会发生改变,并且不影响使用替代标注样式已经标注的尺寸样式。

图 10-33　基础样式"土建"的下一级尺寸样式

只有当前标注样式,才能执行替代操作。因此,如果标注样式不为当前样式,首先在【标注样式管理器】对话框的【样式】显示框中选中一个标注样式,如"机械"样式。然后单击 置为当前(U) 按钮将其置为当前,这时 替代(O)... 按钮可用。单击 替代(O)... 按钮,弹出【替代当前样式:机械】对话框,该对话框与【新建标注样式:土建】对话框的内容完全一样,在对话框的各选项卡中做部分改动,然后单击 确定 按钮返回【标注样式管理器】对话框。这时,在【标注样式管理器】对话框的【样式】显示框中添加了"样式替代"的字样,如图 10-34 所示。再单击 关闭 按钮退出对话框,完成标注样式的替代操作。

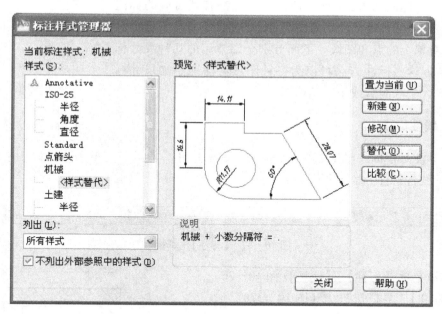

图 10-34　设置临时替代样式

从设置替代样式为当前标注样式开始,以后的尺寸标注都采用替代样式进行标注,直到将其他标注样式置为当前样式或将替代样式删除。

一旦将其他标注样式置为当前样式,替代样式将自动删除,不再保留。

2. 删除标注样式

要删除已有的标注样式,可以在【标注样式管理器】对话框的【样式】显示框中选中标注样式,单击右键,选择快捷菜单中的"删除"选项,屏幕上会弹出如图 10-35 所示的系统提

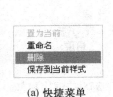

(a) 快捷菜单

(b) 系统提示

图 10-35　删除标注样式的提示

示,单击　是(Y)　按钮完成删除操作。

应该注意的是,当前标注样式和正在使用的标注样式不能删除,其右键快捷菜单的"删除"选项不可用。

10.5　尺寸标注

尺寸标注样式设置好了之后就可以进行尺寸标注了。为了更方便、快捷地标注图样中各个方向和形式的尺寸,AutoCAD 提供了多种尺寸标注的方式,每一种标注方式都有其对应的标注命令。此外,为准确地标注对象的尺寸,一般应使用对象捕捉来选取标注对象上的点和图线。下面分别介绍常用的几种尺寸标注方法,掌握这些标注方法可以为各种图形灵活地添加尺寸标注,使其成为生产制造或施工的依据。

图 10-36　【标注】下拉菜单

10.5.1　线性标注

线性标注是指标注对象在水平或垂直方向的尺寸。

启动【线性标注】命令的方法有:

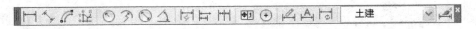

图 10-37　【标注】工具栏

- 下拉菜单:【标注】→【线性】(图 10-36)。
- 【标注】工具栏按钮:⊣(图 10-37)。
- 命令行:dimlinear 或 dimlin。

下面以矩形图案为例介绍【线性标注】的使用,如图 10-38 所示。使用上述创建的"土建"样式进行标注,即将该样式置为当前样式后,再执行以下程序操作(以后讲述的标注实例均采用该标注样式)。

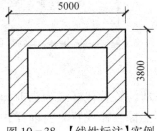

图 10-38　【线性标注】实例

命令:_dimlinear　　　　　　　　　　　　//执行【线性标注】命令
指定第一条尺寸界线原点或〈选择对象〉:　//捕捉矩形的左上角点

指定第二条尺寸界线原点：　　　　　　　　　//捕捉矩形的右上角点

指定尺寸线位置或

［多行文字（M）/文字（T）/角度（A）/水平（H）/垂直（V）/旋转（R）］：

　　　　　　　　　　　　　　　　　　　　　//上移光标到合适位置，单击鼠标，标

注水平尺寸

　　标注文字 = 5 000　　　　　　　　　　　　//显示水平尺寸的自动测量值

　　命令：_ dimlinear　　　　　　　　　　　　//执行【线性标注】命令

　　指定第一条尺寸界线原点或〈选择对象〉：　　//捕捉矩形的右下角点

　　指定第二条尺寸界线原点：　　　　　　　　//捕捉矩形的右上角点

　　指定尺寸线位置或

［多行文字（M）/文字（T）/角度（A）/水平（H）/垂直（V）/旋转（R）］：

　　　　　　　　　　　　　　　　　　　　　//右移光标到合适位置，单击鼠标，标

注垂直尺寸

　　标注文字 = 3 800　　　　　　　　　　　　//显示垂直尺寸的自动测量值

在命令行提示"指定尺寸线位置或［多行文字（M）/文字（T）/角度（A）/水平（H）/垂直（V）/旋转（R）］："中，各选项的含义分别为：

多行文字（M）：选择该项后，系统打开【文字格式】选项框，如图 10 - 39 所示。在文字框中显示可编辑状态的尺寸数字，该数字是 AutoCAD 自动测量的尺寸数据，用户可根据需要修改。修改完毕，单击 确定 按钮即可。

图 10 - 39　【文字格式】选项框

文字（T）：以单行文本形式重新输入尺寸数据。

角度（A）：设置尺寸文字的倾斜角度。

水平（H）和垂直（V）：用于选择水平或者垂直标注，或者通过拖动鼠标也可以切换水平和垂直标注。

旋转（R）：将尺寸线旋转一定角度后进行标注。

10. 5. 2　对齐标注

【线性标注】只可以标注水平方向和垂直方向的尺寸。如果被标注的边未知倾斜角度，则只能使用【对齐标注】。【对齐标注】可以让尺寸线始终与被标注的对象平行，当然也可以标注水平边或垂直边。

启动【对齐标注】命令的方法有：

● 下拉菜单：【标注】→【对齐】。

●【标注】工具栏按钮：。

● 命令行：dimaligned。

下面介绍对齐标注在如图 10 - 40 所

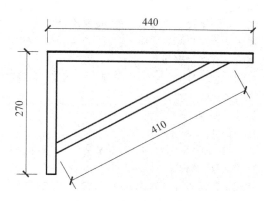

图 10 - 40　【对齐标注】实例

203

示三角支架的标注上的应用(仅以斜边标注为例)。

命令:_ dimaligned	//执行【对齐标注】命令
指定第一条尺寸界线原点或〈选择对象〉:	//捕捉斜边的左下端点
指定第二条尺寸界线原点:	//捕捉斜边的右上端点
指定尺寸线位置或	
[多行文字(M)/文字(T)/角度(A)]:	//移动光标,尺寸线始终保持与斜边平行来
回移动,在合适位置单击标注 AB 边尺寸	
标注文字 = 410	//显示斜边的自动测量值

在命令行的"指定尺寸线位置或[多行文字(M)/文字(T)/角度(A)]:"提示中,各选项含义同上。

10.5.3　连续标注

连续标注是指一系列首尾相接的连续尺寸标注,前面尺寸标注的第二个起点和第二条尺寸界限是后面尺寸标注的第一个起点和第一条尺寸界限,依此类推。这种标注是建筑制图常用的标注。

【连续标注】命令必须在执行了【线性标注】、【对齐标注】、【角度标注】或【坐标标注】之后才能使用,系统将自动捕捉到的上一次标注的第二条尺寸界线作为连续标注的起点。

启动【连续标注】命令的方法有:

● 下拉菜单:【标注】→【连续】。

●【标注】工具栏按钮:ᕮᕮᕮ。

● 命令行:dimcontinue。

现以图 10-41 所示的图形为例介绍【连续标注】的使用。首先使用【线性标注】方式对 AB 边进行标注,然后单击【连续标注】按钮,依提示,顺序捕捉点 C、D、E、F,完成作图。

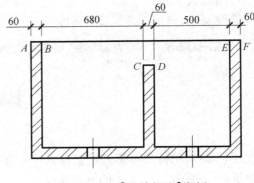

图 10-41　【连续标注】实例

命令:_ dimlinear	//执行【线性标注】命令
指定第一条尺寸界线原点或〈选择对象〉:	//捕捉点 A
指定第二条尺寸界线原点:	//捕捉点 B
指定尺寸线位置或	
[多行文字(M)/文字(T)/角度(A)/水平(H)/垂直(V)/旋转(R)]:	//光标上移到合适位置单击标
注水平边 AB 的尺寸	
标注文字 = 60	//显示 AB 边的自动测量值
命令:_ dimcontinue	//执行【连续标注】命令
指定第二条尺寸界线原点或[放弃(U)/选择(S)]〈选择〉:	//捕捉点 C
标注文字 = 680	//显示 BC 间的自动测量值
指定第二条尺寸界线原点或[放弃(U)/选择(S)]〈选择〉:	//捕捉点 D

标注文字 = 60	//显示 *CD* 边的自动测量值
指定第二条尺寸界线原点或［放弃(U)/选择(S)］〈选择〉://捕捉点 *E*	
标注文字 = 500	//显示 *DE* 间的自动测量值
指定第二条尺寸界线原点或［放弃(U)/选择(S)］〈选择〉://捕捉点 *F*	
标注文字 = 60	//显示 *EF* 边的自动测量值
指定第二条尺寸界线原点或［放弃(U)/选择(S)］〈选择〉://回车结束命令	

在命令行的"指定第二条尺寸界线原点或［放弃(U)/选择(S)］〈选择〉:"提示中其余各选项含义为:

放弃(U):放弃上一步的操作。

选择(S):输入"S"后,用户可以重新选择【线性标注】、【对齐标注】、【角度标注】或【坐标标注】中的尺寸界线作为【连续标注】的第一条尺寸界线。

10.5.4　基线标注

【基线标注】是将上一步标注的基线或重新指定的基线作为标注基线,执行连续的【基线标注】,所有的【基线标注】共用一条基线。它与【连续标注】相似,必须事先执行【线性标注】、【对齐标注】或【角度标注】。默认情况下,系统自动以上一步标注的第一条尺寸界线作为【基线标注】的基线;基线也可以由用户在操作中临时指定;基线标注多用于机械制图。

启动【基线标注】命令的方法有:

● 下拉菜单:【标注】→【基线】。

● 【标注】工具栏按钮:▭。

● 命令行:dimbaseline。

现以如图 10 - 42 所示的图形为例介绍由用户指定基线,进行【基线标注】的操作。首先使用【线性标注】方式对 *AB* 边进行标注,然后单击基线标注按钮,依提示,顺序捕捉点 *C*、*D*,完成作图。

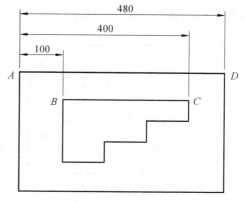

图 10 - 42　【基线标注】实例

命令:_ dimlinear	//执行【线性标注】命令
指定第一条尺寸界线原点或〈选择对象〉:	//捕捉点 *A*
指定第二条尺寸界线原点:	//捕捉点 *B*
指定尺寸线位置或	
［多行文字(M)/文字(T)/角度(A)/水平(H)/垂直(V)/旋转(R)］: //光标下移到合适位置单击	
标出水平尺寸	
标注文字 = 100	//显示 *AB* 间的自动测量值
命令:_ dimbaseline	//执行【基线标注】命令
指定第二条尺寸界线原点或［放弃(U)/选择(S)］〈选择〉:	//捕捉点 *C*
标注文字 = 400	//显示 *AC* 间的自动测量值
指定第二条尺寸界线原点或［放弃(U)/选择(S)］〈选择〉:	//捕捉点 *D*
标注文字 = 480	//显示 *AD* 间的自动测量值

指定第二条尺寸界线原点或［放弃(U)/选择(S)］〈选择〉：   //回车结束选择

选择基准标注：   //回车结束命令

同理,在命令行的"指定第二条尺寸界线原点或［放弃(U)/选择(S)］〈选择〉:"提示中各选项含义为:

放弃(U):放弃上一步的操作。

选择(S):输入"S"后,用户可以重新选择【线性标注】、【对齐标注】或【角度标注】中的基线作为【连续标注】的标注基线。

10.5.5 半径标注

用来标注圆或圆弧的半径。启动【半径标注】命令的方法有:

- 下拉菜单:【标注】→【半径】。
- 【标注】工具栏按钮:⊙。
- 命令行:dimradius。

现以如图 10-43 所示的图形为例介绍【半径标注】的使用及注意事项。

在使用建筑类标注样式对图形中的半径、直径和角度进行标注时,由于箭头为建筑标记,所有标注效果会如图 10-43a 所示,这样不满足建筑标注的要求。因此需要将标注样式设置到符合制图国家标准的半径、直径和角度标注形式(图 10-43b)。

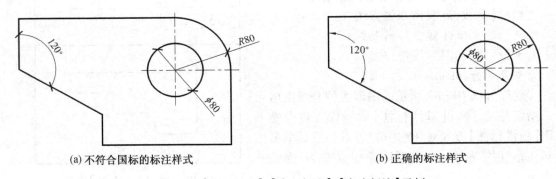

(a) 不符合国标的标注样式   (b) 正确的标注样式

图 10-43 【半径标注】、【直径标注】、【角度标注】示例

设置符合制图国家标准的半径标注操作为:将【标注样式管理器】对话框中的【符号与箭头】选项卡中的第一个箭头选为"实心闭合",第二个箭头随之变化;将【调整】选项卡中的调整选项,由"文字或箭头(最佳效果)"改为"箭头"。将优化选项由"在延伸线之间绘制尺寸线"改为"手动放置文字"即可。

命令:_ dimradius   //执行【半径标注】命令

选择圆弧或圆: //用拾取框单击圆弧

标注文字 =80   //显示圆弧半径的自动测量值

指定尺寸线位置或［多行文字(M)/文字(T)/角度(A)］:   //移动光标到合适位置,单击标出半径,如图 10-43b 所示

系统会自动在半径标注的尺寸文字前加注字母"R",同时根据光标的位置将尺寸文字放置在圆弧的内部或外部。

10.5.6　直径标注

用来标注圆或圆弧的直径。启动【直径标注】命令的方法有：
- 下拉菜单：【标注】→【直径】。
- 【标注】工具栏按钮：◯。
- 命令行：dimdiameter。

现延用图 10-43 为例介绍【直径标注】的使用。设置符合制图国家标准的直径标注操作与上述半径的标注设置一样，将【标注样式管理器】中的优化选项设置为"手动放置文字"可有效地避免尺寸数据集中在圆心位置。

命令：_ dimdiameter	//执行【直径标注】命令
选择圆弧或圆：	//用拾取框单击圆周
标注文字 = 80	//显示圆直径的自动测量值
指定尺寸线位置或［多行文字(M)/文字(T)/角度(A)］：	//移动光标到合适位置，单击确定尺
寸线位置	

系统会自动在直径标注的尺寸文字前加注字符"ϕ"，同时根据光标的位置可以将尺寸文字放置在圆的内部或外部。可以使用夹点来编辑标注尺寸线的角度。

10.5.7　角度标注

可以标注圆弧对应的圆心角、两条不平行直线间的夹角（两直线相交或延长线相交均可）。

启动【角度标注】命令的方法有：
- 下拉菜单：【标注】→【角度】。
- 【标注】工具栏按钮：◁。
- 命令行：dimangular。

我国的制图标准规定，尺寸标注中的角度数字应水平书写。在进行角度尺寸标注之前，要将"角度标注"样式置为当前，且将【标注样式管理器】中【文字】选项卡中的文字对齐区中的选项设置由"与尺寸线对齐"改为"水平"，以实现角度数字水平书写；其余设置同半径标注的尺寸设置。否则，就可能出现图 10-43a 所示的不符合国家标准的标注，图 10-43b 中夹角标注的操作过程如下：

命令：_ dimangular	//执行【角度标注】命令
选择圆弧、圆、直线或〈指定顶点〉：	//用拾取框单击角度的一边
选择第二条直线：	//用拾取框单击角度的另一边
指定标注弧线位置或［多行文字(M)/文字(T)/角度(A)］：	//移动光标可以标注角度的内角
（锐角）或补角（钝角），在合适位置单击标注角度	
标注文字 = 120	//显示角度的自动测量值

10.5.8　圆心标注

平时在绘制圆或圆弧时，并不显现出它们的圆心位置。【圆心标记】命令可以对圆（弧）心进行标记，使得圆心位置非常明显。

启动【圆心标记】命令的方法有：

- 下拉菜单：【标注】→【圆心标记】。
- 【标注】工具栏按钮：⊙。
- 命令行：dimcenter。

现以如图 10－44 所示的图形为例介绍【圆心标记】命令的使用。

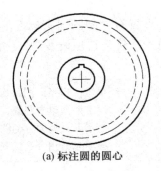

(a) 标注圆的圆心

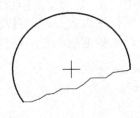

(b) 标注圆弧的圆心

图 10－44 　【圆心标记】实例

命令：_ dimcenter	//执行【圆心标记】命令
选择圆弧或圆：	//拾取圆或圆弧单击，在圆或圆弧的圆心处注出十字标注

10.5.9　折弯标注

折弯标注适用于标注半径较大的圆弧。当圆弧的半径很大，其弧心甚至在画面之外时，直接标注很不方便，也不好看，这时可采用折弯标注，它是对半径标注的一种省略。

【折弯】标注命令的调用方式如下：

- 【标注】工具栏按钮：⚲。
- 下拉菜单：【标注】→【折弯】。
- 命令行：dimjogged。

在图 10－45 中，用折弯标注法对点画线圆弧的半径进行折弯标注，其命令行显示如下：

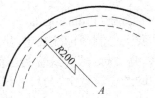

图 10－45　折弯标注示例

命令：_ dimjogged	//执行【折弯】命令
选择圆弧或圆：	//拾取圆弧单击
指定图示中心位置：	//指定标注的起点位置 A
标注文字 = 143.51	//显示起点 A 到圆弧的自动测量值
指定尺寸线位置或［多行文字（M）/文字（T）/角度（A）］：T	//输入"T"，修改半径数值
输入标注文字〈143.51〉：R200	//输入半径值 R200
指定尺寸线位置或［多行文字（M）/文字（T）/角度（A）］：	//在箭头线或其延长线上单击，以确
定尺寸线的位置	
指定折弯位置：	//移动光标在适当的位置单击，以确
定折弯位置和尺寸数据的方位	

10.5.10　快速标注

【快速标注】是一次选择多个标注对象进行批量标注的方法,可加快标注的速度。

启动【快速标注】命令的方法有:

- 下拉菜单:【标注】→【快速标注】。
- 【标注】工具栏按钮:。
- 命令行:qdim。

现以如图 10 - 46a 所示的图形为例介绍【快速标注】的使用。

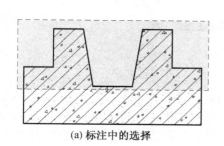
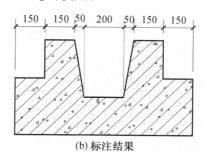

(a) 标注中的选择　　　　　　　　　　　(b) 标注结果

图 10 - 46　【快速标注】实例

```
命令:_ qdim                                    //执行【快速标注】命令
关联标注优先级 = 端点
选择要标注的几何图形:指定对角点:找到 9 个
选择要标注的几何图形:                          //如图 10 - 46a 所示窗选全部待标注的线段
指定尺寸线位置或[连续(C)/并列(S)/基线(B)/坐标(O)/半径(R)/直径(D)/基准点(P)/编辑
(E)/设置(T)]〈连续〉:                           //光标指定尺寸线的位置,完成标注
```

在使用快速标注时需要注意的是,系统认定的标注线段的个数是以实际图形对象的数目计算的。如首尾相连的两段共线直线,尽管它们看似一条直线,但系统认定它们为两个图形对象而分别标注。这一点在标注镜像图形时应予以注意。

在上述命令行提示"指定尺寸线位置或[连续(C)/并列(S)/基线(B)/坐标(O)/半径(R)/直径(D)/基准点(P)/编辑(E)/设置(T)]〈连续〉:"时,输入相应的字母来选择需要的标注方式。

例如,对图 10 - 47a 中所示的多个圆弧进行快速半径标注。其操作如下:

```
命令:_ qdim                                    //执行【快速标注】命令
关联标注优先级 = 端点
选择要标注的几何图形:找到 1 个                 //拾取圆弧对象 1
选择要标注的几何图形:找到 1 个,总计 2 个       //拾取圆弧对象 2
选择要标注的几何图形:找到 1 个,总计 3 个       //拾取圆弧对象 3
选择要标注的几何图形:找到 1 个,总计 4 个       //拾取圆弧对象 4
选择要标注的几何图形:                          //回车结束选择
指定尺寸线位置或[连续(C)/并列(S)/基线(B)/坐标(O)/半径(R)/直径(D)/基准点(P)/编辑
(E)/设置(T)]〈连续〉:R                          //输入"R",选择半径标注
```

209

然后,使用夹点依次编辑重叠在一起的两个同心圆弧半径 *R*20 和 *R*28,使其错开,完成标注作图(图 10 - 47b)。

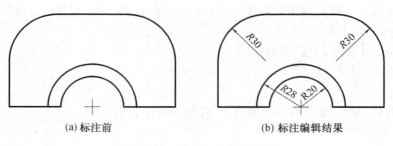

(a) 标注前   (b) 标注编辑结果

图 10 - 47　快速标注圆弧示例

10.5.11　多重引线标注

AutoCAD 2010 具有引线标注功能,系统设置有【多重引线】工具栏。可以在任意工具栏上单击鼠标右键选中调出,也可在"二维草图与注释"界面中的面板选项板中直接找到,如图 10 - 48 所示。

启动【快速引线标注】命令的方法有:

● 下拉菜单:【标注】→【多重引线】。

● 【多重引线】工具栏按钮:。

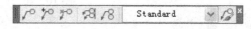

图 10 - 48　【多重引线】工具栏

● 命令行:mleader。

启动该命令后,命令行提示:

命令:_ mleader　　　　　　　　　　　　　　　　　　　　　　　　　　//执行【多重引线标注】命令

指定引线箭头的位置或[引线基线优先(L)/内容优先(C)/选项(O)]〈选项〉:

指定引线基线的位置:

这时,依提示指定引线箭头的位置和引线基线的位置,然后在打开的文字输入窗口中输入注释内容即可。如图 10 - 49 为单击楼梯的防滑条右侧作为指引箭头的位置,输入内容为"金刚砂"时的引线标注。

当用户对目前默认的引线标注样式不满意时,可以进行修改,或者建立自己需要的引线标注样式。这些都可以通过【多重引线样式管理器】对话框(图 10 - 50)来实现。

打开【多重引线样式管理器】对话框的方法有:

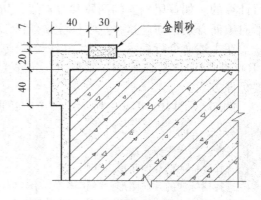

图 10 - 49　楼梯防滑条的引线标注

● 【多重引线】工具栏按钮:。

● 命令行:mleaderstyle。

与【标注样式管理器】对话框类似,通过【多重引线样式管理器】对话框,用户可以新建、

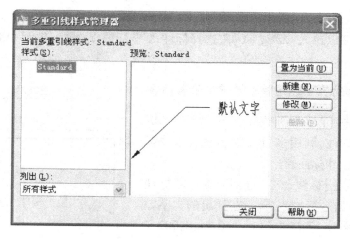

图 10 - 50　【多重引线样式管理器】对话框

修改、删除相应的多重引线样式。

10. 5. 12　坐标标注

坐标标注是一类特殊的引注,用于标注某些点相对于 UCS 坐标原点的 X 和 Y 坐标。

启动【坐标标注】命令的方法有:

* 下拉菜单:【标注】→【坐标】。

* 【标注】工具栏按钮: 。

* 命令行:dimordinate。

现以如图 10 - 51 所示的圆心坐标标注为例介绍【坐标标注】的使用。

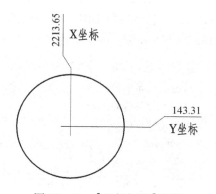

图 10 - 51　【坐标标注】实例

命令:_ dimordinate	//执行【坐标标注】命令
指定点坐标:〈对象捕捉 开〉	//打开【对象捕捉】模
式,捕捉圆心	
指定引线端点或[X 基准(X)/Y 基准(Y)/多行文字(M)/文字(T)/角度(A)]:	
	//移动光标可以标注 X
坐标或 Y 坐标,光标上移到合适位置单击选择标注 X 坐标	
标注文字 = 2213. 65	//显示 X 坐标的自动测
量值	
命令:_ dimordinate	//执行【坐标标注】命令
指定点坐标:	//捕捉圆心
指定引线端点或[X 基准(X)/Y 基准(Y)/多行文字(M)/文字(T)/角度(A)]:	
	//光标右移到合适位置
单击选择标注 Y 坐标	
标注文字 = 143. 31	//显示 Y 坐标的自动测
量值	

在命令行提示"指定引线端点或［X 基准（X）/Y 基准（Y）/多行文字（M）/文字（T）/角度（A）］:"时,也可以输入"X"或"Y"来选择标注 X 坐标或 Y 坐标;提示中的其余选项含义与【线性标注】相同。

10.5.13 利用多行文字创建特殊要求的公差标注

在机械设计中,经常要创建如图 10－52 所示的偏差形式的尺寸标注,利用多行文字功能可以非常方便地创建这类尺寸标注。

首先选择【线性】标注命令,分别捕捉尺寸标注的起点 A 和 B;在命令行输入"m";在弹出的文字输入窗口中输入文字字符"％％ c 40 ＋ 0.002 ＾－0.004";选择公差文字"＋0.002 ＾－0.004",单击【文字格式】工具栏中的按钮 ，点击 确定 按

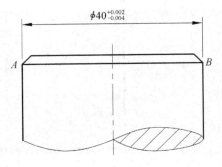

图 10－52　偏差形式的尺寸标注

钮,退出文字编辑（图 10－53）;在图形上选择一点以确定尺寸线的位置,完成作图。该过程的命令行显示如下:

命令:_ dimlinear	//启动【线性】标注命令
指定第一条延伸线原点或〈选择对象〉:	//捕捉点 A
指定第二条延伸线原点:	//捕捉点 B
指定尺寸线位置或	
［多行文字（M）/文字（T）/角度（A）/水平（H）/垂直（V）/旋转（R）］:M	//选择多行文字编辑
指定尺寸线位置或	
［多行文字（M）/文字（T）/角度（A）/水平（H）/垂直（V）/旋转（R）］:	//输入标注字符
标注文字 = 32.12	//系统的自动测算值

图 10－53　【文字格式】工具栏

10.5.14 形位公差标注

在产品设计时必须考虑形位公差标注,这是因为加工后的零件不仅有尺寸误差,而且还有形状上的误差和位置上的误差。机械工业中通常将形状误差和位置误差统称为形位误差,这类误差影响机械产品的功能,因此设计时应规定相应的公差,并按规定的标准符号标注在图样上。

通常情况下,形位公差的标注主要由公差框格和指引线组成,而公差框格内又主要包括公差代号、公差值以及基准代号。以下简单介绍形位公差的标注方法。

1. 绘制基准代号和公差指引

通常在进行形位公差标注之前指定公差的基准位置绘制基准符号,并在图形上的合适

位置利用引线工具绘制公差标注的箭头指引线,如图 10 - 54 所示。

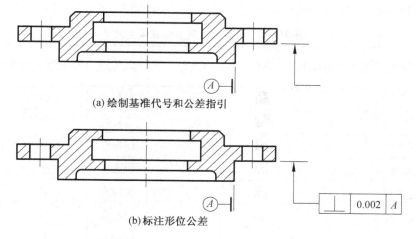

(a) 绘制基准代号和公差指引

(b) 标注形位公差

图 10 - 54　绘制公差基准代号和箭头指引线

2. 指定形位公差符号

调用标注形位公差的方法如下:

- 下拉菜单:【标注】→【公差】。
- 【标注】工具栏按钮:⊞。
- 命令行:Tolerance。

执行上述命令后,系统弹出【形位公差】对话框,如图 10 - 55 所示。选择对话框中的【符号】色块,系统弹出【特征符号】对话框(图 10 - 56);选择公差符号,即可完成公差符号的指定。

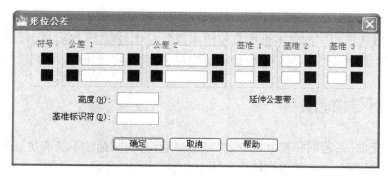

图 10 - 55　【形位公差】对话框

图 10 - 56　【特征符号】对话框

【特征符号】对话框提供了国家规定的 14 种形位公差符号,各种公差符号的具体含义如表 10 - 2 所示。

表 10 - 2　各种公差符号的具体含义

分类	项目特征	有无基准要求	符号	分类	项目特征	有无基准要求	符号
形状公差	直线度	无	▬	位置公差	平行度	有	∥
	平面度	无	▱	定向公差	垂直度	有	⊥
	圆度	无	◯		倾斜度	有	∠
	圆柱度	无	⌀	定位公差	位置度	有或无	⊕
	线轮廓度	有或无	⌒		同轴度	有	◎
	面轮廓度	有或无	⌓		对称度	有	⩵
				跳动公差	圆跳动	有	↗
					全跳动	有	⤢

3. 指定公差值和包容条件

在【符号】选项挑选项目特征符号,【公差 1】选项组中的文本框中直接输入公差值,并选择后侧的色块弹出【附加符号】对话框,在该对话框中选择所需的包容符号即可完成指定,其中符号 M 代表材料的一般中等状况;L 代表材料的最大状况;S 代表材料的最小状况。

本例在【符号】选项中选择垂直度符号"⊥",【公差 1】选项组中的文本框中直接输入公差值"0.002",其余项不变。

4. 指定基准并放置公差框格

在【基准 1】选项组中的文本框中直接输入该公差代号"A",然后单击 确定 按钮,并在图中牵头指引线的端点放置公差框格即可完成公差标注(图 10 - 54b)。

10.6　修改尺寸标注

尺寸标注完成后,若图样被修改,或标注结果有错,或原标注不能满足要求,可对已完成的尺寸标注进行修改,修改范围包括已标注对象的文字、位置及样式。

AutoCAD 尺寸标注是图形中特殊的块对象,但又不完全等同于块对象。与普通图线对象一样,可以对尺寸标注对象进行复制、陈列、镜像、移动、旋转、拉伸、延伸或剪切等基本编辑和夹点编辑等操作。当尺寸标注的尺寸文本为自动标注时,拉伸、延伸或剪切尺寸对象,其标注值会伴随更新。

10.6.1　编辑标注

单击【标注】工具栏中的【编辑标注】按钮，此时命令行提示如下:

命令：_ dimedit

输入标注编辑类型［默认（H）/新建（N）/旋转（R）/倾斜（O）］〈默认〉：

其各选项的含义如下：

默认：选择该选项并选择尺寸对象，可以按默认位置和方向放置尺寸文字。

新建：选择该选项可以修改尺寸文字，此时系统将显示【文字格式】工具栏和文字输入窗口。修改或输入尺寸文字后，选择需要修改的尺寸对象即可。

旋转：选择该选项可以将尺寸文字旋转一定的角度，同样是先设置角度值，然后选择尺寸对象。

倾斜：选择该选项可以使非角度标注的延伸线倾斜一角度（适合于轴测图的尺寸标注）。这时需要先选择尺寸对象，然后设置倾斜角度值。

10.6.2　编辑标注文字

单击【标注】工具栏中的【编辑标注文字】按钮，然后选择需要修改的尺寸对象后，此时命令行提示如下：

命令：_ dimtedit

选择标注：

为标注文字指定新位置或［左对齐（L）/右对齐（R）/居中（C）/默认（H）/角度（A）］：

默认情况下，可以通过拖动光标来确定尺寸文字的新位置，也可以输入相应的选项指定文字的新位置。

10.6.3　更新标注样式

更新标注样式有以下几种方法：

1. 更新尺寸标注样式

要修改用某一种样式标注的所有尺寸，用户可以在【标注样式管理器】对话框中修改这个标注样式即可。在完成修改的同时，绘图区域中所有使用该样式的尺寸标注都将随之更改。

2. 套用另一种标注样式

在绘图区域选中需要修改的一个或多个尺寸标注，单击【标注】工具栏中【标注样式控制】列表的 按钮，在列表中选中另外一种标注样式，然后按 Esc 键，则所选尺寸标注完全按照另一种标注样式显示。

3. 用【标注】工具栏的标注更新按钮

首先，将要修改成为的那种标注样式置为当前，然后单击标注更新按钮，在系统的提示下选择被修改的尺寸标注。

除以上介绍的多种修改尺寸标注的方法外，还可以使用【特性】选项板来进行修改。

10.7 实操练习题

10.7.1 问答题

1. 如何创建及修改文字样式？定义文本样式应注意哪些问题？
2. 行文本与段落文本的主要区别有哪些？
3. 多行文字编辑的方法有哪些？
4. 如何在行文本中输入特殊字符？
5. 如何创建一个新的标注样式？尺寸标注的基本要素是什么？
6. 简述常用的尺寸标注方式及用法。
7. 简述可以通过哪些方法实现对尺寸标注组成部分的修改。

10.7.2 操作题

1. 先按 1:1 的比例绘制如图 10-57 所示的平面图形,再标注如图所示的所有尺寸。

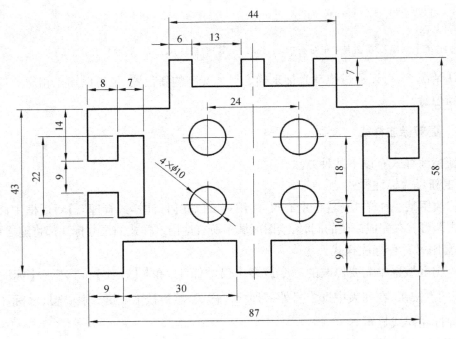

图 10-57　平面图形的绘制与尺寸标注

2. 先按 1:1 的比例绘制如图 10-58 所示的蜗杆端盖零件图,再设计一款"机械标注"样式,按如图所示的内容标注全部尺寸与公差。

3. 试按 1:20 的比例绘制如图 10-59 所示的外墙剖面节点详图(不明确的细部尺寸自拟),然后如图所示标注全部尺寸和文字。

216

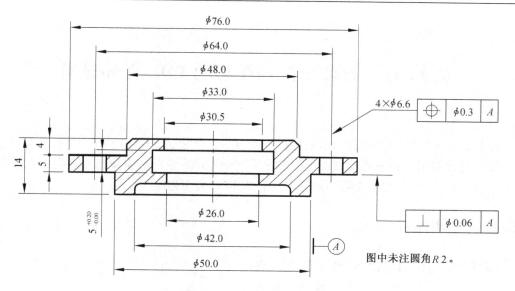

图 10-58　蜗杆端盖零件图

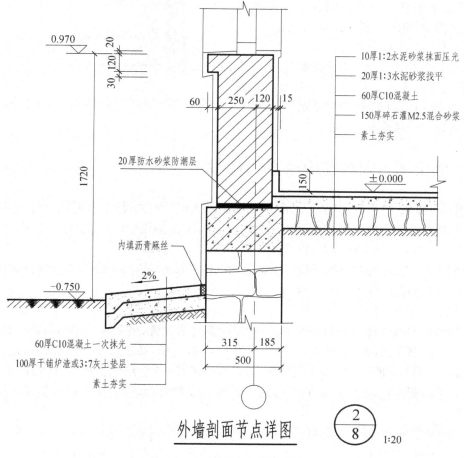

外墙剖面节点详图

图 10-59　外墙剖面节点详图

第 11 章　打印出图与图形的 PDF 文件导出

绘制好的工程图样需要打印出来进行报批、存档、交流、指导加工或施工,所以绘图的最后一步是打印图形。前面的绘制工作都是在模型空间中完成的。本章将重点介绍如何利用模型空间出图,如何利用数据输出把图形保存为 PDF 文件类型。

11.1　模型空间

模型空间主要用于建模,前面各章介绍的绘图、编辑、标注等操作都是在模型空间完成的。模型空间是一个没有界限的三维空间,用户在这个空间中可以以任意尺寸绘制图形,工程制图的用户基于绘图方便的目的,通常采用 1:1 的比例绘制图形。

用户用于绘图的空间一般都是模型空间,在默认情况下 AutoCAD 显示的窗口是模型窗口,在绘图窗口的左下角显示【模型】和【布局】窗口的选项卡按钮,如图 11 - 1 所示。

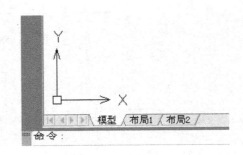

图 11 - 1　模型空间与图纸空间选项卡按钮

11.2　单比例布图与在模型空间打印

如果要打印的图形只使用一个比例,则该比例既可以预先设置,也可以在出图时修改比例。在出图时设置比例这种方式适用于大多数工程图样的设计与出图,如果整张图形使用同一个比例,即单比例布图,则可以直接在模型空间出图打印。

例 11 - 1　试将图 11 - 2 所示的建筑立面图按照横幅布满 A4 图纸的比例打印出图。

单比例布图与打印的基本步骤为:

1. 确定图形比例

设置绘制图形的比例有两种方法:一种是绘图之前设置,另一种是在出图之前设置。

工程用户基于绘图的方便在绘图时常采用 1:1 的比例,那么就要在出图之前设置比例。经过估算,图 11 - 2 所示建筑立面图如果按照横幅布满 A4 图纸的比例,打印在图纸上比较合适。为了使图形更加规范,我们可以为该图形再绘制出标题栏,也可以直接插入 CAD 自带的图框。

2. 在模型空间设置打印参数

执行 AutoCAD 的【文件】→【打印】命令,显示【打印-模型】对话框,如图 11 - 3 所示。

在【打印机/绘图仪】选项中打开【名称】下拉列表,选择已经安装了的打印机或绘图仪

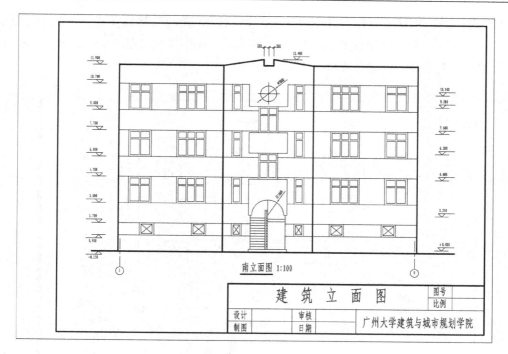

图 11-2 某住宅楼立面图

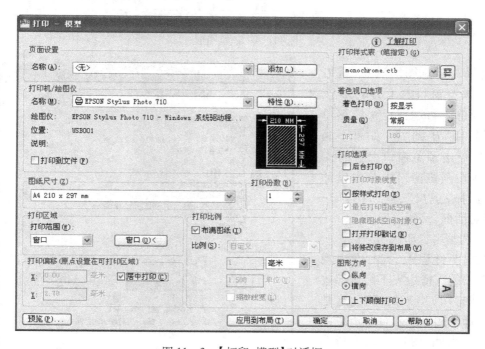

图 11-3 【打印-模型】对话框

名称;在【图纸尺寸】下拉列表中选择要出图的图纸大小,此处选"A4";【打印比例】选择"布满图纸";【打印区域】选择"窗口",然后依次捕捉图框两对角点,来确定打印全部图形;【打印偏移】选"居中打印";【打印样式表】选择单色打印样式文件"monochrome. ctb",并勾选

219

【打印选项】中的"按样式打印";【图形方向】选区选择"横向";然后单击 预览(P)... 按钮,则显示如图 11-4 所示的预览图形(点击该对话框右下角的圆形按钮 ◀ ,可以选择是打开还是关闭该对话框右侧三分之一的扩展区域)。

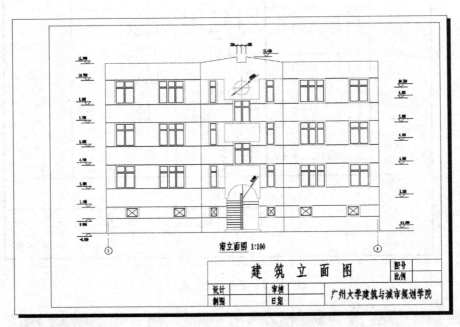

图 11-4   预览图形

如果对预览图形满意,就可以单击预览窗口左上方的 🖨 按钮,或者单击右键选择快捷菜单中的"打印"出图了。如果不满意,可以单击预览窗口上方的 ⊗ 按钮,或在预览窗口中单击鼠标右键,选择"退出",返回【打印-模型】对话框,重新设置。

3. 调整可打印区域

在出图过程中,有时会出现预览图中的图框边界不能全部被显示(或打印)出来的情况,这是因为选择的图纸或者打印边距设置不对。为此,用户可以重新选用如 ISO full bleed 图纸,或者用下面的方法调整可打印区域。

单击图 11-3 所示【打印-模型】对话框的【打印机/绘图仪】

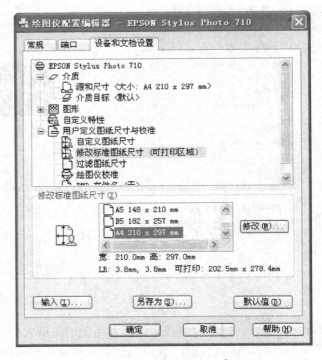

图 11-5   【绘图仪配置编辑器】对话框

右侧的 特性(R)... 按钮,系统弹出【绘图仪配置编辑器-EPSON Stylus Photo 710】对话框,如图 11-5 所示。

在对话框中选择【修改标准图纸尺寸(可打印区域)】选项,然后在【修改标准图纸尺寸】栏的下拉列表中选择图纸尺寸,在列表的下方的文字描述中可见"可打印:202.5 mm × 278.4 mm",并不等于 A4 图纸尺寸"210 mm × 297 mm"。

单击 修改(M)... 按钮,系统弹出【自定义图纸尺寸-可打印区域】对话框,将页面的上、下、左、右边界距离全部修改为 0,如图 11-6 所示。

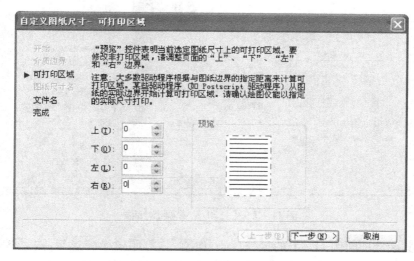

图 11-6　【自定义图纸尺寸-可打印区域】对话框

然后单击 下一步(N)> 按钮,根据提示完成设置。可选择其默认的"仅对当前打印应用修改"选项,如果想将此项修改应用到以后的打印配置中,也可以选择"将修改保存到下列文件"选项。单击 确定 按钮,关闭该对话框。这样就可以使图形打印完整了。

在打印时,如果预览窗口线条的粗细不明显,我们可以在模型窗口中打开【图层特性管理器】选项对话框,将粗实线宽度设置为 0.7 ~ 1.0 mm,将细实线、点画线、虚线的宽度设置为 0.25 ~ 0.3 mm,这样预览和打印出来的图形就会粗细明显,符合要求了。

11.3　将当前图形导出为 PDF 文件

高校学生在完成 CAD 图样绘制后,一定会寻求打印店出图。由于店家的 AutoCAD 版本可能与你的不符(甚至于没有预装 AutoCAD),也可能商家的 AutoCAD 系统字体文件、线型文件等缺失而不得不选择文件替代,会出现线型比例变化、字体无法显示、排版效果面目全非、甚至无法打印等意想不到的问题。为此,如果能先在自己的电脑上将 CAD 图形转成 PDF 文件输出,再携带 PDF 文件去店家打印就可以避免这些问题(AutoCAD2007 及以后版本均自带 PDF 输出工具,无须安装打印模拟器)。

执行 AutoCAD 的【文件】→【打印】命令,显示【打印 - 模型】对话框,如图 11-7 所示。

在【打印机/绘图仪】选项中打开【名称】下拉列表,选择打印机为"DWG　To

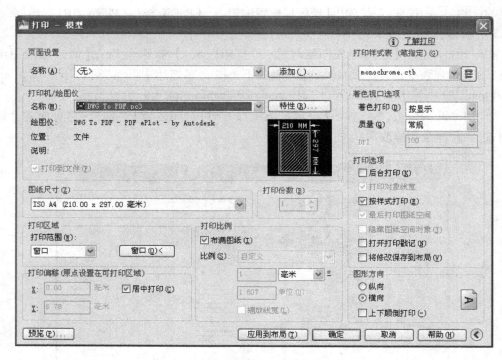

图 11-7 【打印 - 模型】对话框

PDF.pc3",其余选项同例 11-1 的操作。当 预览(P)... 打印效果满意后,按 确定 按钮打开图 11-8 所示【浏览打印文件】对话框。用户选择合适的存储路径,输入文件名,即可完成将当前的 CAD 图形输出为 PDF 文件的操作。

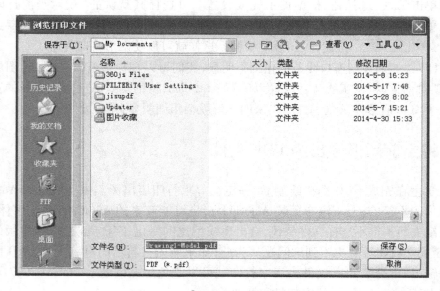

图 11-8 【浏览打印文件】对话框

11.4　实操练习题

11.4.1　问答题

1. 怎样在模型空间打印？
2. 怎样调整图样在图纸上的位置？
3. 怎样将当前的 CAD 图形转换为 PDF 文件输出？

11.4.2　操作题

1. 试选择系统自带的 CAD 图例，按照"布满图纸"的比例设置，预览效果后在模型空间中单比例打印出图。

2. 试选择系统自带的 CAD 图例，按照"布满图纸"的比例设置，预览效果后转换为 PDF 文件输出。

*第 12 章 三维图形的绘制与编辑

在工程设计绘图过程中,三维图形的应用越来越广泛。显然,实体模型是三维建模中最重要的一部分,它具有信息完整,既保持二维图形与三维造型之间的信息关联,也比较容易构造等特点。要建立三维模型,首先要熟悉三维绘图界面,学会在创建过程中观察模型;学会用基本的三维命令创建三维实体,并可对其进行布尔运算,以创建出更复杂的实体模型。为此,本章将逐一予以介绍。

12.1 三维建模界面

AutoCAD 2010 可以用 3 种方式来创建三维图形,即线框模型方式、曲面模型方式和实体模型方式,每种方式都有其独特的优点。

● 线框模型:这种模型是在二维模型的基础上创建起来的,是三维对象的描绘骨架。在线框模型中没有实体表面的概念,而是由点、线、圆弧、椭圆和样条曲线等构成。这种模型中每一条线都是单独绘制和定位的,所以对于复杂的图形,往往很难绘制和表达。因此,使用线框模型构造三维模型的效率并不高(图 12 - 1a)。

● 曲面模型:曲面模型是更高一级的方式,它不仅定义了三维模型的边界,而且还定义了三维模型的表面。在 AutoCAD 2010 中,通过多边形网格所形成的小单元来定义模型的表面,其过程相当于在框架上覆盖了一层薄膜(图 12 - 1b)。

● 实体模型:该模型是构造三维模型的最高级方式。从表面上看,实体模型类似于消除了隐藏线的线框模型和曲面模型,但在实质上,实体模型与这两种模型并不一样。AutoCAD 2010 中提供了很多基本的三维实体,用户可以通过交集、差集、并集等运算,由这些基本的三维实体构建出复杂的三维模型(图 12 - 1c)。

建模过程中,由于可采用不同的方法来构建三维模型,且每种方法对不同模型也产生不

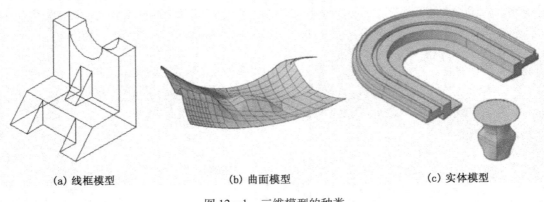

(a) 线框模型　　　　　　　(b) 曲面模型　　　　　　　(c) 实体模型

图 12 - 1　三维模型的种类

一样的效果,所以不建议使用混合建模方法。

　　三维建模界面是 AutoCAD 2010 的一种特殊界面,在绘制三维实体之前,首先要进入三维建模的窗口(也可以在【AutoCAD 经典】界面建模)。点击【工作空间】工具栏的下拉菜单中【三维建模】,或者点击状态栏中的切换工作空间按钮⚙,从下拉菜单中选中【三维建模】选项即可打开,如图 12-2 所示。

图 12-2　【三维建模】工作空间

　　【三维建模】工作空间右侧的【工具选项板】中的【建模】选项卡集成了有关三维实体的操作命令,可方便地访问三维命令,实现三维功能。

12.2　用户坐标系

　　在 AutoCAD 2010 中,坐标系分为世界坐标系(WCS)和用户坐标系(UCS)。这两种坐标系都可以通过坐标值来精确定位点。

　　默认情况下,在开始绘制一个新的图形时,当前坐标系为世界坐标系 WCS。为了更好地辅助绘图,特别是绘制三维图形,经常需要修改坐标系的原点和方向,这就需要建立用户坐标系。在使用 AutoCAD 2010 绘制三维图形时,使用动态 UCS 坐标系,可以更方便、更快捷地进行三维造型。

12.2.1　新建和修改用户坐标系

　　在创建三维模型时,需要使用三维坐标,包括 X、Y、Z 三根坐标轴。在用户坐标系(UCS)中允许修改坐标原点的位置及 X、Y、Z 轴的方向,以便于绘制和观察三维对象。UCS 命令用于定义新的用户坐标系的坐标原点及 X、Y、Z 轴的正方向,即使用户绘制图形只使用了 X、Y 轴,也是在三维空间中绘制的。

在中文版 AutoCAD 2010 中,使用下拉菜单【工具】→【新建 UCS】,可以移动或旋转用户坐标系。选中此下拉菜单后,出现下一级菜单,如图 12－3 所示。利用该菜单可以方便地设置 UCS。如利用菜单中的【原点】选项可以方便地移动 UCS 原点;利用其子命令【X】、【Y】、【Z】可以方便地使 UCS 绕 X 轴 、Y 轴或 Z 轴旋转;利用其子命令【三点】可以方便地创建新的 UCS 坐标系,确定新坐标系的原点及 X 轴、Y 轴和 Z 轴的方向。

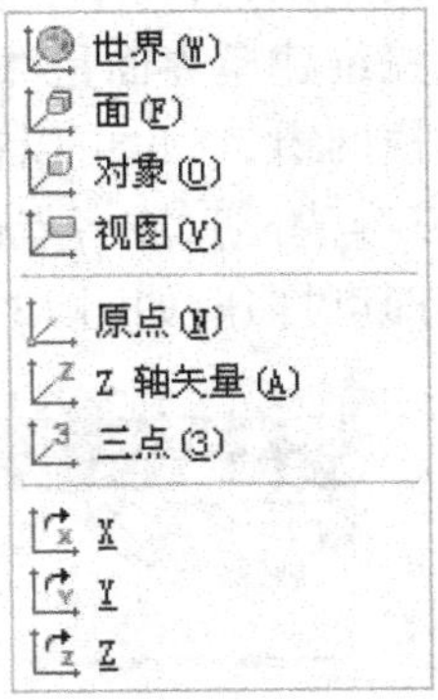

图 12－3 【新建 UCS】下一级菜单

12.2.2 UCS 在三维绘图中的应用实例

在绘制三维图形时,用户利用 UCS 可以方便地确定要绘制对象的位置和方向,以便于绘制复杂的立体。下面通过图 12－4 所示的实例来说明如何利用 UCS 进行三维图形的绘制。

例 12－1 试自拟尺寸,绘制如图12－4所示的立体图形。

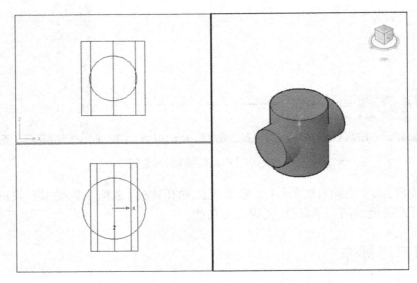

图 12－4　利用 UCS 坐标进行三维绘图的实例

操作步骤如下:

1. 设置多视口

(1)执行下拉菜单【视图】→【视口】→【新建视口】,弹出【视口】对话框。

(2)在【标准视口】选择列表中的"三个:右"。

(3)在【设置】下拉列表框中选择"三维"。在【预览】区中激活右视口,在其下方的【修改视图】下拉列表框中将其设置为"东南等轴测"。3 个视口分别显示为前视、俯视和西南等轴测,如图 12－5 所示。

(4)点击 确定 按钮,则设置好了 3 个视口,它们同时出现在绘图区。

2. 利用 UCS 绘制三维图形

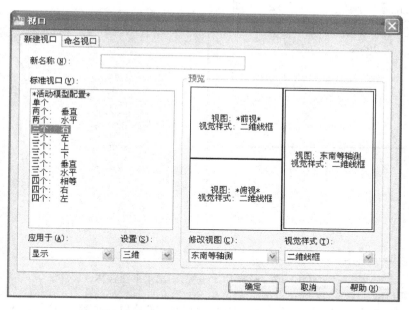

图 12-5　【视口】对话框

（1）激活右视口，执行【绘图】→【建模】→【圆柱体】命令，给定圆柱体的底圆半径和高，画出轴线铅垂的圆柱体。

（2）执行【绘图】→【直线】命令，启动【对象捕捉】，捕捉圆柱体上底和下底的圆心点，画出一条中轴线（图 12-6）。

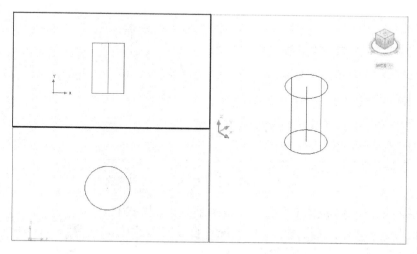

图 12-6　画直立圆柱及其中轴线

（3）在命令行输入"UCS"，捕捉圆柱轴线的中点单击，则新建坐标系的原点挪到了轴线中点处。然后从下拉菜单【工具】→【新建 UCS】→【X】，指定旋转角度 90°，则坐标系绕 X 轴旋转了 90°（从而使得 XOY 坐标面重合于直立圆柱的轴线，为后续作图做了铺垫）；然后执行【绘图】→【建模】→【圆柱体】命令，捕捉用户坐标系原点作为底面中心点，给定半径和高

227

度,画出轴线正垂的圆柱体,如图 12-7 所示。

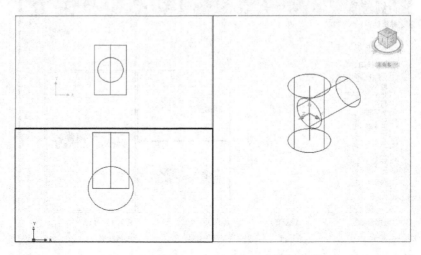

图 12-7　确定 UCS 坐标,画出水平圆柱体

(4)激活俯视图视口,单击水平圆柱体的后端圆,拖动鼠标调整圆柱体的长度到合适位置;同理,调整圆柱前端盖面的长度如图 12-8 所示。

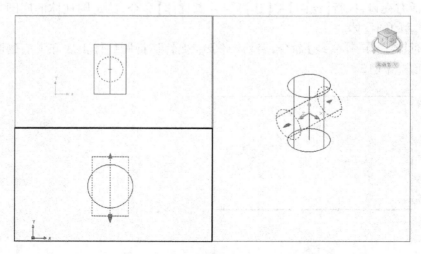

图 12-8　调整水平圆柱体的长度和位置

(5)激活右视口,将【视图】功能区面板中的【视觉样式】由"二维线框"改为"概念"(图 12-9),系统将自动对三维实体消隐,即得到如图 12-4 所示的绘图结果。

由本例可以看出,使用 UCS 可以方便地绘出一定相对位置的三维实体。

图 12-9　【视图】功能区面板

12.2.3　动态 UCS

使用动态 UCS 可以在三维实体的平整面上创建对象,而无须手动更改 UCS 方向。还可以使用动态 UCS 以及 UCS 命令在三维中指定新的 UCS,同时可以大大降低错误概率。

单击状态栏上的 ∟ 按钮,就打开了动态 UCS。动态 UCS 激活后,指定的点和绘图工具(例如极轴追踪和栅格)都将与动态 UCS 建立的临时 UCS 相关联。在执行命令的过程中,当将光标移动到面上方时,动态 UCS 会临时将 UCS 的 XY 平面与三维实体的平整面对齐。

例 12-2　试自拟尺寸,使用动态 UCS 绘制如图 12-10 所示的立体。

绘图步骤:

首先,点击下拉菜单【视图】→【视口】→【新建视口】,打开【视口】对话框,在【标准视口】选区,选择"单个";【修改视图】选项设为"西南等轴测",按 确定 键退出【视口】对话框。

将【视图】功能区面板中的【视觉样式】设置为"概念"。

执行下拉菜单【绘图】→【建模】→【长方体】命令绘制出长方体,然后打开动态 UCS。点击【绘图】→【建模】→【圆柱体】,将光标移到长方体的上表面上,待该面以虚线框亮显时(图 12-11),移动光标到合适位置,单击左键,动态 UCS 自动切换到长方体的上表面;此时按系统提示指定圆柱体的直径和高度就可绘制出如图 12-10 所示的立体。

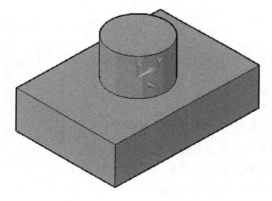

图 12-10　应用动态 UCS 绘图

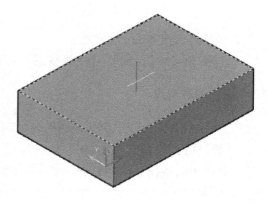

图 12-11　确定动态 UCS

12.3　三维观察

12.3.1　设置视点

视点是指观察图形的方向。在 AutoCAD 中,可以使用视点预设、视点命令等多种方法来设置视点。

1. 视点预置

执行下拉菜单【视图】→【三维视图】→【视点预设】命令，打开视点预设对话框（图 12-12），该对话框中的左图用于设置原点和视点连线在 XY 平面上的投影与 X 正向的夹角；右边半圆图形用于设置该连线与投射线之间的夹角。

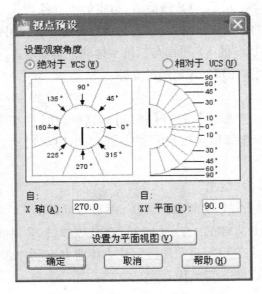

图 12-12 【视点预设】对话框

图 12-13 【三维视图】下拉菜单

2. 使用【三维视图】设置视点

通过下拉菜单【视图】→【三维视图】，可以进一步选择合适的观察方向（图 12-13）。

12.3.2 动态观察

三维导航工具允许用户从不同的角度、高度和距离查看图形中的对象。

打开【视图】功能选项卡，在左边的导航面板中，点击【动态观察】工具栏中的按钮，打开【动态观察】下拉菜单，利用该菜单可以对三维图形进行动态观察、回旋、调整距离、缩放和平移等操作（图 12-14）。

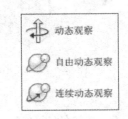

图 12-14 【动态观察】
下拉菜单

（1）动态观察：利用此工具可以对视图中的图形进行一定约束的动态观察，即水平、垂直或对角拖动对象进行动态观察。在观察视图时，视图的目标位置保持不动，并且相机位置（或观察点）围绕该目标移动。默认情况下，观察点会沿着世界坐标系的 XY 平面或 Z 轴移动。

启动动态观察的方法有：

• 单击【动态观察】工具栏中的按钮，此时，绘图区光标呈形状。按住鼠标左键并拖动光标可以对视图进行受约束三维动态观察。

● 命令行：3dorbit。

（2）自由动态观察：利用此工具可以对视图中的图形进行任意角度的动态观察，此时选择并在转盘的外部拖动光标，这将使视图围绕延长线通过转盘的中心并垂直于屏幕的轴旋转。

启动自由动态观察的方法有：

● 单击【动态观察】工具栏中的按钮◢，此时，在绘图区三维形体的外围出现一个圆形的导航球（图 12 - 15）。其操作将在下面分别介绍。

● 命令行：3dforbit。

当在弧线球内拖动光标进行图形的动态观察时，光标将变成◉形状，此时观察点可以

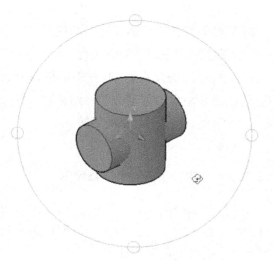

图 12 - 15　光标在弧线球内拖动

在水平、垂直以及对角线等任意方向上移动任意角度，即可以对观察对象做全方位的动态观察，如图 12 - 15 所示。

当光标在弧线外部拖动时，光标呈◉形状，此时拖动光标，图形将围绕着一条穿过弧线球球心且与屏幕正交的轴进行旋转，如图 12 - 16 所示。

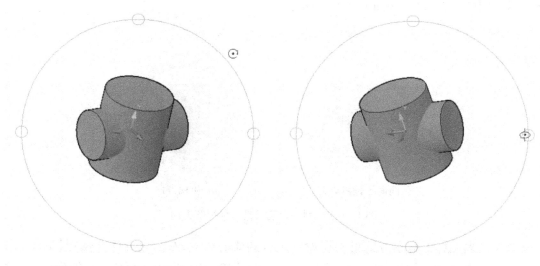

图 12 - 16　光标在弧线球外拖动　　　　图 12 - 17　光标在左右侧小圆内拖动

当光标置于导航球左侧或者右侧的小圆内时，光标呈◉形状，按住鼠标左键并左右拖动将使视图围绕着通过导航球中心的垂直轴旋转。当光标置于导航球顶部或者底部的小圆上时，光标呈◉形状，按住鼠标左键并上下拖动将使视图围绕着通过导航球中心的水平轴进行旋转，如图 12 - 17 所示。

（3）连续动态观察：利用此工具可以使观察对象绕指定的旋转轴和旋转速度连续做旋转运动，从而对其进行连续动态的观察。

启动连续动态观察的方法有：

● 单击【动态观察】工具栏中的按钮 🖉，光标呈 ⊗ 形状，在绘图区域中单击鼠标左键并拖动光标，使对象沿拖动方向开始移动。释放鼠标后，对象将在指定的方向上继续运动。光标移动的速度决定了对象的旋转速度。

● 命令行：3dcorbit。

12.3.3 利用控制盘观察三维图形

在【三维建模】工作空间中，使用三维导航器工具可切换各种正交或轴测视图模式，即可切换 6 种正交视图、8 种正等轴测视图和 8 种斜等轴测视图，以及其他视图方向，可以根据需要快捷调整模型的视点。

显示或隐藏该工具的步骤是：

（1）在命令提示下，输入 navvcube。

（2）在命令提示下，输入 visualstyles。

（3）在视口内单击，将其置为当前视口。

（4）在视觉样式管理器中，双击可用视觉样式（而非二维线框）的其中一个样例图像。

该三维导航器操控盘显示了非常直观的 3D 导航立方体，选择该工具图标的各个位置将显示不同的视图效果，如图 12－18 所示。

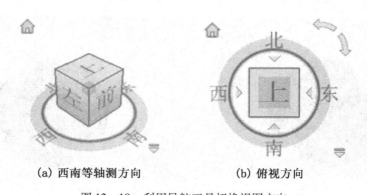

(a) 西南等轴测方向   (b) 俯视方向

图 12－18 利用导航工具切换视图方向

该导航器图标的显示方式可根据设计进行必要的修改，右击立方体并选择【ViewCube 设置】选项，系统弹出【ViewCube 设置】对话框，如图 12－19 所示。在该对话框设置参数值可控制立方体的显示和行为，并且可在对话框中设置默认的位置、尺寸和立方体的透明度。

此外，右键单击立方体，可以通过弹出的快捷菜单定义三维图形的投影样式，模型的投影样式可分为平行投影和透视投影两种。选择【平行投影】选项，即是平行的光源照射到物体上所得到的投影，可以准确地反映模型的实际形状和结构；选择【透视投影】选项，可以直观地表达模型的真实投影状况，具有较强的立体感。透视投影视图取决于理论相机和目标点之间的距离。当距离较小时产生的投影效果较为明显;反之,当距离较大时产生的投影效果较为轻微。

12.3.4　三维平移和缩放

利用【三维平移】工具可以将图形所在的图纸随鼠标的任意移动而移动。利用【缩放】三维工具可以改变图纸的整体比例,从而达到放大图形观察细节或缩小图形观察整体的目的。

1. 三维平移对象

启用状态栏中的【平移】功能键，此时绘图区中的指针呈 形状,按住鼠标左键并沿任意方向拖动,窗口内的图形将随光标在同一方向上移动。

2. 三维缩放对象

启用状态栏中的【缩放】功能键，其命令行提示如下:

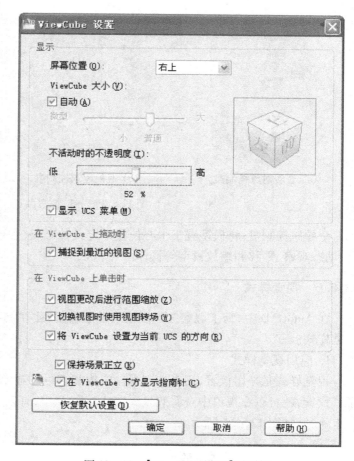

图 12 - 19　【ViewCube 设置】对话框

［全部(A)/中心(C)/动态(D)/范围(E)/上一个(P)/比例(S)/窗口(W)/对象(O)]〈实时〉:

根据实际需要,选择其中一种方式进行缩放即可。

12.3.5　控制盘辅助操作

新的导航滚轮可以在光标处显示一个导航滚轮,通过该控制盘可快速访问不同的导航工具。可以以不同方式平移、缩放或操作模型的当前视图。它将多个常用导航工具集合到一个单一界面中,可节省大量的设计时间,从而提高绘图的效率。

在状态栏中启用【导航控制盘】功能按钮、右键单击【导航控制盘】,系统弹出快捷菜单,整个控制盘可分为 3 个不同的控制盘供使用,其中每个控制盘均拥有其独有的导航方式,如图 10 - 20 所示。

查看对象控制盘:将模型置于中心位置,并定义轴心点,使用【动态观察】工具可缩放和动态观察模型。

巡视建筑控制盘:通过将模型视图移近、移远或环视,以及更改模型视图的标高来导航模型。

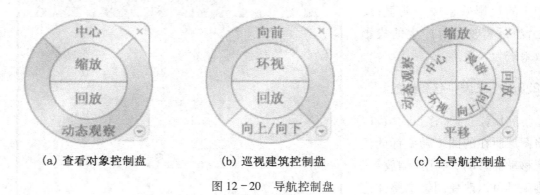

(a) 查看对象控制盘　　　　(b) 巡视建筑控制盘　　　　(c) 全导航控制盘

图 12-20　导航控制盘

全导航控制盘：将模型置于中心位置并定义轴心点，便可执行漫游和环视、更改视图标高、动态观察、平移和缩放模型等操作。

12.3.6　视觉样式

在 AutoCAD 中，为了观察三维模型的最佳效果，往往需要通过【视觉样式】功能来切换视觉样式。

1. 应用视觉样式

视觉样式是一组设置，用来控制视口中边和着色的显示。一旦应用了视觉样式或更改了其设置，就可以在视口中查看效果。在 AutoCAD 中，有以下 5 种默认的视觉样式，较常用的有 4 种，如图 12-21 所示。

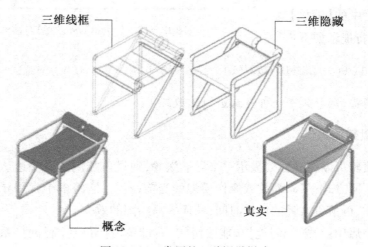

图 12-21　常用的 4 种视觉样式

● 二维线框：显示用直线和曲线表示边界的对象。光栅和 OLE 对象、线型和线宽均可见。

● 三维线框：显示用直线和曲线表示边界的对象。

● 三维隐藏：显示用三维线框表示的对象并隐藏表示后向面的直线。

● 真实:着色多边形平面间的对象,并使对象的边平滑化。将显示已附着到对象的材质。

● 概念:着色多边形平面间的对象,并使对象的边平滑化。着色使用古氏面样式,一种冷色和暖色之间的过渡,而不是从深色到浅色的过渡。效果缺乏真实感,但是可以更方便地查看模型的细节。

2. 管理视觉样式

在【三维建模】工作空间中,单击菜单栏中的【常用】功能选项卡,选择【视图】面板,点击【视觉样式】选区,打开下拉菜单,选择【视觉样式管理器】选项,系统弹出【视觉样式管理器】选项板,如图 12-22 所示。

在【图形中的可用视觉样式】选区中显示了图形中的可用视觉样式的样例图像。当选定某一视觉样式,该视觉样式显示黄色边框,选定的视觉样式的名称显示在选项板的底部。在【视觉样式管理器】选项板的下部,将显示该视觉样式的面设置、环境设置和边设置。

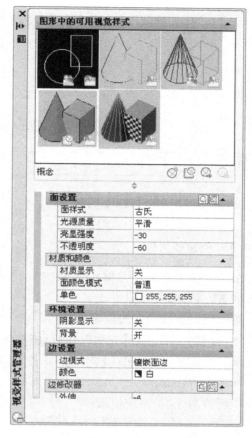

图 12-22　【视觉样式管理器】选项板

在【视觉样式管理器】选项板中,使用工具条中的工具按钮,可以创建新的视觉样式、将选定的视觉样式应用于当前视口、将选定的视觉样式输出到工具选项板以及删除选定的视觉样式。

在【图形中的可用视觉样式】列表中选择的视觉样式不同,设置区中的参数选项也不同,用户可以根据需要在面板中进行相关设置。

12.4　创建基本实体

三维实体造型的方法有以下 3 种。

(1)利用 AutoCAD 2010 提供的基本实体(例如长方体、圆锥体、圆柱体、球体、圆环体和楔体)创建简单实体。

(2)沿路径将二维对象拉伸,或者将二维对象绕轴旋转。

(3)将利用前两种方法创建的实体进行布尔运算(交、并、差),生成更复杂的实体。

三维实体的显示形式有三维线框、二维线框、三维隐藏、真实和概念 5 种,可以从【视觉样式】工具栏或面板选项板的【视觉样式】中进行切换。本章全部举例将采用【概念】视觉样式。

可以利用【三维制作】面板,或者【建模】工具栏(图 12 - 23)创建简单的三维实体。

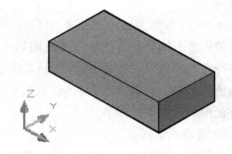

图 12 - 23 【建模】工具栏 　　　　　　　图 12 - 24 　创建长方体

12.4.1　创建长方体

AutoCAD 定义的长方体由底面(即两个角点)和高度定义。长方体的底面总与当前 UCS 的 XY 平面平行。

可以用以下几种方法创建长方体。

- 【建模】工具栏或【三维制作】面板按钮:▭。
- 下拉菜单:【绘图】→【建模】→【长方体】。
- 命令行:box。

执行该命令后,系统提示:

```
命令:_ box                                    //启动【长方体】命令
指定第一个角点或[中心(C)]:                       //指定底面的一个角点
指定其他角点或[立方体(C)/长度(L)]:@40,20        //输入另一个角点的相对坐标
指定高度或[两点(2P)]〈240.0000〉:10              //输入高的数值
```

即可生成 X 向尺寸为 40 mm、Y 向尺寸为 20 mm、Z 向尺寸为 10 mm 的长方体,如图 12 - 24所示。

12.4.2　创建圆柱体

圆柱体或椭圆柱体是以圆或椭圆做底面来创建的,圆柱的底面位于当前 UCS 的 XY 平面上。

创建圆柱体的方法有:

- 【建模】工具栏或【三维制作】面板按钮:▢。
- 下拉菜单:【绘图】→【建模】→【圆柱体】。
- 命令行:cylinder。

现利用该命令,画一轴线水平、直径为 25 mm、高度为 60 mm 的圆柱体。

首先,选择下拉菜单【工具】→【新建 UCS】→【X】,指定旋转角度 90°,则坐标系绕 X 轴旋转了 90°,然后执行【绘图】→【建模】→【圆柱体】命令,系统提示:

```
命令:_cylinder                                              //启动【圆柱体】命令
指定底面的中心点或[三点(3P)/两点(2P)/相切、相切、半径(T)/椭圆(E)]://指定底圆中心
指定底面半径或[直径(D)]:25                                    //输入底圆半径
指定高度或[两点(2P)/轴端点(A)]〈213.3128〉:60                   //输入圆柱高度
```

即可生成满足要求的圆柱体(图 12 - 25)。

上述对话中,如果在系统提示"指定底面的中心点或:"时,输入"E"回车,则可创建椭圆柱体,请读者依提示自行验证。

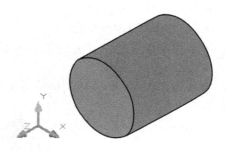

图 12 - 25　创建轴线水平的圆柱体

12.4.3　创建圆锥体

圆锥体由底圆或椭圆底面、锥体高定义。默认情况下,圆锥体的底面位于当前 UCS 的 XY 平面上。圆锥体的高可以是正的也可以是负的,且平行于 Z 轴。顶点决定了圆锥体的高和方向。

创建圆锥体的方法有:

●【建模】工具栏或【三维制作】面板按钮:△。

● 下拉菜单:【绘图】→【建模】→【圆锥体】。

● 命令行:cone。

现利用该命令,画一轴线垂直、底圆半径为 25 mm、高度为 60 mm 的圆锥体。启动该命令后,系统提示:

```
命令:_cone                                                  //启动【圆锥体】命令
指定底面的中心点或[三点(3P)/两点(2P)/相切、相切、半径(T)/椭圆(E)]://指定底圆中心
指定底面半径或[直径(D)]〈176.0563〉:25                         //输入底圆半径
指定高度或[两点(2P)/轴端点(A)/顶面半径(T)]〈462.5770〉:60        //输入圆锥高度
```

即可生成满足尺寸要求的圆锥体(图 12 - 26a)。

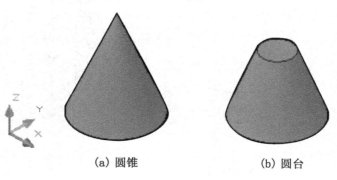

(a) 圆锥　　　　　　　　　(b) 圆台

图 12 - 26　创建圆锥体

如果在上述提示"指定高度或[两点(2P)/轴端点(A)/顶面半径(T)]:〈462.5770〉"时,选择"顶面半径"选项,再输入顶面半径值,最后输入圆台的高度,即可获得如图 12 - 26b所示的圆台效果。

12.4.4 创建棱锥体

棱锥体是以一个多边形平面为底面,其余各面都是具有一个公共的顶点的三角形特征面所构成的实体。默认情况下,棱锥体的底面位于当前 UCS 的 XY 平面上。棱锥体的高可以是正的也可以是负的,且平行于 Z 轴。顶点决定了棱锥体的高和方向。

创建棱锥体的方法有:

- 【三维制作】面板按钮:◇。
- 下拉菜单:【绘图】→【建模】→【棱锥体】。
- 命令行:pyramid。

在 AutoCAD 中,棱锥体的创建方法与圆锥体类似,其结果如图 12 - 27 所示。

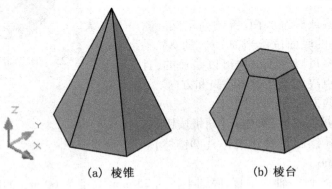

(a) 棱锥　　　　　　　　(b) 棱台

图 12 - 27　创建棱锥体

12.4.5 创建球体

球体由其中心点和半径或直径定义。球体的纬线平行于 XY 平面,中心轴与当前 UCS 的 Z 轴方向一致(图 12 - 28)。

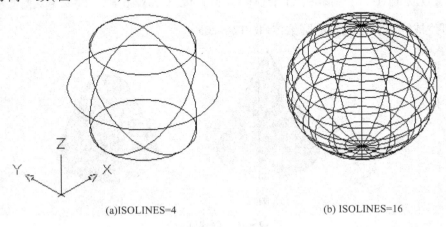

(a)ISOLINES=4　　　　　　　　(b) ISOLINES=16

图 12 - 28　创建圆球体

启动【球体】命令的方法:

- 【建模】工具栏或【三维制作】面板按钮:○。
- 下拉菜单:【绘图】→【建模】→【球体】。

- 命令行:sphere。

启动该命令后,系统提示:

```
命令:_ sphere                                         //启动【球体】命令
指定中心点或[三点(3P)/两点(2P)/相切、相切、半径(T)]:   //指定球心
指定半径或[直径(D)]〈246.2098〉:35                     //输入半径
```

即可生成满足尺寸要求的圆球(图 12 - 28a)。

注意:任何一个三维物体的线框密度由系统变量 ISOLINES 控制,它控制用于显示线框曲线型部分的网格数目,其密度直接影响曲面的平滑度,缺省值是 4。必要时用户可根据需要在命令行中输入"isolines"命令,然后在系统提示下输入新值,如:

```
命令:isolines
输入 isolines 的新值〈4〉:16                           //输入新值,回车即可
```

12.4.6　创建圆环体

圆环体由两个半径值定义,一个是圆管的半径,另一个是从圆管体中心到圆管中心的距离即圆环体的半径。如果圆环体半径大于圆管半径,形成的圆环体中间是空的,如图 12 - 29a 所示。如果圆管半径大于圆环体半径,结果就像一个两极凹陷的球体,如图 12 - 29b 所示。

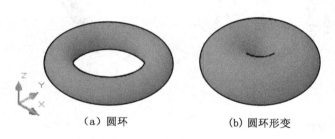

（a）圆环　　　　　　　（b）圆环形变

图 12 - 29　创建圆环体

启动【圆环体】命令的方法有:

- 【建模】工具栏或【三维制作】面板按钮:◎。
- 下拉菜单:【绘图】→【建模】→【圆环体】。
- 命令行:torus。

启动该命令后,系统提示:

```
命令:_ torus                                          //启动【圆环体】命令
指定中心点或[三点(3P)/两点(2P)/相切、相切、半径(T)]:   //指定圆环中心
指定半径或[直径(D)]〈215.3993〉:35                     //指定圆环半径
指定圆管半径或[两点(2P)/直径(D)]:10                    //指定圆管半径
```

即可创建出满足尺寸要求的圆环(图 12 - 29)。

12.4.7　创建楔体

楔体形状如图 12 - 30 所示,楔形的底面平行于当前 UCS 的 XY 平面,其倾斜面正对第

一个角。它的高可以是正数也可以是负数,并与 Z 轴平行。

启动【楔体】命令的方法有:

- 【建模】工具栏或【三维制作】面板按钮:⬠。
- 下拉菜单:【绘图】→【建模】→【楔体】。
- 命令行:wedge。

启动该命令后,系统提示:

命令:_ wedge	//启动【楔体】命令
指定第一个角点或[中心(C)]:	//指定底面的第一个角点
指定其他角点或[立方体(C)/长度(L)]:@40,25	//输入另一个角点的相对坐标
指定高度或[两点(2P)]〈512.0356〉:15	//输入高度

即可创建出底面尺寸为 40 mm × 25 mm、高为 15 mm 的楔体(图 12 - 30)。

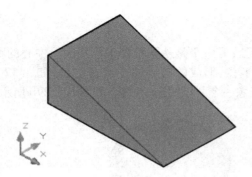

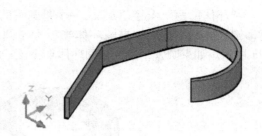

图 12 - 30　创建楔体　　　　　　　　　　图 12 - 31　创建多段体

12.4.8　创建多段体

多段体形状如图 12 - 31 所示,多段体的底面平行于当前 UCS 的 XY 平面,高可以是正数也可以是负数,并与 Z 轴平行,默认情况下,多段体始终具有矩形截面轮廓。

启动【多段体】命令的方法有:

- 【三维制作】面板按钮:⬠。
- 下拉菜单:【绘图】→【建模】→【多段体】。
- 命令行:polysolid。

启动该命令后,系统提示:

命令:_ polysolid 高度=80.0000,宽度=5.0000, 对正=居中	//激活命令
指定起点或[对象(O)/高度(H)/宽度(W)/对正(J)]〈对象〉:h	//选择高度
指定高度〈15.0000〉:18	//输入高度值
高度=18.0000, 宽度=5.0000, 对正=居中	
指定起点或[对象(O)/高度(H)/宽度(W)/对正(J)]〈对象〉:W	//选择宽度
指定宽度〈5.0000〉:3	//输入宽度值
高度=18.0000, 宽度=3.0000, 对正=居中	
指定起点或[对象(O)/高度(H)/宽度(W)/对正(J)]〈对象〉:指定下一个点或[圆弧(A)/放弃(U)]:	

	//指定起点
指定下一个点或[圆弧(A)/放弃(U)]:	//指定第二点
指定下一个点或[圆弧(A)/闭合(C)/放弃(U)]:	//指定第三点
指定下一个点或[圆弧(A)/闭合(C)/放弃(U)]:A	//选择圆弧
指定圆弧的端点或[闭合(C)/方向(D)/直线(L)/第二个点(S)/放弃(U)]:	//指定圆弧起点
指定下一个点或[圆弧(A)/闭合(C)/放弃(U)]:指定圆弧的端点或[闭合(C)/方向(D)/直线(L)/第二个点(S)/放弃(U)]:	//指定圆弧终点
指定下一个点或[圆弧(A)/闭合(C)/放弃(U)]:	//回车结束作图

即可创建出如图 12-31 所示的多段体墙面,其高为 18 mm,厚度为 3 mm(即提示中的宽度);系统令圆弧墙面与第二段墙面相切,且由终点位置确定弧面的大小和方向。

另外,还可以利用【建模】工具选项板中的命令,创建圆柱螺旋线、平面螺旋线、平面曲面等,请读者自行验证,在此不再赘述。

12.5　利用拉伸、旋转、扫掠和放样创建实体

12.5.1　创建拉伸实体

创建拉伸实体就是将二维的闭合对象(如多段线、多边形、矩形、圆、椭圆、闭合的样条曲线和圆环)拉伸成三维对象。

在拉伸过程中,不但可以指定拉伸的高度,还可以使实体的截面沿拉伸方向变化。另外,还可以将一些二维对象沿指定的路径拉伸。用于拉伸的路径可以是圆、椭圆,也可以由圆弧、椭圆弧、多段线、样条曲线等组成。路径可以封闭,也可以不封闭。

如果用直线或圆弧绘制拉伸用的二维对象,则需将它们转换成面域或用命令 pedit→【连接】将它们转换为单条多段线,然后再利用【拉伸】命令进行拉伸。

启动【拉伸】命令的方法有:
- 【建模】工具栏或【三维制作】面板按钮:🔳。
- 下拉菜单:【绘图】→【建模】→【拉伸】。
- 命令行:extrude。

例 12-3　试将图12-32a所示的底板前端面图形拉伸成图 12-32b 所示的立体。

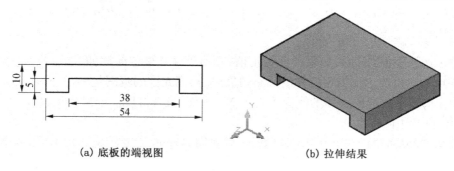

（a）底板的端视图　　　　　　　　　　　（b）拉伸结果

图 12-32　拉伸前端面生成底板

241

绘图步骤：

首先，用【面域】命令 region 将用直线命令画出的如图 12 - 32a 所示的底板前端面图形创建为面域，然后启动【拉伸】命令。

命令：_ extrude	//启动【拉伸】命令
当前线框密度：ISOLINES = 8	//提示当前线框密度
选择要拉伸的对象：找到 1 个	//选择矩形面域作为拉伸对象
选择要拉伸的对象：	//回车结束选择
指定拉伸的高度或[方向(D)/路径(P)/倾斜角(T)]〈15.0000〉:38	//给定拉伸高度值

拉伸结果如图 12 - 32b 所示。

例 12 - 4   试将如图 12 - 33a 所示的平面图形拉伸成如图 12 - 33b 所示的实体，要求底面沿拉伸方向呈 15°变化。

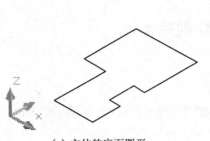

（a）立体的底面图形   （b）底面沿拉伸方向呈 15°变化

图 12 - 33   平面图形沿拉伸方向呈 15°变化的拉伸

绘图步骤：

首先，用【多段线】命令创建底面图形（图 12 - 33a），然后执行【拉伸】命令。

命令：_ extrude	//启动【拉伸】命令
当前线框密度：ISOLINES = 8	//提示当前线框密度
选择要拉伸的对象：找到 1 个	//选择底面图形作为拉伸对象
选择要拉伸的对象：	//回车结束选择
指定拉伸的高度或[方向(D)/路径(P)/倾斜角(T)]〈240.1270〉:T	//输入 T，选择倾斜角选项
指定拉伸的倾斜角度〈0〉:15	//给定倾斜角度值
指定拉伸的高度或[方向(D)/路径(P)/倾斜角(T)]〈240.1270〉:60	//给定拉伸高度值

拉伸结果如图 12 - 33b 所示。

注意：指定高度拉伸时，如果高度为正值，则沿着 + Z 轴方向拉伸；如果高度为负值，则沿着 - Z 轴方向拉伸。在指定拉伸的倾斜角度时，角度允许的范围是 - 90°～ + 90°。当采用默认值 0°时，表示生成的实体的侧面垂直于 XY 平面，没有锥度。如果为负，将产生外锥度；如果为正，将产生内锥度。

用直线 Line 命令创建的封闭二维图形，必须用 Region 命令转化为面域后，才能将其拉伸为实体。

12.5.2   创建旋转实体

创建旋转实体即是将一个二维封闭对象（例如圆、椭圆、多段线、样条曲线）绕当前 UCS 坐标系的 X 轴或 Y 轴并按一定的角度旋转成实体。也可以绕直线、多段线或两个指定的点旋转实体。

启动【旋转】命令的方法有：

- 【建模】工具栏或【三维制作】面板按钮：⬙。
- 下拉菜单：【绘图】→【建模】→【旋转】。
- 命令行：revolve。

例 12－5   试将如图12－34a所示的图形绕指定轴旋转生成图 12－34b 所示的实体。

绘图步骤：

首先，用【多段线】、【圆角】等命令绘制编辑如图 12－34a 所示平面图形（尺寸自拟）。

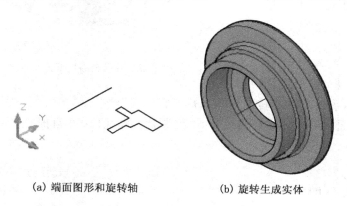

(a) 端面图形和旋转轴   (b) 旋转生成实体

图 12－34   创建旋转实体

单击【建模】面板中的【旋转】按钮⬙，系统提示：

命令：_ revolve	//启动【旋转】命令
当前线框密度：ISOLINES = 8	//提示当前线框密度
选择要旋转的对象：指定对角点：找到 1 个	//选择图 12－34a 作为旋转对象
选择要旋转的对象：	//回车结束选择
指定轴起点或根据以下选项之一定义轴[对象(O)/X/Y/Z]〈对象〉：	//捕捉轴线端点
指定轴端点：	//捕捉轴线另一端点
指定旋转角度或[起点角度(ST)]〈360〉：	//回车默认 360°

旋转结果如图 12－34b 所示。

在旋转形成实体时，当系统提示"指定轴起点或根据以下选项之一定义轴[对象(O)/X/Y/Z]〈对象〉："，可以根据情况输入其他选项，选定旋转轴。在该情况中，是指定旋转轴起点和终点，得到旋转实体。如果选择 X 或 Y 选项，将使旋转对象分别绕 X 轴或 Y 轴旋转指定角度，形成旋转体；如果选择 O 选项，即以所选对象为旋转轴旋转指定角度，形成旋转体。

12.5.3　创建扫掠实体

使用扫掠工具可以将扫掠对象沿着开放或闭合的二维或三维路径运动扫描,来创建实体或曲面。

启动【扫掠】命令的方法有:

●【建模】工具栏或【三维制作】面板按钮: 🐝 。

●下拉菜单:【绘图】→【建模】→【扫掠】。

●命令行:sweep。

例 12－6　试将如图 12－35a 所示图形沿指定的三维路径扫掠成如图 12－35b 所示的实体。

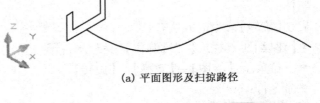

(a) 平面图形及扫掠路径

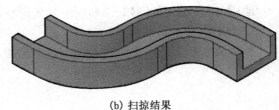

(b) 扫掠结果

图 12－35　沿指定路径扫掠平面图形为实体

绘图步骤:

首先,选择下拉菜单【工具】→【新建 UCS】→【Y】,指定旋转角度 90°,则坐标系统 Y 轴旋转了 90°,然后执行【多段线】命令在正交方式下绘制编辑如图 12－35a 所示平面图形,用【样条曲线】命令绘制扫掠路径(尺寸自拟)。单击【建模】面板中的【扫掠】按钮 🐝 ,系统提示:

命令:_ sweep	//启动【扫掠】命令
当前线框密度:ISOLINES＝8	//提示当前线框密度
选择要扫掠的对象:找到 1 个	//选择图 12－35a 作为扫掠对象
选择要扫掠的对象:	//回车结束选择
选择扫掠路径或［对齐(A)/基点(B)/比例(S)/扭曲(T)］:	//点击扫掠路径,完成作图

扫掠结果如图 12－35b 所示。

12.5.4　创建放样实体

放样实体即是将实体的横截面沿指定的路径或导向运动扫描所得到的三维实体。横截面指的是具有放样实体截面特征的二维对象,并且使用该命令时必须指定两个或两个以上的横截面来创建放样实体。

启动【放样】命令的方法有:

●【三维制作】面板按钮: 💿 。

●下拉菜单:【绘图】→【建模】→【放样】。

●命令行:loft。

例 12－7　试将如图 12－36a 所示的图形放样成如图 12－36b 所示的实体。

绘图步骤:

首先,执行【矩形】、【圆】命令绘制编辑如图 12－36a 所示的 4 个平面图形（尺寸自拟）。单击【建模】面板中的【放样】按钮 💿 ,系统提示:

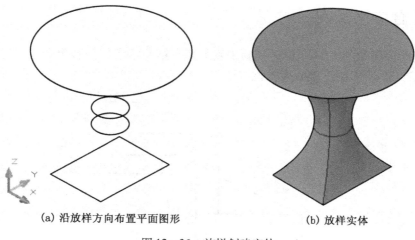

(a) 沿放样方向布置平面图形　　　　　　　　(b) 放样实体

图 12－36　放样创建实体

命令:_loft　　　　　　　　　　　　　　　　　　//启动【放样】命令
按放样次序选择横截面:找到 1 个　　　　　　　//选择需要放样的二维图形 1
按放样次序选择横截面:找到 1 个,总计 2 个　　//选择需要放样的二维图形 2
按放样次序选择横截面:找到 1 个,总计 3 个　　//选择需要放样的二维图形 3
按放样次序选择横截面:找到 1 个,总计 4 个　　//选择需要放样的二维图形 4
按放样次序选择横截面:　　　　　　　　　　　//回车结束选择
输入选项[导向(G)/路径(P)/仅横截面(C)]〈仅横截面〉:　//默认,回车结束放样

此时系统弹出【放样设置】对话框,如图 12－37 所示。用户可根据需要设置对话框中的参数,单击 确定 按钮,即生成三维放样实体(图 12－36b)。

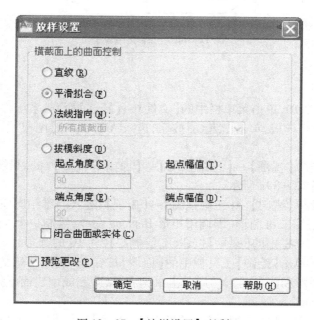

图 12－37　【放样设置】对话框

245

12.6 综合应用实例

试应用前面所学的 UCS 坐标转换知识及创建三维基本实体的各个命令,按 1:1 的比例绘制如图 12 - 38 所示的三维支架模型。

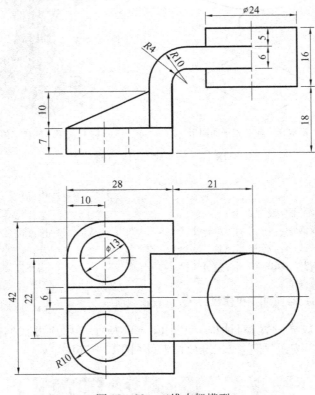

图 12 - 38 三维支架模型

绘图步骤:

1. 新建文件

启动 AutoCAD 2010,单击菜单栏中的【文件】→【新建】命令,系统弹出【选择样板】对话框,选择"acadiso. dwt"样板,单击 [打开(O)] 按钮,进入 AutoCAD 绘图模式。

2. 绘制底板

(1)选择下拉菜单【视图】→【三维视图】→【西南等轴测】,此时绘图区呈三维空间状态,其坐标显示如图 12 - 39a 所示。

(2)选择下拉菜单【视图】→【三维视图】→【俯视】,进入二维绘图模式,依次用【矩形】、【圆角】、【圆】绘制底座二维图形(即调用矩形 Rectang 命令,绘制一个 42mm × 28mm 大小的矩形;单击【修改】工具栏中的【圆角】按钮 △,绘制半径为 10 的圆角)。

(3)创建面域。单击【绘图】工具栏中的【面域】按钮 ◎,利用窗选的方式选择绘图区中的所有图形(圆角矩形和两个圆),然后单击鼠标右键,即完成创建面域操作(此时系统提示已创建 3 个面域)。

(4)面域求差。单击【实体编辑】工具栏中的【差集】按钮 ◎,在绘图区选择圆角矩形面域作为被减去的面域。单击鼠标右键,选择两个圆面域;再次单击鼠标右键,完成面域求差操作(此时屏幕图形没有发生任何变化)。

（5）移动光标到适当位置,利用【矩形】命令画 24 mm×6 mm 的矩形;单击下拉菜单【视图】→【三维视图】→【西南等轴测】,切换回【三维建模】界面,如图 12-39a 所示。

（6）选择下拉菜单【绘图】→【建模】→【拉伸】,拉伸底板的顶面(不含旁边的小矩形)设置拉伸高度为-7(向下拉伸),如图 12-39b 所示。

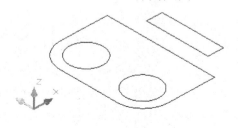
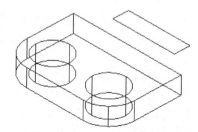

(a) 创建两个面域　　　　　　　(b) 底板的上表面向下拉伸

图 12-39　拉伸底板

3. 绘制扫掠实体

（1）利用【移动】命令,在【对象捕捉】方式下,将小矩形移至与其共面的底板顶面,且令小矩形的后边线中点(以该点为基点)与底板顶面的后边线中点对齐(图 12-40)。

（2）单击【UCS】工具栏中的【原点】按钮,移动鼠标到要放置坐标系的新原点位置(小矩形后边线中点)单击,按空格键或 Enter 键,结束操作;单击【UCS】工具栏中的【X】按钮,回车确认将坐标系绕 X 轴旋转 90°,则生成如图 12-40 所示的坐标系。

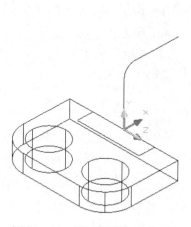
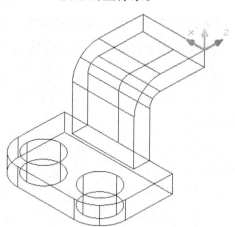

图 12-40　平面图形与扫掠路径　　　　图 12-41　创建扫掠实体图形

（3）调用【多段线】命令,绘制扫掠路径:从新用户坐标系原点(图 12-40)沿 Y 轴正向绘制 22 个单位,再沿 X 轴正向绘制 21 个单位。然后单击【修改】工具栏中的【圆角】按钮,绘制半径为 10 的圆角,即为扫掠路径。

（4）选择下拉菜单【绘图】→【建模】→【扫掠】,以底板面上的小矩形为扫掠图形,以刚画出的多段线为扫掠路径,生成如图 12-41 所示的实体。

4. 绘制旋转实体

（1）单击【UCS】工具栏中的【原点】按钮 ⌐，移动光标到要放置坐标系的新原点位置（扫掠实体（即弯板）的右前上角点）单击，按空格键或 Enter 键，结束操作；单击【UCS】工具栏中的【Y】按钮 ⌐，回车确认令坐标系绕 Y 轴旋转 90°，则生成如图 12 −41 所示的坐标系。

（2）调用【矩形】命令，单击【对象捕捉】工具栏中的【捕捉自】按钮 ⌐，捕捉新坐标原点为基点，输入偏移相对坐标（@0，5），并以此为第一角点向下画出 16 mm × 12 mm 的矩形（相对坐标为@12，−16），如图 12 −42a 所示。

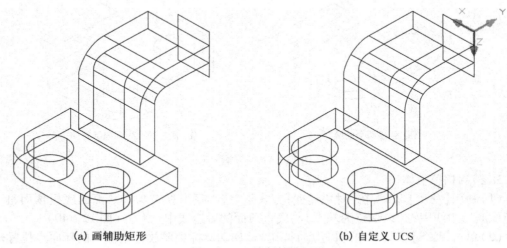

（a）画辅助矩形   （b）自定义 UCS

图 12 −42   绘制辅助矩形

（3）单击【UCS】工具栏中的【原点】按钮 ⌐，移动光标到要放置坐标系的新原点位置（新画矩形的前上角点）单击，按空格键或 Enter 键，结束操作；单击【UCS】工具栏中的【X】按钮 ⌐，回车确认将坐标系绕 X 轴旋转 90°，则生成如图 12 −42b 所示的坐标系。

（4）选择下拉菜单【绘图】→【建模】→【圆柱】，捕捉新画矩形的上边线的后方点为圆心，12 为半径，−16 为圆柱的高度，生成如图 12 −43a 所示的圆柱实体。

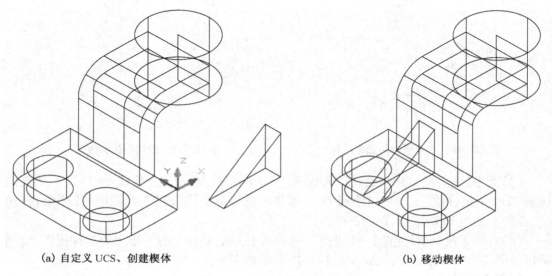

（a）自定义 UCS、创建楔体   （b）移动楔体

图 12 −43   创建圆柱体和楔体

5. 绘制肋板(楔体)

(1)单击【UCS】工具栏中的【世界】按钮 🔘，按 Enter 键，回到世界坐标系模式(图 12 - 43a)。

(2)选择下拉菜单【绘图】→【建模】→【楔体】，绘制楔体(底面为 24 mm × 6 mm，高度为 10 mm)，生成如图 12 - 43a 所示的实体。

(3)调用【移动】命令，移动新绘制的楔体，使其前底边的中点对齐底板的前上边线中点，完成作图(图 12 - 43b)。

图 12 - 39 ~ 图 12 - 43 是 AutoCAD 2010【三维建模】界面下的【三维线框】视觉样式，其【概念】视觉样式效果如图 12 - 44 所示。

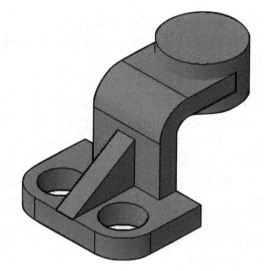

图 12 - 44 【概念】视觉样式下的三维支架实体

12.7 三维实体的布尔运算与编辑

AutoCAD 的布尔运算功能贯穿建模的整个过程，尤其是在建立一些机械零件的三维模型时使用更为频繁，该运算用来确定多个体(曲面或实体)之间的组合关系，也就是说通过该运算可将多个形体组合为一个形体，从而实现一些特殊的造型，如孔、槽、凸台、凹坑和齿轮等都是执行布尔运算组合而成的新特征。

布尔运算最常用的编辑方法，有求并集、求差集和求交集 3 种。

12.7.1 求并集

并集运算是将两个或两个以上的实体(或面域)对象组合成为一个新的组合对象。执行并集操作后，原来各实体相互重合的部分变为一体，使其成为无重合的实体。正是由于这个无重合的实体，实体(或面域)并集运算后，体积将小于原来各个实体(或面域)的体积之和。

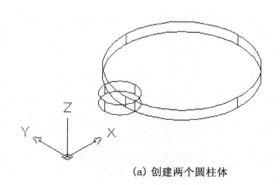

(a) 创建两个圆柱体   (b) 小圆柱环形阵列

图 12 - 45 三维实体的阵列

启动【并集】命令的方法有:

- 【实体编辑】功能面板按钮: 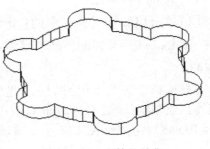 。
- 下拉菜单:【修改】→【实体编辑】→【并集】。
- 【实体编辑】工具栏按钮: 。
- 命令行:union。

现以图 12 -45a 所示的两个实体,经环形阵列后,再并集生成新的实体(图 12 -46)的实例,说明其操作过程。

图 12 -46　实体的并集

启动【阵列】命令后,系统提示:

命令:_ array	//启动环形阵列
指定阵列中心点:_ cen 于	//捕捉大圆柱顶面中心
选择对象:找到 1 个	//点击小圆柱
选择对象:	//回车结束选择,生成图 12 -45b

启动【并集】命令后,系统提示:

命令:_ union	
选择对象:找到 1 个	//选择并集对象大圆柱
选择对象:找到 1 个,总计 2 个	//继续选择并集对象小圆柱 1
选择对象:找到 1 个,总计 3 个	//继续选择并集对象小圆柱 2
选择对象:找到 1 个,总计 4 个	//继续选择并集对象小圆柱 3
选择对象:找到 1 个,总计 5 个	//继续选择并集对象小圆柱 4
选择对象:找到 1 个,总计 6 个	//继续选择并集对象小圆柱 5
选择对象:找到 1 个,总计 7 个	//继续选择并集对象小圆柱 6
选择对象:	//回车结束选择,生成图 12 -46 所示实体

12.7.2　求差集

差集运算就是将一个对象减去另一个对象从而形成新的组合对象。与并集操作不同的是,首先选取的对象为被剪切对象,之后选取的对象为剪切对象。

启动【差集】命令的方法有:

- 【实体编辑】功能面板按钮: 。
- 下拉菜单:【修改】→【实体编辑】→【差集】。
- 【实体编辑】工具栏按钮: 。
- 命令行:subtract。

现对图 12 -45b 所示的 7 个实体,启动【差集】命令后,系统提示:

命令:_ subtract 选择要从中减去的实体或面域 . . .	//先选要从中减去的实体,即大圆柱
选择对象:找到 1 个	//选择被减实体小圆柱 1
选择对象:找到 1 个,总计 2 个	//选择被减实体小圆柱 2
选择对象:找到 1 个,总计 3 个	//选择被减实体小圆柱 3
选择对象:找到 1 个,总计 4 个	//选择被减实体小圆柱 4

选择对象:找到 1 个,总计 5 个	//选择被减实体小圆柱 5
选择对象:找到 1 个,总计 6 个	//选择被减实体小圆柱 6
选择对象:	//回车结束选择

执行则生成如图 12-47a 所示的实体。如果先依次选择 6 个小圆柱作为被减,再选择大圆柱作为要减去的实体,其结果如图 12-47b 所示(操作程序大体相仿)。

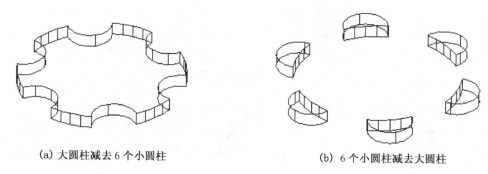

(a) 大圆柱减去 6 个小圆柱   (b) 6 个小圆柱减去大圆柱

图 12-47　实体的差集

注意:在执行差集运算时,如果第二个对象包含在第一个对象之内,则差集操作的结果是第一个对象减去第二个对象;如果第二个对象只有一部分包含在第一个对象之内,则差集操作的结果是第一个对象减去两个对象的公共部分。

12.7.3　求交集(相交实体)

在三维建模过程中执行交集运算可获取两相交实体的公共部分,从而获得新的实体,该运算是差集运算的逆运算。

启动【交集】命令的方法有:

• 【实体编辑】功能面板按钮: ⑩ 。

• 下拉菜单:【修改】→【实体编辑】→【交集】。

• 【实体编辑】工具栏按钮: ⑩ 。

• 命令行:intersect。

启动【交集】命令后,系统会提示选择要进行交集运算的对象,可以选择两个,也可以选择多个,回车结束选择。如果所选实体具有公共部分,则生成的新实体就是公共部分;如果所选实体没有公共部分,实体将被删除。

选择集可包含位于任意多个不同平面中的面域、实体和曲面。Intersect 将选择集分成多个子集,并在每个子集中测试交集。第一个子集包含选择集中的所有实体和曲面。第二个子集包含第一个选定的面域和所有后续共面的面域。第三个子集包含下一个与第一个面域不共面的面域和所有后续共面面域,如此直到所有的面域分属各个子集为止。图 12-48 即为交集在工程上的应用实例。

12.8　三维实体的编辑

AutoCAD 2010 提供了专业的三维对象编辑工具(图 12-49),如三维移动小控件、三维

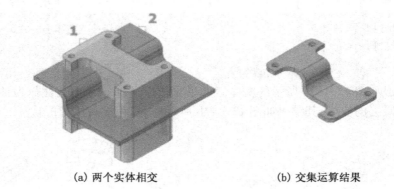

(a) 两个实体相交   (b) 交集运算结果

图 12 -48   交集在工程上的应用实例

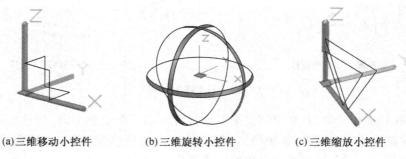

(a)三维移动小控件   (b)三维旋转小控件   (c)三维缩放小控件

图 12 -49   三维对象编辑工具

旋转小控件、三维缩放小控件、三维镜像、三维
阵列和三维对齐等,从而为创建出更加复杂的
实体模型提供了条件。

1. 移动三维实体

启动【三维移动】命令的方法有:

● 【修改】功能面板的按钮: ⊕。

● 命令行:3dmove。

【三维移动】命令的执行过程与二维图形

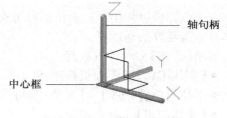

图 12 -50   移动坐标系

的 move 命令类似。首先提示选择要移动的对象,选择完对象后,会提示指定基点,在基点处
会出现移动夹点工具,该移动夹点工具有 3 条类似坐标轴的轴句柄,每两条轴句柄之间有两
条垂直的细实线,如图 12 -50 所示。

要移动三维对象和子对象,请单击移动坐标系并将其拖动到三维空间中的任意位置。
该位置(由小控件的中心框[或基准夹点]指示)设置移动的基点,并在用户移动选定对象时
临时更改 UCS 的位置。

(1)将移动约束到轴上。将光标悬停在夹点工具上的轴句柄上,直到该轴句柄变为黄
色,同时出现一条辅助直线,这时单击鼠标,当用户再移动鼠标时,选定的对象将仅沿指定的
轴移动。可以单击或输入值以指定距基点的移动距离,如图 12 -51 所示。

(2)将移动约束到平面上。将光标悬停在两条轴句柄之间的直线汇合处的平面上(用
于确定一参考平面),直到其变为黄色,然后选择该平面,拖动鼠标将移动约束到该平面上,

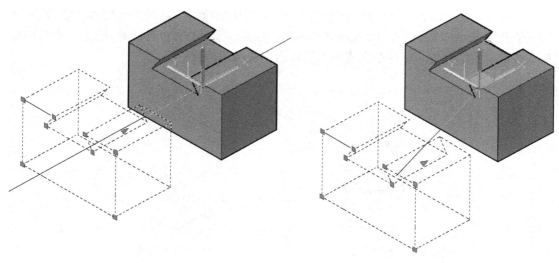

图 12-51　将移动约束到轴上　　　　图 12-52　将移动约束到平面上

则对象只能沿两条轴句柄确定的平面内移动。当用户拖动光标时,选定对象将仅沿指定的平面移动,可以单击或输入值以指定距基点的移动距离,如图 12-52 所示。

2. 旋转三维实体

利用三维旋转工具可将选取的三维对象和子对象沿指定旋转轴(X 轴、Y 轴、Z 轴)进行自由旋转。

启动【三维旋转】命令的方法有:

- 【修改】功能面板的按钮:⬙。
- 命令行:3drotate。

输入命令后,命令行提示:

```
命令:_3drotate
UCS 当前的正角方向: ANGDIR = 逆时针　ANGBASE = 0
选择对象:找到 1 个                    //选择要旋转的立体
选择对象:                            //回车结束选择
指定基点:                            //指定基点
拾取旋转轴:                          //单击轴句柄以选择旋转轴
指定角的起点或键入角度:90            //输入旋转角度
```

执行该命令,即可进入【三维旋转】模式,在绘图区选取需要旋转的对象,此时绘图区出现 3 个圆环(红色代表 X 轴、绿色代表 Y 轴、蓝色代表 Z 轴),然后在绘图区指定一点为旋转基点,如图 12-53 所示中心框。指定完旋转基点后,选择夹点工具上圆环用以确定旋转轴,接着直接输入角度进行实体的旋转,或选择屏幕上的任意位置用以确定旋转基点,再输入角度值即可获得实体三维旋转效果。

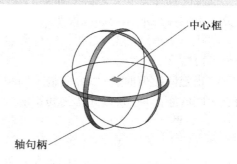

图 12-53　旋转夹点工具

执行命令发出后,将光标悬停在夹点工具上的轴控制柄上,直到光标变为黄色,同时出现一条直线,如图 12 - 54 所示,然后单击轴线。这时,当用户拖动光标时,选定对象将围绕基点沿指定的轴旋转。可以单击或输入值以指定旋转的角度。

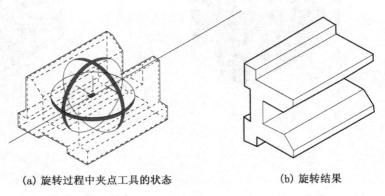

(a) 旋转过程中夹点工具的状态　　　　　　(b) 旋转结果

图 12 - 54　将旋转约束到轴上

3. 使用夹点编辑

与二维对象类似,三维对象也可以通过选择对象并操作夹点来更改和编辑。在不执行任何命令的情况下,鼠标单击三维实体,实体子对象显示亮点。如图 12 - 55 所示。子对象包括顶点、面、边以及组成复合实体的各个原始实体。使用光标选择一组要操作的子对象。用户可根据需要从包含子对象的实体中独立地移动、旋转和缩放选定的一组子对象,从而实现以无限种方式操作实体的目的。

图 12 - 55　选中实体子对象
显示夹点

4. 三维阵列

使用三维阵列工具可以在三维空间中按矩形阵列或环形阵列的方式,创建指定对象的变形副本。

启动【三维阵列】命令的方法有:

● 【修改】功能面板的按钮:⊞。

● 下拉菜单:【修改】→【三维操作】→【三维阵列】。

● 命令行:3darray。

三维阵列命令和二维阵列命令的操作相似,执行该命令,有矩形阵列和环形阵列的选项区分。下面就矩形阵列加以说明。

在执行矩形阵列时,需要指定行数、列数、层数、行间距、列间距和层间距,其中一个矩形阵列可设置多行、多列和多层。

在指定间距值时,可以分别输入间距值或在绘图区域选取两个点,AutoCAD 将自动测量两点之间的距离值,并以此作为间距值。如果间距值为正,将沿 X 轴、Y 轴、Z 轴的正方向生成阵列;如果间距值为负,将沿 X 轴、Y 轴、Z 轴的负方向生成阵列。

现对图 12 - 56a 中的小球实行三维矩形阵列操作,令阵列后各球心位于四棱柱(长 150 mm、宽 70 mm、高 60 mm)的各角点处。操作过程中命令行显示如下:

```
命令:3darray
选择对象:找到 1 个                                      //选择小球
选择对象:                                            //回车结束选择
输入阵列类型[矩形(R)/环形(P)]〈矩形〉:R                  //选择矩形阵列
输入行数（－－－）〈1〉:2
输入列数（||||）〈1〉:2
输入层数（...）〈1〉:2
指定行间距（－－－）:70
指定列间距（||||）:150
指定层间距（...）:－60
```

阵列结果如图 12－56b 所示,其以四棱柱为被减对象、8 个小球为减去对象的差集运算,结果如图 12－57 所示。

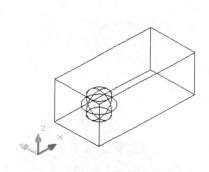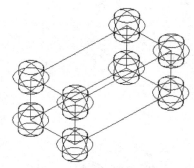

（a）创建四棱柱与小球　　　　　（b）小球三维阵列

图 12－56　三维阵列（三维线框视觉样式）

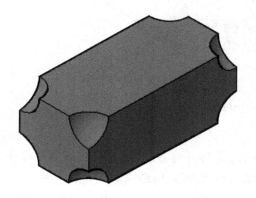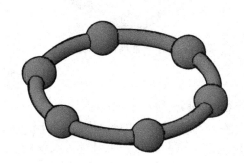

图 12－57　差集运算结果（概念视觉样式）　　图 12－58　环形阵列的应用实例（概念视觉样式）

三维环形阵列与二维环形阵列操作大同小异,图 12－58 为其在工程上的应用实例,请读者自拟尺寸,上机操作验证。

5. 三维镜像

使用三维镜像工具能够将三维对象通过镜像平面获取与之完全相同且对称的对象,其中镜像平面可以是与 UCS 坐标系平面平行的平面或三点确定的平面。

调用【三维镜像】命令的方法有：

● 【修改】功能面板的按钮：%。

● 命令行：mirror3d。

执行该命令，在绘图区选取要镜像的实体后，按 Enter 键或右击，按照命令行提示选取镜像平面，用户可根据设计需要指定不共线的 3 个点作为镜像平面，然后根据需要确定是否删除源对象，右击或按 Enter 键即可获得三维镜像效果。

如图 12 - 59b 所示三维对象是经过三维镜像后生成的新实体，其命令提示行如下：

```
命令：_ mirror3d
选择对象：找到 1 个                          //点击经过并集运算过的图 12 - 59a 三维对象
选择对象：                                   //回车结束选择
指定镜像平面（三点）的第一个点或
[对象(O)/最近的(L)/Z 轴(Z)/视图(V)/XY 平面(XY)/YZ 平面(YZ)/ZX 平面(ZX)/三点(3)]
〈三点〉：                                    //指定镜像平面上的第一个点
在镜像平面上指定第二点：在镜像平面上指定第三点：//指定镜像平面上的第二、第三个点
是否删除源对象？[是(Y)/否(N)]〈否〉：        //回车结束命令
```

执行结果如图 12 - 59b 所示。

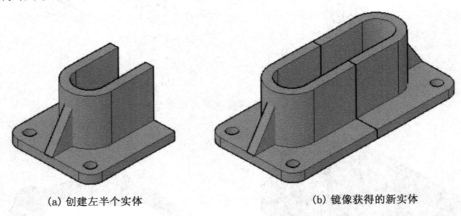

(a) 创建左半个实体   （b) 镜像获得的新实体

图 12 - 59　镜像三维实体

6. 三维对齐

在三维建模环境中，使用【对齐】和【三维对齐】工具可对齐三维对象，从而获得准确的定位效果。这两种对齐工具都可实现两实体对象的对齐操作，但选取顺序却有不同。

（1）对齐对象。使用【三维对齐】工具可指定一对、两对或三对源点和定义点，从而使对象通过移动、旋转、倾斜或缩放对齐选定对象。

启动【对齐】命令的方法是：

● 下拉菜单：【修改】→【三维操作】→【三维对齐】。

● 【修改】功能面板的按钮：%。

● 命令行：3dalign 或 align。

现以图 12 - 60a 中的多个对象对齐为图 12 - 60b 的操作为例说明对齐命令的使用。

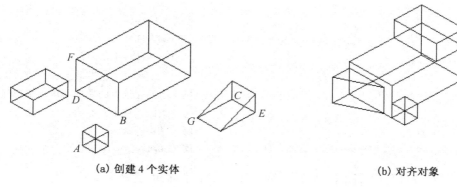

(a) 创建 4 个实体　　　　　　　　　　(b) 对齐对象

图 12 - 60　对齐三维对象

①一对点对齐对象

该对齐方式是指定一个源点和一个目标点进行实体对齐。当只选择一个源点和一个目标点对齐时,所选取的实体对象将在二维或三维空间中从源点 A 沿直线路径移动到目标点 B。

现将图 12 - 60a 中的立方体如图 12 - 61a 所示对齐大四棱柱,其操作显示为:

```
命令:align
选择对象:找到 1 个                //选择立方体
选择对象:                        //回车结束选择
指定第一个源点:                  //指定立方体上的左后下角点 A 作为源点
指定第一个目标点:                //指定大四棱柱上的左前下角点 B 作为目标点
指定第二个源点:                  //回车结束操作
```

显然,在对齐过程中,立方体在三维空间中只产生了平行移动。

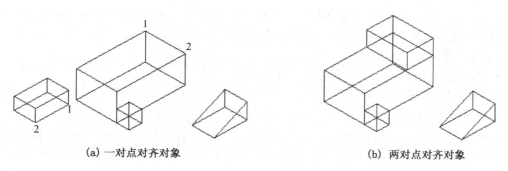

(a) 一对点对齐对象　　　　　　　　(b) 两对点对齐对象

图 12 - 61　对齐三维对象

②两对点对齐对象

该对齐方式是指定两个源点和两个目标点进行实体对齐。当选择两对点对齐时,可以在二维或三维空间移动、旋转和缩放选定对象,以便与其他对象对齐。

现将图 12 - 61a 中的小四棱柱如图 12 - 61b 所示对齐大四棱柱,其操作显示为:

```
命令:align
选择对象:找到 1 个                          //选择小四棱柱
选择对象:                                 //回车结束选择
指定第一个源点:                           //指定小四棱柱上的右前下角点作为源点 1
指定第一个目标点:                         //指定大四棱柱上的右后上点作为目标点 1
指定第二个源点:                           //指定小四棱柱上的左前下角点作为源点 2
指定第二个目标点:                         //指定大四棱柱上的右前上点作为目标点 2
指定第三个源点或〈继续〉:                  //回车结束选择
是否基于对齐点缩放对象?［是(Y)/否(N)〕〈否〉:Y //回车,完成作图
```

显然,在对齐过程中,小四棱柱在三维空间中发生了移动、旋转和缩放变化。

③三对点对齐对象

该对齐方式是指定三个源点和三个目标点进行实体对齐。当选择三对源点和目标点对齐时,直接在绘图区连续捕捉三对对应点即可获得对齐对象操作。

现将图 12 -60a 中的楔体如图 12 -60b 所示对齐大四棱柱,其操作显示为:

```
命令:align
选择对象:找到 1 个                        //选择楔体
选择对象:                               //回车结束选择
指定第一个源点:                         //指定楔体的右后下角点 C 为第一个源点
指定第一个目标点:                       //指定四棱柱的左后下角点 D 为第一个目标点
指定第二个源点:                         //指定楔体的右前下角点 E 为第二个源点
指定第二个目标点:                       //指定四棱柱的左后上角点 F 为第二个目标点
指定第三个源点或〈继续〉:                //指定楔体的左后角点 G 为第三个源点
指定第三个目标点:                       //指定四棱柱的左前下角点 B 为第三个目标点
```

显然在对齐过程中,楔体在三维空间中产生了平行、旋转运动。

(2)三维对齐。在 AutoCAD 2010 中,三维对齐操作是指最多 3 个点用以定义源平面,3 个点用以定义目标平面,从而获得三维对齐效果。

调用【三维对齐】命令的方法有:

• 下拉菜单:【修改】→【三维操作】→【三维对齐】。

• 【修改】功能面板的按钮: 。

• 命令行:3dalign。

执行该命令,即可进入【三维对齐】模式,执行三维对齐操作与二维对齐操作的不同之处在于:执行三维对齐操作时,可首先为源对象指定 1 个、2 个或 3 个点用以确定源平面,然后为目标对象指定 1 个、2 个或 3 个点用以确定目标平面,从而实现模型与模型之间的对齐。在三维对齐过程中,实体在三维空间中只产生平行和旋转,而不会发生缩放变化。如图 12 -60b 所示的楔体对齐大四棱柱即为三维对齐效果。

7. 三维实体的倒角与倒圆角

(1)三维实体的倒角。用户可以对三维实体进行倒角操作,切去实体的外角(凸边)或者填充实体内角(凹边),使用的命令与二维图形的【倒角】命令相同。

所谓三维实体的倒角就是对三维实体的棱边修倒角,从而在两相邻表面之间生成一个

平坦的过渡面。

执行【倒角】命令的方法有：

• 下拉菜单：【修改】→【倒角】。

• 【修改】工具栏的按钮：⬜。

• 【修改】功能面板的按钮：⬜。

• 命令行：chamfer。

现以图 12-62a 为例说明【倒角】命令的使用。

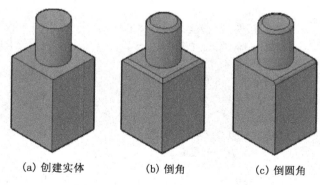

(a) 创建实体　　　(b) 倒角　　　(c) 倒圆角

图 12-62　实体倒角与倒圆角

执行该命令，系统提示：

命令：chamfer
（"修剪"模式）当前倒角距离 1 = 0.0000，距离 2 = 0.0000
选择第一条直线或［放弃(U)/多段线(P)/距离(D)/角度(A)/修剪(T)/方式(E)/多个(M)］：
　　　　　　　　　　　　　　　　　　　//选择倒角边(圆)，该边亮显

基面选择⋯
输入曲面选择选项［下一个(N)/当前(OK)］〈当前(OK)〉：　　//回车默认
指定基面的倒角距离：3　　　　　　　　　　　　　　//输入倒角距离
指定其他曲面的倒角距离〈3.0000〉：　　　　　　　　//回车默认
选择边或［环(L)］；选择边或［环(L)］：　　　　　　//再次选择倒角边，回车结束

作图结果如图 12-62b 所示。图中四棱柱的顶面为基面，其倒角是选择"环"选项的结果（操作程序略）。

该提示要求用户选择用于倒角的基面。基面是指构成所选择边的两个平面中的某一个，如果当前亮显面为基面，按 Enter 键响应即可。选择"下一个"选项，则组成该边的另一个面亮显，表示该面作为倒角的基面。

在该操作中，系统提示"选择边或［环(L)］："，两选项含义如下：

• 选择边。该选项为默认选项，可对基面上指定边倒角。用户指定各边后，即可以实现倒角。

• 环。该选项可选择基面上的所有边，对基面上的各边均倒角。

（2）三维实体的倒圆角。用户可以对三维实体进行倒圆角操作，使用的命令与二维图形的【圆角】命令相同。

执行【圆角】命令的方法如下：

• 下拉菜单：【修改】→【圆角】。

• 【修改】工具栏的按钮：⬜。

• 【修改】功能面板的按钮：⬜。

• 命令行：fillet。

现仍以图 12-62a 为例说明【圆角】命令的使用。

执行该命令，系统提示：

```
命令:_fillet
当前设置:模式 = 修剪,半径 = 8.0000
选择第一个对象或[放弃(U)/多段线(P)/半径(R)/修剪(T)/多个(M)]:        //选择倒角边(圆),
该边亮显
输入圆角半径〈8.0000〉:3                                              //输入圆角半径
选择边或[链(C)/半径(R)]:                                            //选择倒角边
已拾取到边。
选择边或[链(C)/半径(R)]:                                            //再次选择倒角边
已选定 1 个边用于圆角
```

作图结果如图 12 −62c 所示。图中四棱柱的顶面为基面,其一边倒圆角是选择"边"选项的操作结果(操作程序略)。

8. 三维实体的剖切

创建三维实体的剖切就是将实体沿某一个特定的分割平面进行切割,从而创建一个相交截面。这种方法可以显示复杂形体的内部结构。它与剖切实体方法的不同之处在于:创建截面命令将在切割截面的位置生成一个截面的面域,该面域位于当前图层。截面面域是一个新创建的对象,因此创建截面命令不会以任何方式改变实体模型本身。对于创建的截面面域,可以非常方便地修改它的位置、添加填充图案、标注尺寸或在这个新对象的基础上拉伸生成一个新的实体。

执行三维【剖切】命令的方法有:

• 【实体编辑】功能面板按钮: ✂ 。

• 命令行:slice。

下面以图 12 −63c 所示的实体创建说明三维剖切的操作过程:

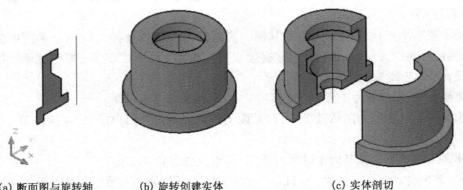

(a) 断面图与旋转轴　　　　(b) 旋转创建实体　　　　(c) 实体剖切

图 12 −63　实体剖切

```
命令:slice
选择要剖切的对象:找到 1 个                                          //选择剖切物体
选择要剖切的对象:                                                   //回车结束选择
指定切面的起点或[平面对象(O)/曲面(S)/Z 轴(Z)/视图(V)/XY(XY)/YZ(YZ)/ZX(ZX)/三点
(3)]〈三点〉:XY                                                    //指定剖切面平行于 XY 平面
指定 XY 平面上的点〈0,0,0〉:                                         //点击回旋轴线的上端点
```

正在检查 528 个交点…
在所需的侧面上指定点或［保留两个侧面（B）］〈保留两个侧面〉：　//回车确认结束

然后用【移动】命令移动前半部分实体到适当位置（操作程序略），即得作图结果如图 12－63c 所示。

在上述命令行提示中，"指定切面的起点或［平面对象（O）/曲面（S）/Z 轴（Z）/视图（V）/XY（XY）/YZ（YZ）/ZX（ZX）/三点（3）］〈三点〉："部分选项的含义是：

● "平面对象"选项，使用选定平面对象作为剖切平面将实体剖开。该对象可以是圆、椭圆、圆弧、二维样条曲线或二维多段线线段。

● "Z 轴"选项，通过在平面上指定一点和在平面的 Z 轴（法线）上指定另一点来定义剖切平面。

● "XY/YZ/ZX"选项，使剖切平面与一个通过指定点的标准平面（XY、YZ 或 ZX）平行，以此平面进行剖切。

● "三点"选项，通过三个点定义剖切平面。如果在选择完对象后直接回车，也可以选择此选项。

当系统提示"在所需的侧面上指定点或［保留两个侧面（B）］〈保留两个侧面〉："提示下直接定义一点从而确定图形将保留剖切实体的哪一侧。该点不能位于剖切平面上。若输入"B"或直接回车则剖切实体的两侧均保留。如图 12－63c 所示即为 "两侧均保留"后的剖切结果。

9. 实体抽壳

通过执行抽壳操作可将实体以指定的厚度，形成一个空的薄层，同时还允许将某些指定面排除在壳外。指定正值从圆周外开始抽壳，指定负值从圆周内开始抽壳。

执行【抽壳】命令的方法如下：

● 下拉菜单：【修改】→【实体编辑】→【抽壳】。

● 【实体编辑】功能面板按钮：⊡。

● 【实体编辑】工具栏按钮：⊡。

● 命令行：solidedit。

在执行实体抽壳时，可根据设计需要保留所有面执行抽壳操作（即中空实体）或删除单个面执行抽壳操作。

（1）删除抽壳面。该抽壳方式通过移除面形成内孔实体。执行【抽壳】命令，在绘图区选取待抽壳的实体，继续选取要删除的单个或多个表面并单击右键，输入抽壳偏移距离，按 Enter 键，即可完成抽壳操作。

现对图 12－64a 所示实体，实行抽壳，指定删除上表面，其抽壳效果如图 12－64b 所示，剖开后的效果如图 12－64c 所示（操作程序略）。

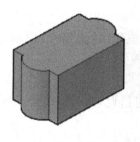 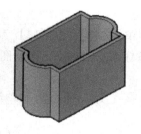 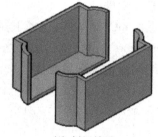

(a) 创建实体　　　　(b) 抽壳，指定删除上表面　　　　(c) 剖切效果

图 12－64　删除抽壳面

```
命令:_solidedit
实体编辑自动检查:SOLIDCHECK = 1
输入实体编辑选项[面(F)/边(E)/体(B)/放弃(U)/退出(X)]〈退出〉:_body
输入体编辑选项
[压印(I)/分割实体(P)/抽壳(S)/清除(L)/检查(C)/放弃(U)/退出(X)]〈退出〉:_shell
选择三维实体:                                              //点击抽壳实体
删除面或[放弃(U)/添加(A)/全部(ALL)]:找到一个面,已删除 1 个   //点击上表面
删除面或[放弃(U)/添加(A)/全部(ALL)]:                      //回车结束删除面选择
输入抽壳偏移距离:4                                          //输入壳体厚度
已开始实体校验
已完成实体校验
输入体编辑选项
[压印(I)/分割实体(P)/抽壳(S)/清除(L)/检查(C)/放弃(U)/退出(X)]〈退出〉:    //回车退
出
```

(2)保留抽壳面。该抽壳方法与删除面抽壳操作不同之处在于:该抽壳方法是在选取抽壳对象后,直接按 Enter 键或单击右键,并不选取删除面,而是输入抽壳距离,从而形成中空的抽壳效果,如图 12 - 65b 所示。

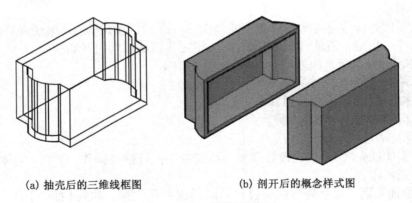

(a) 抽壳后的三维线框图   (b) 剖开后的概念样式图

图 12 - 65   不删除抽壳面

例 12 - 8   已知某房屋的平面图和立面图如图 12 - 66所示,试综合前面所学的知识绘制房屋的立体图。

建模步骤:

1. 新建文件

启动 AutoCAD 2010,选择下拉菜单【文件】→【新建】,系统弹出【选择样板】对话框,选择"acadiso. dwt"样板,单击 打开(O) 按钮,进入 AutoCAD 绘图模式。

2. 绘制地台和房屋主体

(1)选择下拉菜单【视图】→【三维视图】→【西南等轴测】,此时绘图区呈三维空间状态,其坐标显示如图 12 - 67 所示。

(2)用【矩形】rectang 命令,绘制一个 7440 × 4440 大小的矩形;用【偏移】命令,取偏移量 400,向外偏移矩形,得房屋的地台轮廓。

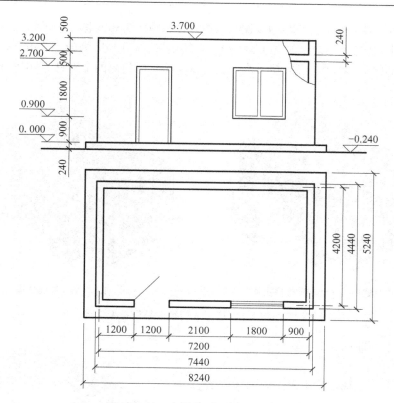

图 12 - 66　房屋的平面图和立面图

图 12 - 67　画出地台和房屋的主体

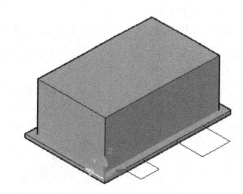

图 12 - 68　画门窗洞辅助柱塞的水平投影

（3）利用【拉伸】命令向上拉伸 7440×4440 的矩形,拉升高度为 3440（地台高 240 + 900 + 1800 + 500）;利用【拉伸】命令向上拉伸地台轮廓矩形,拉升高度为 240,如图 12 - 67 所示。

（4）利用【抽壳】命令,取抽壳偏移距离为 240,无删除面,选取房屋的主体四棱柱进行抽壳（仅在三维线框图中有所反映）。

（5）单击【UCS】工具栏中的【原点】按钮 ∟,移动光标到要放置坐标系的新原点位置（图 12 - 68）单击,按 Enter 键,结束操作。

（6）利用【矩形】、【捕捉自】命令相对于新坐标原点,沿 X 轴正向偏移 1720（400 + 120 + 1200）,画矩形 1200×1200;利用【矩形】、【捕捉自】命令相对于新坐标原点,沿 X 轴正向偏移 5 020(400 + 120 + 1 200 + 1 200 + 2 100)，画矩形 1 800 × 1 800(图 12 - 68)。

（7）利用【拉伸】命令向上拉伸 1 200 × 1 200 的矩形，拉升高度为门高 2 700；利用【拉伸】命令向上拉伸 1 800 × 1 800 的矩形，拉升高度为窗高 1 800，得门窗的辅助柱塞实体(图 12 - 69a)。

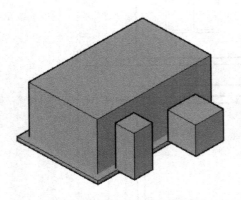

（a）创建门窗洞的辅助柱塞实体

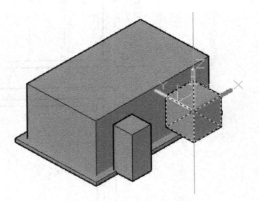

（b）向上移动窗体的柱塞

图 12 - 69　拉伸后形成门窗的辅助柱塞实体

（8）利用【三维移动】命令向上移动窗的辅助柱塞 900(图 12 - 69b)。

（9）利用【三维移动】命令沿 Y 轴正向移动门窗洞的辅助柱塞 800(图 12 - 70)。

（10）执行【实体编辑】→【差集】命令，将房屋主体作为被减物体、门窗柱塞作为减去的物体进行差集运算，结果如图 12 - 71b 所示。

3. 绘制女儿墙

（1）单击【UCS】工具栏中的【世界】按钮，系统返回世界坐标系(图 12 - 72a)。

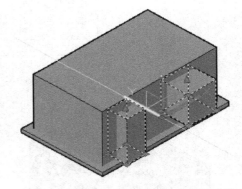

图 12 - 70　沿 Y 轴正向移动门窗洞的辅助柱塞

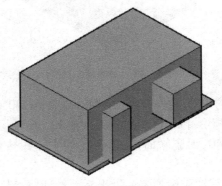

（a）布尔运算前

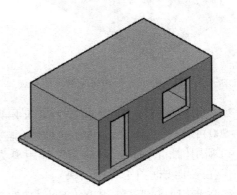

（b）布尔运算结果

图 12 - 71　执行差集运算生成门窗洞

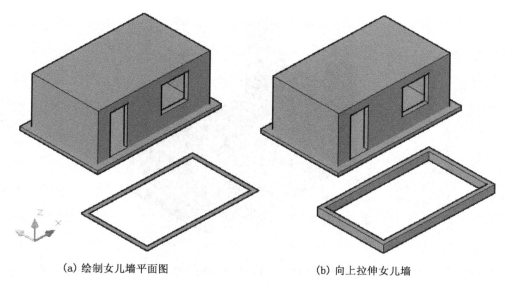

(a) 绘制女儿墙平面图　　　　　　　　　(b) 向上拉伸女儿墙

图 12 - 72　绘制女儿墙

（2）选择适当位置，执行【矩形】命令，画矩形 7 440×4 440；执行【偏移】命令，取偏移量 240，向内偏移矩形；执行【差集】命令，选择大矩形 7 440×4 440 为被减图形，其内部的小矩形为减去的图形，得女儿墙的水平轴测图如图 12 - 72a 所示。

（3）执行【拉伸】命令，沿 Z 轴正向向上拉伸空心矩形 500（图 12 - 72b）。

（4）执行【三维移动】命令，捕捉女儿墙的下角点，对应移动到房屋主体的顶部；将女儿墙、房屋主体和地台执行【并集】操作，即得最终效果图如图 12 - 73 所示。

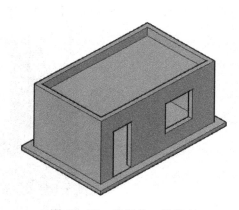

图 12 - 73　房屋的三维模型

12.9　三维对象的尺寸标注

在 AutoCAD 2010 中，使用标注命令不仅可以标注二维对象的尺寸，还可以标注三维对象的尺寸。由于所有对三维对象的操作（包括尺寸标注等）都只能在当前坐标系的 XY 平面中进行，因此，为了准确标注三维对象中各部分的尺寸，需要不断地变换坐标系。

下面以图 12 - 74 为例来说明三维对象的尺寸标注方法。

新建文件，创建如图 12 - 74 所示的三维实体，执行下拉菜单【视图】→【三维视图】→【东南等轴测】，此时系统的坐标系如图 12 - 74 所示。

由于该实体的底面与当前的 XY 坐标面共面，因此先标出底板的长度尺寸 112（图 12 - 74）。

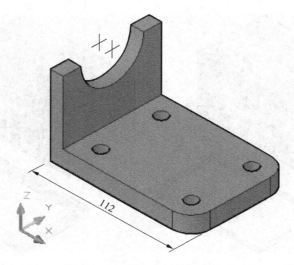

图 12－74　标注底板的长度尺寸

　　执行【UCS】命令,捕捉底板上表面与侧板右表面的前方交点作为新坐标系的原点;然后在当前的新坐标面 XY 上标注如图 12－75 所示的一系列尺寸。

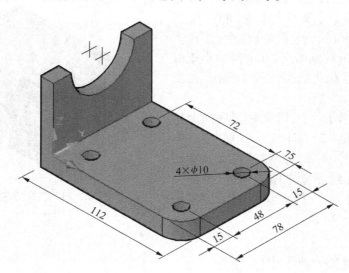

图 12－75　标注底板上表面的一系列尺寸

　　执行【UCS】命令,直接回车令上述坐标系回到世界坐标系(图 12－74)。

　　执行【UCS】→【X】→【90】命令,再令坐标系绕 X 轴旋转90°(图 12－76),标注出侧板的前表面尺寸和底板的高度尺寸。

　　执行【UCS】→【Y】→【90】命令,令上述坐标系绕 Y 轴旋转90°(图 12－77),标注出侧板的圆柱面 R 尺寸。

　　检查确认正确无误后,即完成正等轴测对象的尺寸标注。

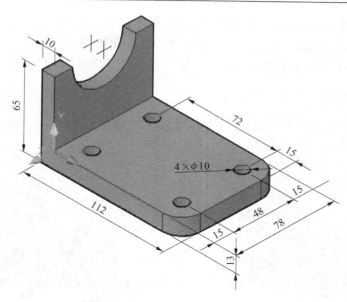

图 12-76   标注侧板的端面尺寸

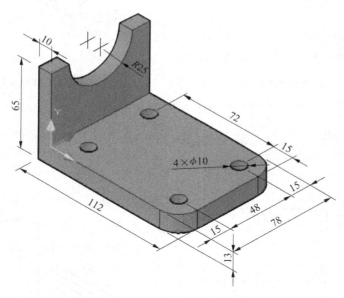

图 12-77   标注侧板的圆柱面 R 尺寸

12.10   实操练习题

12.10.1   问答题

1. 实体对象的布尔运算有何实际意义？如何操作？

2. 选择下拉菜单【修改】→【三维操作】中的子命令，可以对三维空间中的对象进行哪些操作？

3. 在进行三维矩形阵列时,需要指定的参数有哪些?

4. 用【直线】命令绘制的封闭图形可以作为实体拉伸的截面吗?

5. 标注三维对象应注意什么? 标注三维对象与标注二维对象有什么异同?

12.10.2 绘图题

1. 试综合运用前面所学的知识,绘制如图 12－78 所示三维实体,并标注出它的尺寸。

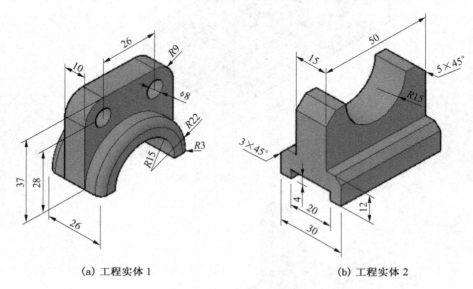

（a）工程实体 1 　　（b）工程实体 2

图 12－78　创建三维实体练习

2. 试综合运用前面所学的知识,绘制如图 12－79b 所示三维实体,并标注出它的尺寸。

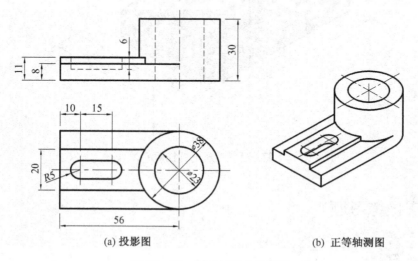

（a）投影图 　　（b）正等轴测图

图 12－79　创建三维实体练习

3. 试根据图 12－66 给定的房屋平面图和立面图,综合运用前面所学的三维建模与编辑命令的知识,创建如图 12－73 所示的房屋三维模型。

参 考 文 献

［1］ 黄水生,张小华.AutoCAD 考级认证与竞赛教程［M］.广州:华南理工大学出版社,2011.

［2］ 陈志民.AutoCAD2010 中文版实用教程［M］.北京:机械工业出版社,2009.

［3］ 刘平,宋琦.AutoCAD2009 建筑制图［M］.北京:机械工业出版社,2009.

［4］ AutoCAD2010 中文版用户手册.［美国］Autodesk 公司,2009.

［5］ 黄水生,姜立军,李国生.土建工程图学［M］.2 版.广州:华南理工大学出版社,2009.

［6］ 李全云,赵爱东,康洪波.AutoCAD 建筑工程制图［M］.北京:机械工业出版社,2006.